# 洪錦魁簡介

　　獲選 2023 年博客來 10 大暢銷華文作家，是多年來唯一獲選的電腦書籍作者。也是一位跨越電腦作業系統與科技時代的電腦專家，著作等身的作家。

❑ DOS 時代他的代表作品是「IBM PC 組合語言、C、C++、Pascal、資料結構」。
❑ Windows 時代他的代表作品是「Windows Programming 使用 C、Visual Basic」。
❑ Internet 時代他的代表作品是「網頁設計使用 HTML」。
❑ 大數據時代他的代表作品是「R 語言邁向 Big Data 之路」。
❑ AI 時代他的代表作品是「機器學習 Python 實作」。
❑ 通用 AI 時代，國內第 1 本「ChatGPT、Bing Chat + Copilot」作品的作者。

　　作品曾被翻譯為簡體中文、馬來西亞文，英文，近年來作品則是在北京清華大學和台灣深智同步發行：

1：C、Java、Python、C#、R 最強入門邁向頂尖高手之路王者歸來
2：OpenCV 影像創意邁向 AI 視覺王者歸來
3：Python 網路爬蟲：大數據擷取、清洗、儲存與分析王者歸來
4：演算法邏輯思維 + Python 程式實作王者歸來
5：Python 從 2D 到 3D 資料視覺化
6：網頁設計 HTML+CSS+JavaScript+jQuery+Bootstrap+Google Maps 王者歸來
7：機器學習基礎數學、微積分、真實數據、專題 Python 實作王者歸來
8：Excel 完整學習、Excel 函數庫、Excel VBA 應用王者歸來
9：Python 操作 Excel 最強入門邁向辦公室自動化之路王者歸來
10：Power BI 最強入門 – AI 視覺化 + 智慧決策 + 雲端分享王者歸來

　　他的多本著作皆曾登上天瓏、博客來、Momo 電腦書類，不同時期暢銷排行榜第 1 名，他的著作特色是，所有程式語法或是功能解說會依特性分類，同時以實用的程式範例做說明，不賣弄學問，讓整本書淺顯易懂，讀者可以由他的著作事半功倍輕鬆掌握相關知識。

# 世界第 1 強 AI
# ChatGPT Turbo
# 自學魔法寶典

## Data Analyst + GPTs + DALL-E + Copilot + Prompt
## Midjourney + Suno + D-ID + Runway + Gamma

# 序

在這個數位轉型的時代,人工智慧(AI)已成為推動創新和改善日常生活的關鍵力量。隨著 ChatGPT 的出現,我們進入了一個全新的領域,這是一個由對話驅動的 AI 協助我們進行創意寫作、教育、企業管理、軟體開發,甚至是個人生活的時代。ChatGPT 自從上市以來改版多次,本書旨在為讀者提供一個最新版全面的 ChatGPT Turbo 的使用指南,不僅涵蓋了它的基本功能,還擴展到如何將這項技術融入到更多元化的場景中。

AI 時代來了,這本書不會涉及較深的程式設計技術細節,而是著重於全面探討「文字」、「繪圖」、「視覺」、「音樂」、「影片」、「簡報」等六大領域於生活與工作上無限可能的應用。除此之外,我們還會讓讀者全面了解與體驗當前 AI 的應用趨勢。

無論您是學生、教師、員工、企業家,還是對 AI 充滿好奇的一般讀者,本書都會為您提供實用的指南和建議。透過本書,您不僅可以了解如何有效地使用這些工具,還可以發掘它們在不同領域的潛在價值。研讀本書,除了可以了解 ChatGPT 完整工作環境,讀者還可以獲得下列多方面完整的知識:

❏ **ChatGPT 多模態的輸入與應用**
  - 認識 AI 幻覺 (AI hallucinations)
  - 文字、語音與文件輸入
  - 工作與學習效率提升
  - Excel 到 Data Analyst 的數據分析

❏ **AI 視覺與智慧**
  - 上傳與分析 5 大類檔案
  - 認識 AI 智慧

❏ **ChatGPT 在生活的應用**
  - 英語翻譯機與英語學習機
  - 文藝創作
  - 戀愛顧問

❏ **ChatGPT 在教育的應用**
  - 學生提高學習效率

- 輔導學生未來應徵工作
- 老師教學增強教學效能

❏ **ChatGPT 在企業的應用**
- SEO 關鍵字掌握
- 行銷應用
- 企業公告與談判
- 法律文件生成與檢視

❏ **Prompt 提示工程**
- 專家角色扮演
- 讓 ChatGPT 了解你的問題
- 讓 ChatGPT 了解你期望的輸出
- 有效率的與 ChatGPT 聊天

❏ **ChatGPT App**
- ChatGPT App 與 iPhone 捷徑
- Siri 啟動 ChatGPT
- ChatGPT App 智慧聊天

❏ **GPTs 機器人**
- 聰明應用當下最熱門的機器人程式 (GPTs)
- 5 個 GPTs 實例教你打造你的工作 GPTs

❏ **Copilot**
- Copilot 多模態聊天
- Copilot 繪圖 / 視覺
- Designer
- 手機應用 - Copilot App

❏ **Copilot 側邊欄**
- 網站閱讀與分析
- 撰寫創意文件

❏ **AI 繪圖**
- 從 ChatGPT、DALL-E 到 Midjourney
- 聊天繪圖到風格轉換
- 邁向心靈畫家之路

❏ **musicLM**
- 情境文字生成音樂
- 圖像生成音樂

❑ **Suno 的 AI 音樂**
  - 文字情境生成中文歌曲
  - AI 歌曲編輯

❑ **D-ID 影片**
  - AI 影片
  - AI 播報員

❑ **Runway 影片**
  - 文字生成影片
  - 圖片生成影片
  - 文字 + 圖片生成影片

❑ **Gamma AI 簡報**
  - 主題生成簡報
  - 簡報匯出與分享

❑ **程式設計**
  - 生成創意程式
  - 撰寫程式註解與 Markdown 格式文件
  - 除錯、重構與重寫
  - ChatGPT 的多語言程式能力解說

在閱讀這本書的過程中，您將會發現 AI 不僅是一項技術，更是一種藝術，一種創造力的表達。寫過許多的電腦書著作，本書沿襲筆者著作的特色，實例豐富，相信讀者只要遵循本書內容必定可以在最短時間認識相關軟體，有一個豐富「文字」、「繪圖」、「視覺」、「音樂」、「影片」、「簡報」的 AI 之旅。這本書在編寫期間，感謝 MQTT 的益師傅熱情無私的分享 GPTs 機器人設計實例。編著本書雖力求完美，但是學經歷不足，謬誤難免，尚祈讀者不吝指正。

洪錦魁 2024/02/15
jiinkwei@me.com

## 讀者資源說明

本書籍的 Prompt、實例或作品可以在深智公司網站下載。

## 臉書粉絲團

歡迎加入：王者歸來電腦專業圖書系列

歡迎加入：iCoding 程式語言讀書會 (Python, Java, C, C++, C#, JavaScript, 大數據, 人工智慧等不限 )，讀者可以不定期獲得本書籍和作者相關訊息。

歡迎加入：穩健精實 AI 技術手作坊

歡迎加入：MQTT 與 AIoT 整合應用

# 目錄

# 第 1 章
# 認識 ChatGPT

　　ChatGPT 簡單的說就是一個人工智慧互動式聊天機器人，這是多國語言的聊天機器人，可以根據你的「文字」或「檔案」輸入，用自然對話方式輸出「文字」或「圖片」。基本上可以將 ChatGPT 視為知識大寶庫，如何更有效的應用，則取決於使用者的創意，這也是本書的主題。

　　同時在 2023 年 11 月起，OpenAI 公司正式將 Microsoft 公司的 Bing 功能整合到 ChatGPT，當所提的問題超出 ChatGPT 知識庫範圍，會自動啟用 Bing 的搜尋功能，經過整理後輸出結果。

## 1-1　認識 ChatGPT

### 1-1-1　ChatGPT 是什麼

　　ChatGPT 是一個基於 GPT 架構的人工智慧語言模型，它能夠理解自然語言，辨識圖片、閱讀檔案，並根據上下文生成相應的高質量回應，類似人類般的溝通互動。目前 ChatGPT 在各行各業都有廣泛的應用，例如：

- 客服中心：可以利用它自動回答用戶查詢，提高服務效率。
- 教育領域：可以作為學生的學習助手，回答問題、提供解答解析。
- 創意寫作：可以生成文章概念、寫作靈感，甚至協助撰寫整篇文章。
- 企業：幫助企業分析數據以及擬定策略。
- 生活：生活大小事，也可以讓他提供建議。

　　總之，ChatGPT 是一個具有強大語言理解和生成能力的 AI 模型，能夠輕鬆應對各種語言挑戰，並在眾多領域中發揮重要作用。

### 1-1-2　認識 ChatGPT

　　ChatGPT 是 OpenAI 公司所開發的一系列基於 GPT 的語言生成模型，GPT 的全名是 "Generative Pre-trained Transformer "，目前已經推出了多個不同的版本，包括 GPT-1、GPT-2、GPT-3、GPT-4、GPT-4 Turbo 等，讀者可以將編號想成是版本。目前免費的版本，簡稱 GPT-3，3 是代表目前的版本，更精確的說其實是版本 3.5。OpenAI 公司 2023 年 11 月 7 日也發表了最新版的 GPT-4 Turbo，下表是各版本發表時間與參數數量。

| 版本 | 發佈時間 | 參數數量 |
|---|---|---|
| GPT-1 | 2018 年 | 1 億 1700 萬個參數 |
| GPT-2 | 2019 年 | 15 億個參數 |
| GPT-3 | 2020 年 | 120 億個參數 |
| GPT-3.5 | 2022 年 11 月 30 日 | 1750 億個參數 |
| GPT-4 | 2023 年 3 月 4 日 | 10 萬億個參數 |
| GPT-4 Turbo | 2023 年 11 月 7 日 | 170 萬億個參數 |

註 2023 年 11 月 7 日後的 ChatGPT 升級為 ChatGPT 4 Turbo，簡稱 GPT-4 Turbo，不過一般還是稱之為 ChatGPT。

GPT 的英文全名是「Generative Pre-trained Transformer」，如果依照字面翻譯，可以翻譯為生成式預訓練轉換器。整體意義是指，自然語言處理模型，是以 Transformers（一種深度學習模型）架構為基礎進行訓練。GPT 能夠透過閱讀大量的文字，學習到自然語言的結構、語法和語意，然後生成高質量的內文、回答問題、進行翻譯等多種任務。

# 1-2　認識 OpenAI 公司

OpenAI 成立於 2015 年 12 月 11 日，由一群知名科技企業家和科學家創立，其中包括了 目前執行長 (CEO)Sam Altman、Tesla CEO Elon Musk、LinkedIn 創辦人 Reid Hoffman、PayPal 共同創辦人 Peter Thiel、OpenAI 首席科學家 Ilya Sutskever 等人，其總部位於美國加州舊金山。

註 又是一個輟學的天才，Sam Altman 在密蘇里州聖路易長大，8 歲就會寫程式，在史丹福大學讀了電腦科學 2 年後，和同學中輟學業，然後去創業，目前是 AI 領域最有影響力的 CEO。

OpenAI 的宗旨是推動人工智慧的發展，讓人工智慧的應用更加廣泛和深入，帶來更多的價值和便利，使人類受益。公司一直致力於開發最先進的人工智慧技術，包括自然語言處理、機器學習、機器人技術等等，並將這些技術應用到各個領域，例如醫療保健、教育、金融等等。更重要的是，將研究成果向大眾開放專利，自由合作。

OpenAI 在人工智慧領域取得了許多成就，主要是開發了 2 個產品，分別是：

● ChatGPT：這也是本書標題重點。

● DALL-E 3.0：這是依據自然語言可以生成圖像的 AI 產品，目前此功能已經整合到 ChatGPT 內了。甚至 Microsoft 公司因為投資了 OpenAI 公司，所以此功能也整合到 Bing Chat。

OpenAI 公司最著名的產品，就是他們在 2022 年 11 月 30 日發表了 ChatGPT 的自然語言生成模型，由於在交互式的對話中有非常傑出的表現，目前已經成為全球媒體的焦點。

2023 年 3 月 14 日發表了可以閱讀圖像的 GPT-4，初期閱讀圖像功能沒有開放，目前已經完全開放。2023 年 11 月 7 日更發表了 GPT-4 Turbo，此版本除了大舉調降 ChatGPT 的流量 ( 單位是 Token) 使用費用，更是新增加下列功能：

● 「seed」的觀念：這可以確保每一次輸出相同的結果，截至筆者撰寫此書時間，此功能是測試版，目前僅供程式設計師設計時使用。

● 整合 DALL-E：讀者可以執行影像創作。

● GPTs：自定義模型，可以自己使用或是與其他人共享。

● 增加文件輸入功能：文件內容可以是圖片、PDF 或其他類型的檔案。

● ChatGPT App：增加語音智慧聊天功能。

ChatGPT 的成功，帶動了整個 AI 產業的發展。除了開發人工智慧技術，OpenAI 也積極參與公共事務，並致力於推動人工智慧的良好發展，讓其在更廣泛的社會中獲得應用和認可。此外，OpenAI 公司也宣稱將製造通用機器人，希望可以預防人工智慧的災難性影響。

## 1-3　ChatGPT 使用環境

### 1-3-1　免費的 ChatGPT 3.5

如果你是使用免費版的 ChatGPT 3.5，可以看到下列使用環境：

　　讀者可以在輸入文字框，輸入聊天文字，完成後可以按送出鈕⬆圖示 ( 如果輸入文字框有輸入文字，此圖示會變為黑色⬆ )，就可以得到 ChatGPT 的回應。在 ChatGPT 3.5 右邊有 ⌄ 圖示，點選可以看到升級至 Plus 鈕 ( 或是側邊欄左下方 Upgrade plan 也是可以執行升級計畫 )。

　　上述主要是說明，GPT-3.5 非常適合每天工作需要，這個模型是免費使用。如果升級至 GPT-4，可以使用更聰明的模型，包含影像生成的 DALL-E、瀏覽等更多功能。如果點選「升級至 Plus」，將看到下列畫面。

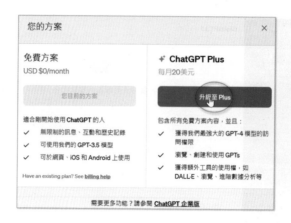

看到上述畫面後，再點選升級至 Plus，就可以看到要求輸入信用卡訊息，讀者可以參考附錄 A，就可以升級至「GPT-4 Plus」。

## 1-3-2　認識 GPT-4 的使用環境

進入 ChatGPT 後，可以看到下列使用環境：

上述視窗除了側邊欄會有聊天記錄主題外，可以看到下列主要欄位：

❑　關閉或開啟側邊欄

　　在開啟側邊欄狀態，如果將滑鼠游標移至此▎圖示，此▎圖示變為《圖示，此時點選《圖示。可以關閉側邊欄，可以參考下方左圖。

　　在關閉側邊欄狀態，如果將滑鼠游標移至此 》圖示，此 》圖示變為》圖示，此時點選》圖示。可以開啟側邊欄，可以參考上方右圖。

❑　開啟新聊天主題

　　一個聊天主題結束，可以點選此✍圖示，開啟新的聊天主題。

❑　示範聊天問題

　　可以看到 ChatGPT 的示範聊天提問。

❑　輸入文字框

　　這是我們與 ChatGPT 聊天，輸入文字區。如果輸入文字很長，可以連續輸入，輸入框的游標會自動換列。若是按「Shift + Enter」鍵，可以強制輸入游標跳到下一列。註：如果輸入大量資料，可以使用複製方式，將資料複製到輸入文字框區。

❑　送出鈕

　　我們的文字輸入完成，可以點選此↑圖示，或是按 Enter 鍵，將輸入送給 ChatGPT 的語言模型伺服器。

❑　文件輸入

　　可以用此圖示，將檔案或是圖片傳送給 ChatGPT。

❑　選擇聊天的語言模型

　　點選 ChatGPT 4 右邊的 ∨ 圖示，可以選擇聊天的語言模型。

從上述可以看到有下列 3 種語言模型選項：

- GPT-4：這是預設 GPT-4 的模型，在這個模型下，可以在聊天中使用 DALL-E 生成圖像、如果問題時間太新，超出 ChatGPT 資料庫訓練的時間，會自動啟動 Bing 的搜尋功能、資料分析。另外，目前限制每 3 個小時只能有 40 的訊息回應，如果超出限制，會被要求暫停使用。

> 您已達到 GPT-4 的當前使用上限。您現在可以繼續使用預設模型，或在 after 11:03 PM 後再試一次。了解更多　　　**使用預設模型**

- GPT-3.5：這個語言模型下，非常適合每天工作需要，你可以不受限制使用 ChatGPT 3.5 版本的功能。這個模型是免費使用，也可以讓有購買付費 GPT-4 的使用者使用。
- Plugins：可以使用 GPT-4 的插件 ( 也可翻譯成外掛 ) 功能。

❑ 選項設定區

ChatGPT 側邊欄下方可以看到我們登入 ChatGPT 的名稱，此例，讀者可以看到筆者的名字，按一下，可以看到系列選項。使用 ChatGPT 時可以長期登入，如果不想長期登入，可以執行登出指令。

本章未來會分別說明上述其他指令內容。

❑ OpenAI 公司的聲明

「ChatGPT 可能會出錯，請考慮核對重要資訊」，也就是使用 ChatGPT 時，建議還是需要核對結果資訊。

❑ 說明圖示

視窗右下方是 ? 圖示，我們可以稱此為說明圖示，點選此圖示可以看到下面實例畫面。

這個實例畫面的項目如下：

● 求助與常見問題：點選可以開新的瀏覽器頁面顯示常見的問題與解答。

● 版本說明：點選可以開啟新的瀏覽器頁面，所看到的內容是「ChatGPT 融入語音功能，現已對所有用戶開放（2023 年 11 月 21 日）：具備語音功能的 ChatGPT 現已向所有免費用戶開放。在您的手機上下載應用程式，然後點擊耳機圖示即可開始聊天。」。

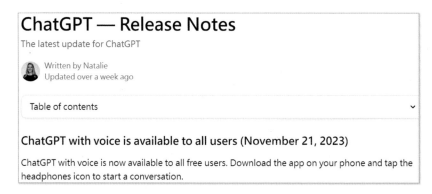

- 條款與政策：點選可以開啟新的瀏覽器頁面，顯示系列使用 ChatGPT 的條款。
- 鍵盤與快捷鍵：是顯示使用 ChatGPT 的快捷鍵，可以參考下表。

## 1-3-3　我的方案

　　如果你已經購買升級 ChatGPT Plus 計畫，請先點選側邊欄左下方的選項設定區，然後再點選我的方案。

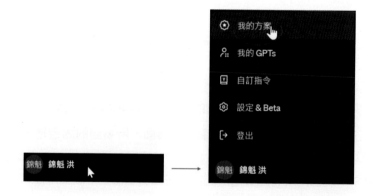

可以看到下列我們的購買方案。

　　近期許多網站皆有刷卡付費機制，刷卡付費使用網站內容，這是應該被鼓勵的行為。但是許多人對於這類機制最大的疑問是，未來不想使用時，是否容易取消付費，所以這一節特別說明取消使用時，是否很容易取消付費。上述點選「管理我的訂閱」超連結可以進入管理我的訂單訊息。

　　對讀者而言最重要的是取消計畫鈕，未來不想使用只要按此鈕即可。

　　上述可以看到訂閱 ChatGPT Plus 的續訂日期和刷卡訊息，點選「返回到 OpenAI, LLC」可以返回 ChatGPT 聊天環境。如果往下捲動可以看到個人帳單地址與帳單記錄。

# 1-4　GPT-4 效能與 GPT-3.5 的比較

此節筆者解釋 GPT-4 效能與 GPT-3.5 效能的差異。

## 1-4-1　GPT-4 與 CPT-3.5 模型的比較

ChatGPT 3.5 是使用 OpenAI 的 GPT-3.5 模型，其主要特點包括：

● 模型大小：GPT-3.5 比早期版本如 GPT-3 具有更多的參數，這使得它在理解複雜查詢和產生更連貫、細緻的回答方面更為出色。

● 訓練數據：GPT-3.5 在訓練時使用了更廣泛和更新的數據集，這提高了其對當前事件的了解和對各種主題的回答質量。

● 多樣性和靈活性：相比於前一代模型，GPT-3.5 在生成本文時能表現出更高的創造性和多樣性。

● 應用範圍：ChatGPT 3.5 廣泛應用於客戶服務、教育、內容創作等多個領域。

● 資料庫時間：筆者寫這本書時是 2024 年 1 月，最新的資料庫時間是 2022 年 1 月。

GPT-4 是在 GPT-3.5 之後開發的一代模型，其實 GPT-4 也歷經了「no vision GPT-4」、「vision GPT-4」和「GPT-4 Turbo」( 目前版本 )，其主要改進包括：

● 更大的模型和數據集：GPT-4 有著比 GPT-3.5 更多的參數，使用了更大規模和更多樣化的訓練數據集。

● 提升的理解能力：GPT-4 在理解複雜本文和上下文方面有顯著提升，能更好地處理複雜的查詢和長篇聊天。

● 更高的準確性和可靠性：GPT-4 在提供訊息、回答問題時，其準確性和可靠性有了進一步的提升。

● 多模態能力：GPT-4 引入了對圖像的理解能力，能夠處理和生成與圖像相關的內容。

● 資料庫時間：筆者寫這本書時是 2024 年 1 月，最新的資料庫時間是 2023 年 4 月。註：資料庫時間不斷地在更新中。

　　總結來說，GPT-4 相比於 GPT-3.5，具有更大的模型規模、更優的理解能力、更高的準確性和多模態功能。

## 1-4-2　GPT-4 與 GPT-3.5 對美國各類考試的表現

　　下列是 OpenAI 公司公佈 ChatGPT-3.5 和 GPT-4 對於各類美國考試的得分比較。

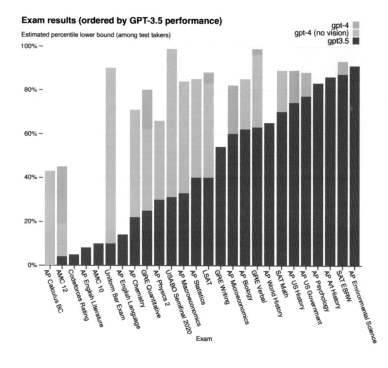

**註** 早期 GPT-4 有無視覺 (no vision) 與視覺 (vision) 版本，自 2023 年 11 月 7 日起，已經發表使用的是最新具有視覺 (vision)、分析 (Analysis) 與上網能力的 Turbo 版本，同時智慧能力更強。

## 1-5 ChatGPT 初體驗

### 1-5-1 第一次與 ChatGPT 的聊天

第一次與 ChatGPT 聊天，請參考下圖在文字框，輸入你的聊天內容。

上述請按 Enter，可以將輸入傳給 ChatGPT。或是按右邊的發送訊息圖示 ⬆，將輸入傳給 ChatGPT。讀者可能看到下列結果。

註　ChatGPT 可能會在不同時間點，或是不同人，使用不同的文字回應內容。

從上述可以看到第一次使用時，會產生一個聊天標題，此標題內容會記錄你和 ChatGPT 之間的聊天。在 ChatGPT 下方有 ↻ 圖示，如果你對於 ChatGPT 的內容不滿意，可以點選此 ↻ 圖示，ChatGPT 會重新產新的內容。我們也可以將 ↻ 圖示稱 Regenerate 鈕，下列是點選 Regenerate 鈕產生新內容的結果。

上述「2/2」意義是第「第幾次回應 / 回應總次數」，讀者可以點選此次回應是較佳、較差或是相同，若是點選 ✕ 圖示，可以刪除此區塊文字。

我們第一次使用 ChatGPT，也許是興奮的，但是看到了「簡體中文」的回應，可能心情跌到谷底，下一小節筆者會解釋原因。我們可以輸入「請用繁體中文回應」，就可以看到 ChatGPT 用繁體中文回答了。

另外，目前 ChatGPT 也接收「台灣用語」，當我們輸入「請用台灣用語」回答，ChatGPT 也知道是要輸出繁體中文，同時用台灣習慣的用法。

**註** 如果想要更完整，可以輸入「繁體中文台灣用語」。

初看「繁體中文」與「台灣用語」，好像差異不大，其實還是有差別的。

- 繁體中文：這通常是指中文的一種寫法，繁體中文在台灣、香港和澳門都很常見。當要求用繁體中文來回答，語法和用詞大致上跟簡體中文差不多，但某些詞彙的使用可能會有點不同。

- 台灣用語：不只是用繁體字來寫，還包括了一些特別是在台灣地區常用的詞彙、說法和文化背景。例如：在台灣，日常用語和表達方式可能會跟大陸或其他使用中文的地區有點差異，ChatGPT 會盡量用台灣人常用的詞彙和說法來回答。

簡單來說，「繁體中文」主要是指寫法，而「台灣用語」則包含了地區文化和說話的習慣。

## 1-5-2　從繁體中文看 ChatGPT 的缺點和原因

下列是 ChatGPT 訓練資料時所使用語言的比例，可以看到繁體中文僅佔 0.05%，簡體中文有 16.2%，這也是若不特別註明 ChatGPT 經常是使用簡體中文回答的原因。

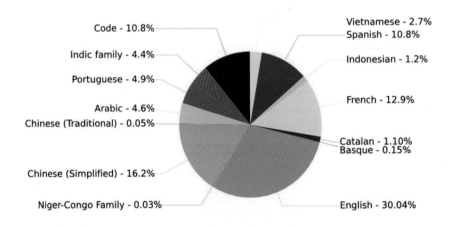

**Languages**

The pie chart shows the distribution of languages in training data.

其實這也代表 OpenAI 公司台灣籍員工太少，繁體中文未被重視，只期待年輕學生加油，有機會應該要去美國進修，和全球頂尖學生學習，增加競爭力，也是增加台灣軟體的競爭力。

## 1-5-3 留意簡體語法的繁體中文內容

若是請 ChatGPT 是用「繁體中文」回答了，其實我們看到的內容還是簡體語法的繁體中文，或是說「繁體皮、簡體骨的中文」。對於不熟悉簡體中文的讀者，可能讀取內容會有些吃力，下列幾個紅色繁體文字，但是卻是簡體內涵的字，讀者需自行替換調整成右邊文字，才可以讓文字通順，成為我們平常所使用的語法。

| | |
|---|---|
| 智能：智慧 | 信息：資訊或訊息 |
| 硬件：硬體 | 軟件：軟體 |
| 文本：本文 | 示例：實例 |
| 模板：模組 | 通向：邁向 |
| 通過：透過 | 內存：記憶體 |
| 內置：內建 | 循環：迴圈 |
| 調用：呼叫 | 基於：以 xx 為基礎。 |

**實例 1**：輸入『請用 300 個字介紹「AI」音樂』，可以得到下列字「智能」需改為「智慧」。

> 錦魁　請用300個字介紹「AI音樂」
>
> ⑤　AI音樂是指使用人工 智能 技術創作、生成和修改音樂作品的過程。AI音樂結合了深度學習、生成對抗網絡（GANs）、循環神經

**實例 2**：下列字「文本」需改為「本文」，「通過」需改為「透過」。

> 錦魁　請用100個字描述「AI文字 - 聊天機器人」
>
> ⑤　聊天機器人是AI領域的一個應用， 通過 自然語言處理（NLP）技術，理解和回應人類語言。 基於 深度學習、神經網絡和大量 文本 數據訓練，機器人能夠生成有意義的回應。聊天機器人應用於客服、教育、創意寫作等領域，提高效率，節省時間。隨著技術進步，例如GPT系列模型，聊天機器人的語言理解和生成能力不斷提升，為人類和AI之間的互動提供了全新的可能。

上述「基於深度學習、神經網絡」改為「以深度學習、神經網絡為基礎」。

> 註　筆者是 2023 年 2 月第一次寫 ChatGPT，這一版寫作期間是 2024 年 1 月，發現 ChatGPT 也不斷自我改良，「繁體皮、簡體骨的中文」現象也逐步改良與減少中。

# 1-6　回饋給 OpenAI 公司聊天內容

在 ChatGPT 的回應訊息下方可以看到下列圖示，除了 ↻ 圖示已有說明，其他圖示意義如下：

## 圖示 👍

如果喜歡 ChatGPT 的回應，可以點選 👍 圖示，然後輸入喜歡的部分，完成後可以點選提交反饋鈕。

| 👍 提供額外反饋 | × |
| --- | --- |
| 您喜歡這個回答的哪一部分？ | |
| | 提交反饋 |

## 圖示 👎

如果對於 ChatGPT 的回應，你覺得有害、非事實、沒有幫助，可以點選 👎 圖示，可以看到下列聊天方塊。

| 👎 提供額外反饋 | × |
| --- | --- |
| 上列回答有什麼問題？如何可以改進？ | |
| ☐ 此為有害/不安全內容 | |
| ☐ 非事實 | |
| ☐ 沒有幫助 | |
| | 提交反饋 |

你可以勾選項目，輸入自己的想法，然後按提交反饋鈕，回傳給 OpenAI 公司。

圖示 📋

這個圖示可以複製 ChatGPT 的回應到剪貼簿，未來可以將此回應貼到指定位置，例如：如果讀者用 Word 寫報告，可以將 ChatGPT 的回應貼到 Word 的報告檔案內。

# 1-7 管理 ChatGPT 聊天記錄

使用 ChatGPT 久了以後，在側邊欄位會有許多聊天記錄標題。建議一個主題使用一個新的聊天記錄，方便未來可以依據聊天標題尋找聊天內容。

**註** ChatGPT 宣稱可以記得和我們的聊天內容，但是只限於可以記得同一個聊天標題的內容，這是因為 ChatGPT 在設計聊天時，每次我們問 ChatGPT 問題，系統會將這段聊天標題的所有往來聊天內容回傳 ChatGPT 伺服器 (Server)，ChatGPT 伺服器會閱讀先前往來的內容再做回應。

## 1-7-1 建立新的聊天記錄

如果一段聊天結束，想要啟動新的聊天，可以點選新聊天 ✍ 圖示。

## 1-7-2 編輯聊天標題

第一次使用 ChatGPT 時，ChatGPT 會依據你輸入聊天內容自行為標題命名。為了方便管理自己和 ChatGPT 的聊天，可以為聊天加上有意義的標題，未來類似的聊天，可以回到此標題的聊天中重新交談。如果你覺得標題不符想法，可以點選此標題，重新命名。

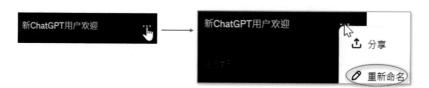

　　請點選標題名稱右邊的圖示，可以看到重新命名指令，你可以執行此指令，然後直接修改標題名稱，改完後按 Enter 即可。下列是筆者修改聊天標題的示範輸出結果。

### 1-7-3　刪除特定聊天主題

　　使用 ChatGPT 久了會產生許多聊天主題，如果想刪除特定聊天主題，可以點選**⋯⋯**圖示，然後執行刪除聊天指令。

　　當出現「刪除聊天？」聊天方塊時，請按確認刪除鈕。

### 1-7-4　刪除所有聊天主題

　　點選側邊欄下方的選項設定，然後請點選設定 & Beta 項目。

　　可以看到設定聊天方塊，若是點選一般的 Delete all 鈕，就可以刪除所有聊天。

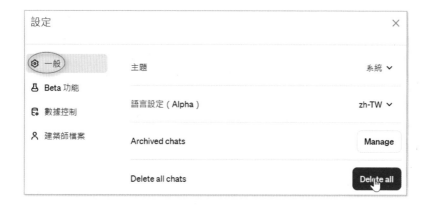

## 1-8　聊天主題背景

　　聊天主題背景預設是系統，有系統 ( 這是預設 )、深色介面和亮色介面等 3 種模式。真實的說只有 2 種介面，因為預設系統本身是亮色介面。

　　如果選擇深色介面，如上所示，未來聊天背景就變為暗黑底色，如下所示：

筆者習慣使用亮色介面，所以可以進入設定聊天方塊更改，如下所示：

背景就可以復原為亮色底。

## 1-9　ChatGPT 聊天連結分享

共享連結是一個新的功能，我們可以將教學或是有趣的聊天分享。你可以選擇想要分享的聊天標題，點選此標題右邊的 ••• 圖示，可以看到 ⬆ 分享 ，如下所示：

請點選分享連結 ⬆ 分享 圖示，可以看到「分享連結至對話」方塊，這時有預設的匿名分享與使用本名分享 2 種方式：

方法 1：預設是匿名分享

上述請點選複製連結鈕，就可以將連結拷貝到剪貼簿，ChatGPT 會告訴我們已經將連結複製到剪貼簿的訊息。

✅ 已將共享對話的URL複製到剪貼簿！

未來任何人將網址貼到瀏覽器，可以看到分享結果。

## 方法 2：使用本人名字分享

　　請點選複製連結鈕上方的 $\boxed{\cdots}$ 圖示，可以看到顯示你的名字指令，請選擇此指令。

　　未來複製連結與分享後，相同的分享內容，但是可以看到標題日期左邊出現筆者的名字，表示分享時是使用本人名字分享。

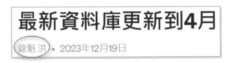

　　點選「顯示你的名字」分享時，未來此指令同時變為「匿名分享」指令，點選可以使用匿名分享。

　　另外，刪除連結指令可以刪除分享連結。

## 1-10 保存聊天記錄 Archive chat

　　目前 OpenAI 公司說明聊天記錄會儲存 30 天，我們可以將聊天記錄儲存，下列將分成 2 個小節說明。

### 1-10-1 保存聊天記錄

　　Archive chat 的意義是保存聊天記錄，假設我們要保存「最新資料庫說明」聊天記錄，請點選聊天記錄標題右邊的 Archive chat 🗐 圖示。

聊天記錄保存後，側邊欄會看不到此聊天記錄，下一節會說明復原聊天記錄。

## 1-10-2 未歸檔聊天 (Unarchived conversation)

點選側邊欄下方的選項設定，然後請點選設定 & Beta 項目。

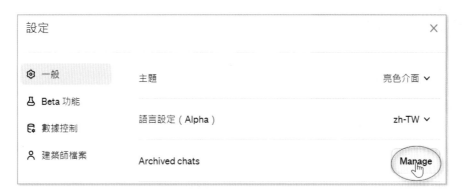

請選擇一般選項，然後點選 Archived chats 右邊的 Manage 鈕，會出現 Archived Chats 對話方塊。

上述🗑圖示是刪除聊天記錄，相當於可以刪除聊天記錄。🗔圖示字義是未歸檔聊天 (Unarchived conversation)，可想成復原鈕，相當於將已經保存的聊天記錄，放回側邊欄位。請點選🗔圖示，可以復原此聊天記錄在側邊欄。

# 1-11 備份聊天主題

## 1-11-1 儲存成網頁檔案

我們可以將聊天主題完整內容儲存成網頁檔案，首先顯示要儲存的聊天主題，將滑鼠游標移到 ChatGPT 聊天主題頁面，按一下滑鼠右鍵，會出現快顯功能表。

　　請執行另存新檔，會出現另存新檔對話方塊，此例用聊天主題當作的檔案名稱，如下所示：

　　上述請按存檔鈕，未來可以在指定資料夾，此例是 D:\ChatGPT_Turbo\ch1，看到所存的檔案。

上述點選開啟「最新資料庫說明」網頁檔案，可以用瀏覽器開啟此檔案，網頁內容就是我們的聊天內容。

## 1-11-2 儲存成 PDF

我們可以將聊天主題特定內容或是當下瀏覽頁面儲存成 PDF 檔案，首先顯示要儲存的聊天主題頁面，將滑鼠游標移到 ChatGPT 聊天主題頁面，按一下滑鼠右鍵，會出現快顯功能表。

請執行列印，出現列印對話方塊，目的地欄位請選擇另存為 PDF。

上述請點選儲存鈕，會出現另存新檔對話方塊，輸入 PDF 檔案名稱，就可以將當下頁面儲存成 PDF 檔案。註：僅是當下頁面，不是整個聊天記錄。

## 1-11-3　聊天記錄 Export

這個功能，主要是將聊天標題內容的完整記錄用電子郵件方式輸出，執行備份。其觀念與步驟如下：

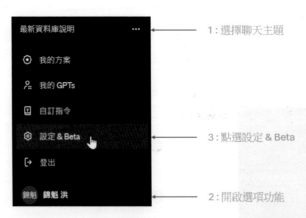

然後可以看到設定對話方塊，請點選數據控制。

請點選匯出鈕，可以看到下列對話方塊。

請點選確認匯出鈕。

> ⊘ 數據匯出成功。您應該很快會收到一封包含您數據的電子郵件。

請檢查註冊的電子郵件，可以收到 OpenAI 公司寄出對話的超連結，如下所示：

請點選 download data export 超連結,可以在瀏覽器看到所連結的下載檔案。

請按開啟檔案超連結字串,可以在下載目錄區看到這個檔案。

請解壓縮上述檔案，可以看到下列解壓縮結果。

| .. | | | 檔案資料夾 | | |
|----|----|----|----|----|----|
| message_feedb... | 2 | 4 | JSON 檔案 | 2023/8/15 下... | 0D4CBB29 |
| user.json | 132 | 118 | JSON 檔案 | 2023/8/15 下... | D0A9EF4C |
| model_compari... | 3,279,093 | 591,195 | JSON 檔案 | 2023/8/15 下... | D3BAE1F4 |
| conversations.js... | 8,800,411 | 1,404,854 | JSON 檔案 | 2023/8/15 下... | 53DD5F1D |
| chat.html | 8,894,008 | 1,412,019 | Microsoft Edge H... | 2023/8/15 下... | 9C6483C3 |

上述 chat.html 就是壓縮的對話記錄，點選可以開啟這個 HTML 檔案。

# 1-12　隱藏或顯示聊天標題

ChatGPT 預設是顯示聊天標題，如果讀者進入設定對話方塊，選擇數據控制選項，取消設定聊天記錄與訓練，如下所示：

然後 ChatGPT 的側邊欄將隱藏聊天標題，如下所示：

點選啟用聊天歷史紀錄鈕，可以復原顯示聊天標題。

# 1-13　客製化個人特色 – 自訂指令

使用 ChatGPT 時，也可以打造個人特色的 ChatGPT，此功能稱「自訂指令」。在點選側邊欄下方的選項設定 ( 帳號名稱該列 )，可以看到自訂指令選項。

請點選自訂指令，可以看到要求輸入 2 個訊息，有「思考提示」，如果不需要此提示可以點選右下方的隱藏提示字串。

當你回答後，如果按保存鈕儲存，未來 ChatGPT 回應你的對話時，可以針對你所提供的需求回答。如果我們沒有提供這類資訊，ChatGPT 只針對一般狀況回答。

註 這個功能設定後，只能在該聊天主題使用。

這個實例，筆者客製化輸入如下：

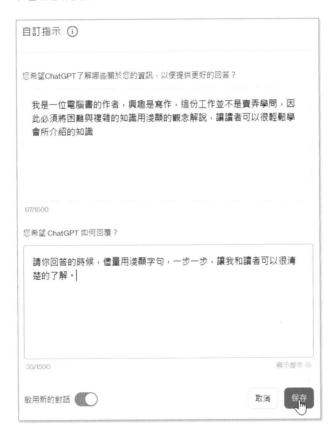

上述輸入完後需要啟動「啟用新的對話」才可以，可以參考上圖的左下方
啟用新的對話 ⬤ ，同時需要按保存鈕。未來在當下對話標題與 ChatGPT 對話時，輸入
「請解釋量子力學」，可以看到 ChatGPT 用很淺顯的方式回答。

　　如果不用上述設定，讀者可以取消「啟用新的對話」　[啟用新的對話 ⬜]　設定，然後按保存鈕。ChatGPT 會用一般方式回答，如下所示：

註　客製化個人特色，就是設計個人專屬聊天機器人，除了可以使用本節所述內容，在 ChatGPT Turbo 上市後，建議用設計 GPT 取代，未來第 11 章節會做說明。

# 1-14　使用 ChatGPT 必須知道的情況

❏　**繼續回答 Continue generating**

如果要回答的問題太長，ChatGPT 無法一次回答，回應會中斷，這時可以按螢幕下方的繼續生成鈕，繼續回答。

它們的冒險故事散發著星星的光輝，感動著星際生命。每一次的宇宙之旅，都讓七星的星光更加燦爛，成為宇宙中最璀璨的存在。

在宇宙之旅的歲月中，七星見證了星際文明的興衰，見證

🗍 👍 👎 ↺

▷▷ 繼續生成

❏　**中止回答 Stop generating**

如果回答感覺不是很好，或是 ChatGPT 會過度的回答問題，在回答過程可以使用 Stop generating 鈕中止回答。

發送訊息給 ChatGPT...　⬤

❏　**重新回答 Regenerating**

如果回答後，感覺不是我們想要的，可以按 Regenerating 鈕要求重新回答。

↺

❏　**ChatGPT 重新輸出時，會詢問這次輸出是否比較好**

‹ 2/2 › 🗍 👍 👎 ↺　｜　此回應是更好還是更糟？　👍 較佳　👎 較差　⊜ 相同　✕

❏　**同樣的問題有多個答案**

同樣的問題問 ChatGPT，可能會產生不一樣的結果，所以讀者用和筆者一樣的問題，也可能獲得不一樣的結果。

❏　**可能會有輸出錯誤**

這時需要按重新生成鈕。

❏　**Browse with Bing?**

ChatGPT 和我們對話的內容皆是先前在資料庫訓練的結果，它不會立刻上網搜尋，訓練期間所給的資料是 2023 年 3 月（隨時更新中）以前的資料，所以如果詢問 2023 年 3 月（隨時更新中）以後的資料，ChatGPT 所知有限。如果碰上需要搜尋的話題，ChatGPT 在搜尋時會輸出「正在透過 Bing 進行研究」，這個訊息會在搜尋結束後關閉。

下列是搜尋結果，英文字義是說密西根大學野狼隊擊敗華盛頓大學哈士奇狗隊獲得冠軍。

**ChatGPT**

在進行了一次快速搜索後，這是我發現的。

The 2024 NCAA Football champion team is the Michigan Wolverines. They won the College Football Playoff National Championship by defeating Washington [″].

上述是 Bing 是查詢英文網站，所以用英文回應。如果輸入「請用繁體中文解說」或是「請用台灣用語」，可以得到中文回應結果。

❑ **Bing 的新聞來源**

ChatGPT 使用 Bing 搜尋時，回應訊息末端會出現 [″] 圖示，滑鼠游標移到此可以看到超連結。

The 2024 NCAA Football National Champion is the University of Michigan Wolverines. Th⬛ Michigan prevails over Washington to win 2024 College F... ↗ Championship, defeating the Washington Huskies [″].

點選可以獲得訊息來源的網頁。

❑ **AI 幻覺**

與 ChatGPT 聊 天 時， 偶 爾 會 有 不 實 資 訊， 我 們 稱 此 為「AI 幻 覺 (AI hallucinations」，可以參考下列實例。

**實例 1**：您輸入「請列出台灣最暢銷的電腦書籍」。

> 🔵 **ChatGPT**
>
> 台灣最暢銷的電腦書籍會隨著技術趨勢和讀者需求的變化而變化。以下列出幾本近年來在台灣頗受歡迎，且經常出現在暢銷書排行榜上的電腦書籍，這些建議適合對於程式設計、網頁開發和資料科學等領域感興趣的讀者：
>
> 1. 《**學習Python的第一本書**》：
>    - 這本書以淺顯易懂的方式介紹Python程式語言，適合零基礎讀者或是想快速掌握Python基礎的學習者。
> 2. 《**JavaScript高級程序設計**》：
>    - 被視為學習JavaScript的經典之作，從基礎語法到高級應用，全面系統地介紹了JavaScript語言，適合初學者到中高級開發者。
> 3. 《**頭痛醫生的電腦養生書：用對姿勢、懂保養，從此跟螢幕病說再見！**》：
>    - 這本書從健康角度出發，針對長時間使用電腦所可能引起的各種身體問題提供預防和改善的方法，非 ↓ 合現代上班族和學生。

上述所列的資訊是錯誤的，我們稱此為「AI 幻覺」，這也是為何在 ChatGPT 輸入框下方，可以看到「ChatGPT 可能會出錯。請考慮核對重要資訊」。

## 1-15　筆者使用 ChatGPT 的心得

前面幾節我們認識了 ChatGPT 的操作環境，讀者可能會想 ChatGPT 的功能為何？ChatGPT 基本上是經過 AI 訓練的一個即時對話的語言模型，當我們輸入問題，ChatGPT 會依據先前資料庫訓練的資料，回應問題。

　　經過一年多的使用，筆者深刻體會 ChatGPT 是一個精通多國語言、上知天文、下知地理的活字典。目前台灣許多大型公司有使用客服機器人，但是功能有限，如果套上 ChatGPT，則未來發展將更為符合需求。除此，ChatGPT 也可以和你做真心的朋友，回應你的心情故事。

　　此外，ChatGPT 經過約一年多的開放，筆者感受到 ChatGPT 的幾個進步象徵如下：

- 速度越來越快

- 回應也越來越聰明

- 可以回應更長的答案而不中斷

- ChatGPT 本身可以說是通用型的機器人，自從發表了 GPTs 後，已經走向個人化的 CharGPT 機器人，或是稱個人 AI 小助理方向發展，未來第 10 ～ 11 章會做說明。

　　應該是 OpenAI 公司有不斷的增加伺服器，內部語言模型也因應實際做改良。簡單的說，ChatGPT 的功能是取決於你的創意，本書所述內容，僅是 ChatGPT 功能的一小部分。

# 第 2 章
# ChatGPT 生活應用

# 2-1 AI 時代的 Prompt 工程

## 2-1-1 Prompt 是什麼

　　AI 時代，與聊天機器人對話，我們的輸入稱「Prompt」，可以翻譯為「提示」。與 ChatGPT 聊天過程，使用者是用輸入框發送訊息，所以也可以稱在輸入框輸入的文字是 Prompt。

> 📎 發送訊息給 ChatGPT...（我們在此的輸入稱 Prompt）　　　　　⬆

　　AI 時代我們會接觸「生成圖片、音樂、影片、簡報 … 等」軟體，這些輸入的文字也是稱 Prompt。

## 2-1-2 Prompt 定義

　　「Prompt」通常指用戶提供給 AI 的指令或輸入，這些輸入可以是文字、問題、命令或者描述，目的是引導 AI 進行特定的回應或創造出特定的輸出。

- ChatGPT 聊天機器人：一個 Prompt 可能是一個問題、請求或話題，例如「請解釋量子物理學」或「談談你對未來科技的看法」。

- 圖像生成機器人：Prompt 則是一個詳細的描述，用來指導 AI 創建一幅圖像。這種描述包括場景的細節、物體、情緒、顏色、風格等，例如：一個穿著中世紀盔甲的騎士站在火山邊緣。

- 音樂生成機器人：Prompt 需要有關鍵元素，幫助 AI 理解你的創作意圖和風格偏好，例如：音樂類型與風格、情感氛圍、節奏和節拍、樂器或持續時間。

　　總的來說，Prompt 是用戶與 AI 互動時的輸入，它定義了用戶希望從 AI 系統中得到的訊息或創造的類型。這些輸入需要足夠具體和清晰，以便 AI 能夠準確的理解和響應。

## 2-1-3 Prompt 的語法原則

　　雖然有許多 Prompt 的語法規則的網站，不過建議初學者，不必一下子看太多這類文件，讓自然的聊天互動變的複雜與困難，第 7 章會更完整說明 Prompt。我們可以從不斷地互動中體會學習，以下是初學者可以依循的方向。

- 明確性：Promp 應該清楚且明確地表達你的要求或問題，避免含糊或過於泛泛的表述。

- 具體性：提供具體的細節可以幫助 AI 更準確地理解你的請求。例如：如果你想生成一幅圖像，包括關於場景、物體、顏色和風格的具體描述。

- 簡潔性：盡量保持 Prompt 簡潔，避免不必要的冗詞或複雜的句子結構。

- 上下文相關：如果你的請求與特定的上下文或背景相關，確保在 Prompt 中包括這些訊息。

- 語法正確：雖然許多先進的 AI 系統能夠處理某些語言上的不規範，或是錯字，但使用正確的語法可以提高溝通的清晰度和效率。

您可以直接以平常交談的方式提問或發出請求，這裡有一些例子說明如何使用自然語言來與 ChatGPT 互動：

**實例 1**：「詢問資訊」時，您輸入「請告訴我愛因斯坦的相對論是什麼？」。

**實例 2**：「進行翻譯」時，您輸入「怎麼用日語說「早安」？」。

**實例 3**：「求解問題」時，您輸入「如果一個蘋果的價格是 2 元，5 個蘋果的價格是多少？」。

**實例 4**：「創作請求」時，您輸入「請為我寫一首關於春天的詩。」。

**實例 5**：「獲取建議」時，您輸入「我想學習程式設計，應該從哪門語言開始？」。

**實例 6**：「指定格式或細節」時，您輸入「請用條列方式列出健康飲食的好處。」。

您只需根據您的需要或問題，以自然的方式表達您的請求即可。ChatGPT 會根據您提供的指令或問題內容，給出相應的回答或完成指定的任務。

## 2-1-4　Prompt 的結構

簡單的說使用 Prompt 時，也可以將 Prompt 結構分成 2 個部分。

- 指示部分：指示生成式 AI 執行的任務。例如：可以指示生成一個故事、翻譯一段文字、或寫一首詩。

- 限制部分：限制生成式 AI 的輸出或格式。例如：可以限制生成式 AI 的文字長度、或指定生成式 AI 使用的語言、或是依照指定格式輸出。

使用 ChatGPT 最常用的「限制部分」文字是，「請用繁體中文台灣用語重新輸出」，因 ChatGPT 常常會使用簡體中文做輸出。或是，我們指示用 100 個字輸出特定訊息，這也是屬於限制部分。

## 2-1-5　Prompt 的應用

Prompt 可以用於各種應用：

● 生成創意內容：Prompt 可以用來生成故事、詩歌、程式碼、音樂等創意內容。

● 翻譯語言：Prompt 可以用來翻譯文字或語音。

● 回答問題：Pormpt 可以用來回答開放式問題。

● 生成摘要：Prompt 可以用來生成文字摘要。

## 2-1-6　模糊到清晰的 Prompt 實例

前面敘述我們知道，輸入 Prompt 時，必須明確，給予足夠的資料，ChatGPT 才可以快速、完整的給我們資料，下列是簡單的觀念。

**實例 1**：您輸入「請寫一篇七言絕句」。

> **ChatGPT**
>
> 當然可以。這是一首七言絕句：
>
> 春風拂面柳絲長，
> 櫻花滿地證年光。
> 歲月靜好現安詳，
> 人間處處是詩鄉。
>
> 這首詩描繪了春天景色，表達了對時光流轉和生活平靜的感懷。

上述 Prompt 是模糊的，因為 ChatGPT 只知道你要它做一首七言絕句，只能模糊地做一首七言絕句，從上述可以看到 ChatGPT 除了作詩，也可以解釋詩的意境。

**實例 2**：您輸入「請寫一篇七言絕句，內容是敘述我是明志科技大學畢業」。

> **ChatGPT**
>
> 當然，這是一首為您量身定做，敘述畢業於明志科技大學的七言絕句：
>
> 明志科大夢初醒，
> 學海泛舟識廣深。
> 科技光芒耀未來，
> 步出校門立新程。
>
> 這首詩表達了從明志科技大學畢業的喜悅和對未來充滿希望的心情。

上述 Prompt 有列出是明志科技大學，在詩中有描述筆者是明志科技大學畢業。

**實例 3：**您輸入「請寫一篇七言絕句，內容是敘述我從明志科技大學畢業 40 年了，明天要回明志科技大學演講，心情是激動與緊張的」。

> **ChatGPT**
>
> 當然可以，這是一首描述您畢業於明志科技大學40年後，即將回校演講的七言絕句：
>
> 四十載離校夢回首，
> 明日重臨舊地情。
> 科技殿堂傳心語，
> 激動緊張舞筆生。
>
> 這首詩捕捉了對過往的回憶與對即將到來的演講的激動與緊張情緒。

上述出現第一句是 8 個字的小錯誤，下列是筆者提醒與 ChatGPT 的修正。

> **您**
>
> 七言絕句是一段有七個字，但是你所造的七言絕句第一段是8個字，那是錯誤的
>
> **ChatGPT**
>
> 感謝您的指正。以下是一首符合七言絕句格式的詩，描述畢業於明志科技大學40年，即將回校演講的心情：
>
> 四十年後再踏校，
> 明日演語心難抒。
> 往事如煙情依舊，
> 舊夢重溫激情緒。
>
> 這首詩遵循了七言絕句的格律，表達了對過去的懷念與即將發生的事件的期待與緊張。

　　上述 Prompt 增加了畢業年限，同時敘述了心情，因此 ChatGPT 可以更完整的用七言絕句描述心情。

　　我們要將與 ChatGPT 聊天視為與一般人聊天，如果可以給明確的詢問，ChatGPT 就可以針對你的詢問回應，這樣就會有一個美好的會話體驗。另外，ChatGPT 雖然是 AI 智慧的結晶，與他聊天必須注意，不要有不雅文句、辱罵、種族歧視的句子，同時 ChatGPT 仍在不斷學習中，它也像人類一樣會出錯，我們也可以給予正確訊息，相信 ChatGPT 會越來越強大。

## 2-1-7　輸出格式的 Prompt

　　與 ChatGPT 聊天時，ChatGPT 會有預設格式輸出，如果你覺得輸出格式不是你想要的，可以指定下列輸出格式。

- 簡短與直接：如果希望獲得簡短且直接的答案，可以指示提供簡潔的回應，直接回答問題的核心部分。
- 詳細與全面：如果需要更全面的資訊，可以要求提供詳細的解釋或背景資訊。
- 列表與條目式：對於需要多個項目或步驟的答案，可以指示使用列表或條目格式來組織資訊。註：也可以稱「要點」。
- 問與答格式：如果您喜歡問答形式，可以要求我將資訊組織成問題和相應答案的形式。
- 使用範例或案例研究：如果需要，可以要求提供實例或案例研究來說明某個觀點或概念。
- 引用來源：如果需要引用來源訊息，可以要求在回答中包含這些資訊。
- 特定的數據或圖表格式：對於需要數據或統計資訊的回答，可以指定希望數據以表格、圖表或其他特定格式呈現。
- 限定字數或長度：如果有特定的長度或字數限制，也可以明確指出。

**實例 1**：您輸入「請用 100 個字描述 AI 發展的歷史」。

 **ChatGPT**

人工智能（AI）的發展歷史可追溯至20世紀40年代。最初，科學家們探索簡單機器學習和問題解決。到了1956年，達特茅斯會議正式將其命名為"人工智能"。此後，AI經歷了幾次"冬天"和復興期。1980年代，專家系統的興起帶來商業利益。21世紀初，大數據、算力提升和深度學習的突破，尤其是深度神經網絡的應用，極大推動了AI的發展。現今，AI已在眾多領域展現出巨大的潛力和影響力。

**實例 2**：您輸入「請用 100 個字描述 AI 發展的歷史，請用條列方式輸出」。

> **ChatGPT**
> 1. 1940年代：AI概念萌芽，科學家探索機器學習和問題解決。
> 2. 1956年：達特茅斯會議，正式命名為"人工智能"。
> 3. 1960-1970年代：基礎理論和模型開發，但進展緩慢。
> 4. 1980年代：專家系統的興起，商業應用開始增加。
> 5. 1990年代：互聯網的發展，數據可用性增加。
> 6. 2000年代：機器學習和演算法進步，尤其在圖像和語音識別。
> 7. 2010年代：深度學習和神經網絡的突破，AI應用飛速發展。
> 8. 當前：AI在多個領域實現重大突破，成為重要技術趨勢。

**實例 3**：您輸入「請用 100 個字描述 AI 發展的歷史，請用表格方式輸出」。

> **ChatGPT**
> 這是一個描述人工智能（AI）發展歷程的表格：
>
> | 時期 | 發展歷程 |
> | --- | --- |
> | 1940年代 | AI概念萌芽，初步探索機器學習和問題解決。 |
> | 1956年 | 達特茅斯會議，正式命名為'人工智能'。 |
> | 1960-1970年代 | 基礎理論和模型開發，但進展緩慢。 |
> | 1980年代 | 專家系統的興起，商業應用開始增加。 |
> | 1990年代 | 互聯網的發展，數據可用性增加。 |
> | 2000年代 | 機器學習和演算法進步，尤其在圖像和語音識別。 |
> | 2010年代 | 深度學習和神經網絡的突破，AI應用飛速發展。 |
> | 當前 | AI在多個領域實現重大突破，成為重要技術趨勢。 |
>
> 這表格簡潔地概述了AI從早期概念到現代應用的主要發展階段。

　　上述輸出時，在末端可以看到  圖示，這個圖示稱「查看分析」，滑鼠游標點選此圖示，可以得到生成敘述所用的 Python 程式碼。

上述可以用 Copy code 複製程式碼，再貼到指定編輯環境，程式碼可以在雲端的 Google Colab 或是實體電腦的 Python Shell 環境上執行。

## 2-1-8　使用引號「」

在與 ChatGPT 的對話中，輸入內容的「主題」適當引用上引號 (「) 和下引號 (」)，可以讓表達更清楚，可以參考下列實例。

**實例 1**：您輸入『請用 100 個字描述「AI 發展的歷史」，請用條列方式輸出，回答時引用來源』。

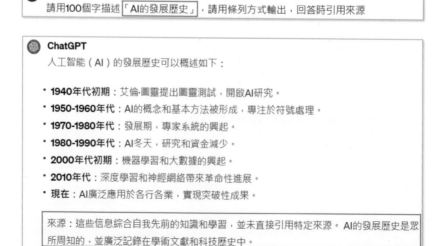

這個實例，特別要求回答時引用來源，結果 ChatGPT 回應此輸出沒有特別引用來源，這對讀者撰寫文案，判別是 ChatGPT 知識庫生成或是引用來源非常有幫助。

如果你使用英文與 ChatGPT 聊天，所使用的則是單引號「'」或是雙引號「"」。

# 2-2 ChatGPT 記憶重置

在同一個聊天主題的聊天過程，ChatGPT 可以記住與我們的聊天內容，它的原理是當我們輸入「內容」，按 Enter 鍵或是發送訊息圖示時，其實是將該聊天「內容」與同一個聊天主題「先前往來對話記錄」一併傳給 ChatGPT 後台的伺服器。這樣 ChatGPT 就可以根據上下文的關係，回答內容，讓我們有錯覺以為 ChatGPT 有記憶能力。下列將分成 3 個小節做測試解釋。

## 2-2-1 依據程度回應我們

若是我們沒有提醒 ChatGPT，ChatGPT 會用一般方式與我們對話。

**實例 1**：您輸入『請解釋「相對論」』。

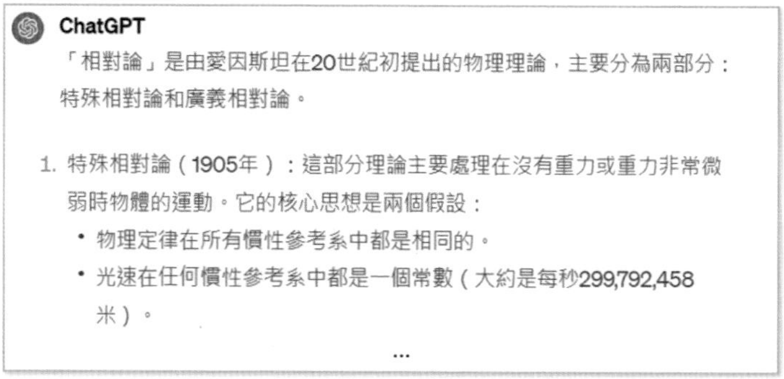

> **ChatGPT**
>
> 「相對論」是由愛因斯坦在20世紀初提出的物理理論，主要分為兩部分：特殊相對論和廣義相對論。
>
> 1. 特殊相對論（1905年）：這部分理論主要處理在沒有重力或重力非常微弱時物體的運動。它的核心思想是兩個假設：
>    - 物理定律在所有慣性參考系中都是相同的。
>    - 光速在任何慣性參考系中都是一個常數（大約是每秒299,792,458米）。
>
> ...

「相對論」是一門深奧的學問，不容易懂，當我們感覺內容艱深難懂時，可以請求 ChatGPT 使用特定程度的方式回應。

**實例 2**：您輸入『請用小學生可以懂的方式「解釋相對論」』。

**ChatGPT**
好的，我來用一種更簡單的方式來解釋相對論，讓小學生也能理解。

相對論其實就像是我們對於時間和空間的一種新看法。它是由一位非常聰明的科學家，名叫愛因斯坦，提出的。

1. **特殊相對論**：想像你和你的朋友在玩接力賽跑。當你們跑得非常快時，你會覺得時間好像過得比較慢一點。當然，在現實生活中我們跑不到那麼快，但愛因斯坦告訴我們，如果真的可以跑到接近光速那麼快，時間真的會過得比較慢。這就像是在說，對於不同的人來說，時間的流逝是不一樣的，這就是「相對」的意思。
2. **廣義相對論**：再想像你在一個彈床上玩耍。當一個比較重的朋友跳到彈床上時，彈床會下陷，然後你會不自覺地滑向你的朋友。在這裡，彈床
…

上述我們獲得了 ChatGPT 使用淺顯易動的方式回答了「相對論」。

**實例 3**：您輸入『請解釋「牛頓定理」』。

**ChatGPT**
「牛頓定律」是由艾薩克·牛頓提出的一系列定律，它們是物理學的基礎，主要描述了物體如何運動以及與運動之間的關係。牛頓定律有三條，讓我用簡單的方式來解釋它們：

1. **牛頓第一定律（慣性定律）**：這個定律告訴我們，如果一個物體靜止，它會保持靜止；如果它在移動，它會繼續移動直到有外力作用於它。想像你在滑冰，當你滑行時，如果沒有任何東西阻止你（比如說摩擦力或牆壁），你會一直滑下去。
…

可以看到 ChatGPT 仍然是用淺顯易懂的方式說明牛頓定理。

## 2-2-2　記憶重置 - reset

所謂的記憶重置是指將先前聊天記錄刪除，所有對話重新開始，記憶重置的指令是 reset。

**實例 1**：您輸入「reset」。

 **ChatGPT**

當然，已重置對話。如有任何問題或需要協助，請隨時告訴我！

**實例 2**：您輸入『請解釋「牛頓定理」』。

 **ChatGPT**

「牛頓定律」是艾薩克·牛頓提出的一系列定律，用來解釋物體如何運動以及力與運動之間的關係。牛頓定律主要有三條，分別如下：

1. **牛頓第一定律（慣性定律）**：這條定律說明如果沒有外力作用在物體上，那麼靜止的物體會保持靜止，而運動的物體會繼續以相同的速度和方向運動。這個定律表明物體具有慣性，即保持其當前運動狀態的傾向。

2. **牛頓第二定律（運動定律）**：這條定律闡述了力和運動之間的關係。它

...

因為記憶已經重置了，所以再問一次牛頓定理，又恢復使用一般方式回答。

## 2-3　表情符號 - Emoji

「Emoji」一詞就是由「繪（E）」表示圖畫，和「文字（moji）」組成的，也可以稱「表情符號」。Emoji 符號是一種小圖標或表情符號，用於在數位通訊中傳達情感、概念或訊息。它們最初在 1990 年代末由日本手機用戶使用，後來隨著智慧手機和社交媒體的普及而在全球範圍內流行起來。Emoji 符號現在包含了各種各樣的圖像，從簡單的表情（如微笑或悲傷的臉）到動物、食物、運動、工作、天氣現象以及各種符號和物品。

Emoji 的使用可以使文字訊息更加生動、有趣，並有助於跨越語言和文化障礙傳達情感和概念。隨著時間的推移，它們不斷發展和擴展，以反映多元化的文化、生活方式和新概念。Emoji 已經成為數位通訊時代中一種重要的溝通工具，被廣泛使用並漸漸成為文化和語言的一部分。目前 Emoji 是依據 Unicode 標準管理，該標準確保在不同的設備和平台上能夠一致地顯示和使用這些符號。

**實例 1**：您輸入『請用 100 個字描述「漂亮女孩遊火星的故事」，描述內容請適度加上 Emoji 符號』。

---

 **ChatGPT**

小美 👩 在一般太空船 🚀 中驚喜地發現自己正在前往火星 🔴。抵達後，她穿上特製的太空服 🧑‍🚀，在紅色星球上探險。火星的風景令她驚嘆不已：巨大的峽谷 🏔、紅色的沙丘和遙遠的火星山脈 🏔。她與機器人朋友 🤖 一起採集樣本，記錄奇異的火星生物 🐛。夜晚，她在太空船裡觀看地球 🌍 在星空中閃耀。這是一次夢幻般的冒險，讓小美永遠難忘。

---

## 2-4　AI 繪圖 – 邁向心靈畫家之路

ChatGPT 的聊天已經整合了 DALL-E 的繪圖功能，所以我們可以在聊天中要求生成圖像的功能，創作的原則如下：

● 語言：可以用中文描述，ChatGPT 會將中文描述翻譯成英文，以符合生成圖像的語言要求，然後傳送給 DALL-E 生成圖像。

● 描述：描述必須是清晰、具體的，以便準確地生成圖像。

● 風格：如果需要模仿特定風格，建議使用描述性語言。所謂的描述性語言是指，例如：如果你想描述梵谷的畫風，你可能會選擇像「生動的」、「筆觸粗獷的」和「色彩鮮豔的」這樣的形容詞。這些詞彙能夠幫助圖像生成工具理解和重現類似梵高畫風的特徵，而不直接複製或侵犯版權。

● 公眾人物和私人形象：對於公眾人物，圖像將模仿其性別和體型，但不會是其真實樣貌的複製。

● 敏感和不當內容：不生成任何不適當、冒犯性或敏感的內容。

● 圖像大小：可以有下列幾種：

❏ 1024x1024：這是預設，相當於是生成正方形的圖像。

❏ 1792x1024：這也可稱寬幅或稱全景，它的寬高比是 16:9，許多場合皆適合，例如：用在風景、展場、城市風光攝影，可以讓視覺有更廣的視野，創造一個更豐富的敘事場景，更好的沉浸感，讓觀者感覺自己仿佛在場景中。

❏ 1024x1792：可稱全身肖像，這個大小可以展示人物的整體外觀，包括服裝、姿勢和與環境的互動，從而提供對人物更全面的了解。

- 數量：並根據用戶要求調整，每次請求預設是生成一幅圖像。
- 創作描述：一幅畫創作完成，也會有作品描述。

　　了解上述原則，描述心中所想的情境，ChatGPT 就可以完成你想要的圖像，下列幾小節筆者先用自然語言隨心靈描述，以最輕鬆方式生成創作。創作完成後點選圖像左上角的下載 ⬇ 圖示，就可以下載所創作的圖像。

## 2-4-1　城市夜景的創作

**實例 1**：您輸入「請創作舊金山的夜景」，可參考下方左圖。

這是一幅描繪舊金山夜景的圖像，特色包括被燈光照亮的金門大橋、背景中的城市天際線，以及海灣水面上城市燈光的倒影。

這是一幅描繪紐約市夜景的圖像，特色包括輕輕飄落的雪花、被燈光照亮的天際線、地標建築如帝國大廈，以及城市燈光在水面上的倒影。

**實例 2**：「請創作紐約的夜景，天空飄著雪」，可以參考上方右圖。

　　創作完成後，將滑鼠游標移到左上方的下載 ⬇ 圖示，可以參考下圖。

　　按一下，就可以下載創作的圖像，本書 ch2 資料夾有本章所有創作的圖像。

## 2-4-2　CES 會場 – 畫面 16:9

我們也可以主動設定輸出的寬高比，高清電視或是許多電腦螢幕是使用 16:9。我們拍照常會說全景鏡頭，它的寬高比也是 16:9，這時的畫素是 1792 x 1024。

**實例 1**：您輸入「請生成 2030 年 CES 拉斯維加斯展，會場的畫面，請用 16:9 的比例」。

這是一幅描繪2030年在拉斯維加斯舉行的CES展覽會場景的圖像，展示了一個充滿未來感且繁忙的展覽大廳，內有先進的技術展示、互動展位，以及眾多參觀者。此圖像採用了寬闊的16:9比例。

下列直接使用全景表示畫面比例。

**實例 2**：您輸入「請繪製古羅馬競技場的全景」。

這幅圖像展示了古羅馬競技場的全景，展現了其宏偉的建築風格，包括拱門和柱子，以及周圍羅馬的歷史景觀。整個場景以逼真的風格呈現。

### 2-4-3　中國詩 - 靜夜思

**實例 1：** 您輸入『請用中國的詩，「床前明月光，疑是地上霜。舉頭望明月，低頭思故鄉。」，創作一幅圖像，請用 16:9 的比例』。

### 2-4-4　桃花源記 - 水墨畫

**實例 1：** 您輸入『請依下列情境，「山有小口，彷彿若有光，便舍船，從口入」，繪製一幅水墨畫』，可參考下方左圖。

**實例 2**：您輸入『請依下列情境，「忽逢桃花林，夾岸數百步，中無雜樹，芳草鮮美，落英繽紛」，繪製一幅水墨畫』，可以參考上方右圖。

## 2-4-5　一生必遊之地 - 全景繪製

首先筆者輸入「請推薦一生必遊的 5 個景點」，下列是 ChatGPT 的推薦。

> **ChatGPT**
>
> 推薦一生必遊的五個景點，考慮到各種自然美景和文化體驗，這裡是我們的選擇：
>
> 1. **大堡礁（澳洲）**：世界上最大的珊瑚礁系統，擁有豐富的海洋生物，是潛水和浮潛的天堂。
> 2. **馬丘比丘（秘魯）**：這個古老的印加帝國遺址坐落在安第斯山脈之巔，不僅是考古愛好者的聖地，也是遠足愛好者的夢想之地。
> 3. **大峽谷（美國）**：位於亞利桑那州，是世界上最壯觀的自然奇觀之一。其壯麗的紅色岩石和深邃的峽谷令人嘆為觀止。
> 4. **威尼斯（意大利）**：這座城市以其運河、橋樑和歷史建築而聞名。乘坐貢多拉船遊覽城市，體驗其獨特的浪漫和歷史。
> 5. **大教堂和宗教節慶的日本京都**：京都不僅以其古老的寺廟和神社聞名，還以其季節性的節日和傳統文化活動著稱，如賞櫻花和賞楓。

也許讀者有機會旅遊上述景點，不過，我們可以透過 ChatGPT 先認識景點。

**實例 1**：您輸入「請用全景繪製大堡礁（澳洲）」。

> **ChatGPT**
>
> 這幅圖像展示了澳洲大堡礁的全景，展現了廣闊的珊瑚礁結構、繽紛的海洋生物、清澈的藍色海水，以及背景中的風景優美的海岸線。整個場景以寬闊的視角呈現。

實例 2：您輸入「請用全景繪製馬丘比丘（秘魯）」。

ChatGPT

這幅圖像展示了秘魯馬丘比丘的全景，顯示了坐落在安第斯山脈中的古印
加遺址。圖中包含了茂盛的綠色植被、梯田田野，以及背景中壯觀的山
景。整個場景以寬闊的視角呈現。

實例 3：您輸入「請用全景繪製大峽谷（美國）」。

ChatGPT

這幅圖像展示了美國大峽谷的全景，呈現了宏偉且廣闊的紅色岩石地形、
深深的峽谷，以及周圍的廣袤沙漠景觀。整個場景以寬闊的視角捕捉了大
峽谷的壯觀美景。

**實例 4：**您輸入「請用全景繪製威尼斯（意大利）」。

**實例 5：**您輸入「請用全景繪製大教堂和宗教節慶的日本京都」。

最後筆者補充，中國拉撒布達拉宮的夜景，最特別的是走到廣場水池後方，可以看到布達拉宮的倒影。

實例 6：您輸入「請用全景繪製中國拉撒布達拉宮的夜景，同時廣場前有布達拉宮的倒影」。

這幅圖像以全景視角展示了中國拉撒布達拉宮的夜景，宮殿在夜空中照明，其倒影在宮殿前的廣場上清晰可見，營造出一種寧靜而雄偉的氛圍。

## 2-4-6　互動式繪圖與調整

我們也可以與 ChatGPT 用互動方式繪圖，可以參考下列對話實例。

實例 1：您輸入「請繪製奧地利哈爾斯塔特的風景，傍晚，天空飄著雪」，請參考下方左圖。

這是奧地利哈爾斯塔特傍晚的風景，天空中飄著雪花。希望您喜歡這幅畫面！

已為您在哈爾斯塔特的傍晚風景中增加了一個湖泊和三隻優雅的天鵝。希望您會喜歡這個畫面！

**實例 2**：您輸入「請使用上述圖片，增加繪製湖泊上有 3 隻天鵝」，可參考上方右圖。

　　雖然第 2 次繪圖時，可以生成我們想要的 3 隻天鵝，雖然所繪的地點仍是奧地利哈爾斯塔特的風景，但是佈景主題被變更了。在 ChatGPT 的 GPTs 內有 Hots Mods 工具更適合上傳圖片，然後做修正。

## 2-4-7　生成含文字的圖片

　　DALL-E 3 開始，生成的圖案可以含有文字，生成含文字的圖片具有廣泛的應用範圍，主要包括以下幾個領域：

- 廣告與行銷：在廣告牌、海報、網絡廣告、社交媒體帖子和宣傳資料中，文字與圖片的結合可以有效傳達廣告信息，吸引目標受眾。

- 教育與培訓：教學資料、課程海報或說明性圖表中的文字可以幫助解釋和補充視覺信息，提高學習效果。

- 社交媒體：在社交媒體上，圖片配文字是一種流行的內容格式，用於表達情感、分享想法或傳播信息。

- 企業報告與呈現：商業呈現、年報或信息圖表中結合文字和圖片可以清晰地傳遞複雜的商業信息和數據。

- 新聞與出版：在新聞報導、雜誌文章、書籍封面和電子出版物中，圖文結合可以增強敘事效果和視覺吸引力。

- 個人用途：例如，創建個性化的賀卡、邀請函或紀念品。

- 網站與應用設計：在網站和應用界面設計中，圖文結合可用於創建吸引人的用戶界面和提升用戶體驗。

- 藝術創作：在數字藝術、攝影和圖形設計中，文字和圖像的結合可以用來表達藝術家的創意和觀點。

　　如果說這個功能有缺點，是生成比較複雜的文字時，單字會拼錯，可以參考下列實例。

**實例 1**：您輸入「創建一幅專為書籍 'ChatGPT Turbo' 設計的海報。海報中央突出展示書名 'ChatGPT Turbo'，使用現代且引人注目的字體，字樣在視覺上應該非常突出。背景設計應反映高科技和創新的主題，可以使用數字或代碼圖案的抽象設計。在書名下方簡短地介紹書籍，例如 ' 市面上最全面的 ChatGPT 指南 '，字體清晰但不搶眼。整個

海報的色調應該是專業而現代的,可能包含藍色、灰色或黑色的元素,以與技術主題相協調。海報的整體風格應該是清晰、專業且吸引人,適合吸引技術愛好者和專業人士的注意。」,可以參考下方左圖。

 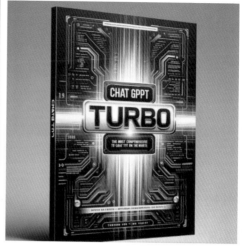

**實例 2**:您輸入「這個風格我比較喜歡,可是 "ChatGPT Turbo" 字還是錯誤,如果可以修正錯誤就太棒了」,結果可以參考上方右圖。

坦白說是很好的設計,可惜單字還是拼錯,下列是筆者改成用英文與 ChatGPT 聊天,採用英文後,可以有比較好的結果。下列實例 3 的輸入是實例 1 輸入的中翻英。

**實 例 3**: 您 輸 入「Create a poster specifically designed for the book 'ChatGPT Turbo'. The poster should prominently feature the book title 'ChatGPT Turbo' in the center, using a modern and eye-catching font, and the title should be very visually prominent. The background design should reflect a high-tech and innovative theme, possibly using abstract designs of digital or code patterns. Briefly introduce the book below the title, such as 'The most comprehensive guide to ChatGPT on the market', in a clear yet unobtrusive font. The overall color scheme of the poster should be professional and modern, potentially including elements of blue, grey, or black to align with the technology theme. The overall style of the poster should be clear, professional, and appealing, suitable for attracting the attention of tech enthusiasts and professionals.」,結果可以參考下方左圖。

**實例 4**：您輸入「ChatGPT made a typo, please correct it.」，結果可以參考上方右圖。

## 2-4-8　正式認識 AI 繪圖語法

前面章節筆者使用輕鬆、閒聊方式生成圖片，比較正式的語法應該如下：

主角　　描述　　風格　　大小 1024x1024

- 主角：可以是人物、動物、場景、物體等，如果要更進一步需要敘述，可以分成下列個別說明：

  ❑ 人物：年齡、性別 … 等。

  ❑ 場景：地點、環境 … 等。

  ❑ 動物：年齡、形狀、大小或是顏色。

- 描述：敘述主角的細節，例如：所在地點 ( 室內、森林、太空中、火星 … )、季節、節日 ( 新年、中秋節、聖誕節 … )、時間 ( 早上、中午、傍晚、晚上 )、動作、天氣 ( 下雨、下雪、晴天、極光 )、鏡頭 (2-4-9 節說明 ) … 等。

- 風格：日本動漫、浮世繪、梵谷、3D 卡通、迪士尼、皮克斯、水彩、水墨畫、素描、剪紙風格、科幻 … 等。

- 大小：寬高比是預設 1024x1024，或 1792x1024 或 1024x1792。

一幅畫一定會有一個主角、描述、風格與大小，如果描述不全，則使用預設值，所以發揮創意完整描述很重要。在 ChatGPT 互動式聊天繪圖過程，由於 ChatGPT 會記住與我們的聊天，所以描述一幅畫後，如果只是部分風格或描述改變，可以簡短敘述新風格，即可完成與原意相同但是風格改變的畫。

**實例 1：**您輸入「一個可愛的女孩，在鄉間小路散步，聖誕節， 色鉛筆風格」，結果可以參考下方左圖。

這幅圖像描繪了一位可愛的女孩在聖誕節期間在鄉村小路散步，採用了色鉛筆風格，畫面呈現出節日氣氛和魅力，展示了女孩在雪覆蓋的鄉村背景中悠閒地漫步。圖中包括了覆雪的田野、聖誕裝飾和晴朗的天空，這幅圖像捕捉了節日季節中溫馨和如畫的 ↓ 村環境的精髓，女孩身穿冬季衣物，可能還拿著一件聖誕主題的物品。

這幅圖像以日本動漫風格描繪了一位可愛的女孩在聖誕節期間在鄉村小路上散步。場景呈現出節日氣氛和可愛感，展示了女孩在雪覆蓋的鄉村背景中悠閒地漫步。圖中包括了覆雪的田野、聖誕裝飾和晴朗的天空。女孩以典型的動漫角色風格設計，具有如大眼、有表情的眼睛、時尚的頭髮和適合節日的彩色服裝等鮮明特徵。這幅圖像捕捉了聖誕節期間迷人且如畫的鄉

**實例 2：**您輸入「日本動漫風格」，結果可以參考上方右圖。

**實例 3：**您輸入「梵谷風格」，結果可以參考下方左圖。

這幅圖像描繪了一位可愛的女孩在聖誕節期間在鄉村小路上散步，採用了類似文森特·梵谷藝術風格的表現方式。場景生動而富有表現力，展示了女孩在雪覆蓋的鄉村背景中悠閒地漫步。圖中包括了旋轉的雪覆蓋田野、星光燦爛的夜空和鮮豔的色彩。女孩以 ↓ 谷特的筆觸風格描繪，呈現動態和有質感的外觀。這幅圖像捕捉了聖誕節期間迷人且如畫的鄉村環境的精

這幅圖像以3D卡通風格描繪了一位可愛的女孩在聖誕節期間在鄉村小路上散步。畫面色彩豐富而生動，展示了女孩在雪覆蓋的鄉村背景中悠閒地漫步。圖中包括了覆雪的田野、聖誕裝飾和晴朗的天空。女孩以3D卡通角色風格設計，具有誇張的特徵、鮮豔的 ↓ 和俏皮的外觀。這幅圖像捕捉了聖誕節期間愉快且如畫的鄉村環境的精髓，呈現了3D卡通藝術風格的魅

**實例 4**：您輸入「3D 卡通風格」，結果可以參考上方右圖。

　　在 AI 繪圖領域，早期可以生成許多藝術家風格的畫作，ChatGPT 目前內容政策是不允許生成現代藝術家風格的圖片。例如：現代的藝術家宮崎駿風格，莫內風格 … 等。如果需要模仿特定風格，建議使用描述性語言。所謂的描述性語言是指，例如：如果你想描述梵谷的畫風，你可能會選擇像「生動的」、「筆觸粗獷的」和「色彩鮮豔的」這樣的形容詞。這些詞彙能夠幫助圖像生成工具理解和重現類似梵谷畫風的特徵，而不直接複製或侵犯版權。

# 2-5　生活應用

## 2-5-1　賀詞的應用

　　在生活中處處有需要說吉祥話的場合，如果成語不太會用，可以使用 ChatGPT 協助我們。這一小節的系列實例，ChatGPT 回應的後半部內容省略。

**實例 1**：您輸入「請列舉新年的賀詞」。

> **ChatGPT**
> 當然可以。以下是一些常見的中文新年祝福語，用繁體字書寫：
>
> 1. 新年快樂（Xīnnián kuàilè）- 新年快樂
> 2. 身體健康（Shēntǐ jiànkāng）- 身體健康
> 3. 心想事成（Xīn xiǎng shì chéng）- 心想事成
> 4. 萬事如意（Wànshì rúyì）- 萬事如意
> 5. 年年有餘（Niánnián yǒuyú）- 年年有餘

**實例 2**：您輸入「請列舉中秋節的賀詞」。

> **ChatGPT**
> 當然可以。以下是一些常見的中秋節祝福語，用繁體字書寫：
>
> 1. 中秋快樂（Zhōngqiū kuàilè）- 中秋快樂
> 2. 月圓人團圓（Yuè yuán rén tuányuán）- 月圓人團圓
> 3. 福滿中秋（Fú mǎn Zhōngqiū）- 福滿中秋
> 4. 花好月圓（Huā hǎo yuè yuán）- 花好月圓
> 5. 家和萬事興（Jiā hé wànshì xīng）- 家和萬事興

**實例 3**：您輸入「請列舉職場升遷的賀詞」。

> **ChatGPT**
>
> 當朋友或同事在職場中獲得升遷時，我們經常會向他們表達祝賀。以下是一些適合用於慶祝職場升遷的賀詞，用繁體字書寫：
>
> 1. 恭喜晉升（Gōngxǐ jìnshēng）- 恭喜晉升
> 2. 步步高升（Bùbù gāoshēng）- 步步高升
> 3. 職運亨通（Zhíyùn hēngtōng）- 職運亨通
> 4. 前程似錦（Qiánchéng sìjǐn）- 前程似錦
> 5. 一帆風順（Yīfān fēngshùn）- 一帆風順

**實例 4**：您輸入「請列舉生日的賀詞」。

> **ChatGPT**
>
> 在慶祝生日時，我們經常會向壽星表達祝福。以下是一些常用的生日祝福語，用繁體字書寫：
>
> 1. 生日快樂（Shēngrì kuàilè）- 生日快樂
> 2. 福如東海（Fú rú dōnghǎi）- 福如東海
> 3. 壽比南山（Shòu bǐ nánshān）- 壽比南山
> 4. 心想事成（Xīn xiǎng shì chéng）- 心想事成
> 5. 萬事如意（Wànshì rúyì）- 萬事如意

**實例 5**：您輸入「請列舉婚禮的賀詞」。

> **ChatGPT**
>
> 婚禮是人生中的重要時刻，常常伴隨著溫馨與祝福的話語。以下是一些適合用於婚禮祝賀的賀詞，用繁體字書寫：
>
> 1. 百年好合（Bǎinián hǎohé）- 百年好合
> 2. 永結同心（Yǒngjié tóngxīn）- 永結同心
> 3. 珠聯璧合（Zhūlián bìhé）- 珠聯璧合
> 4. 佳偶天成（Jiā'ǒu tiānchéng）- 佳偶天成
> 5. 福壽雙全（Fúshòu shuāngquán）- 福壽雙全

祝福也可以搭配 ChatGPT 生成圖像，可以參考下列實例。

**實例 6**：您輸入「請生成一張圖片祝福朋友生日快樂」，請參考下方左圖。

**實例 7**：您輸入「請生成一張圖片祝福 Merry Christmas」，請參考上方右圖。

## 2-5-2　食材規劃

每天面對各類食物，如果不知道如何亨飪，也可以請教 ChatGPT。

**實例 1**：您輸入「我的冰箱有食材，「雞胸肉、番茄、蛋、洋蔥、蒜頭、意大利麵、蘑菇、青椒、牛肉、青菜」，請給我烹飪建議」。

> **ChatGPT**
>
> 根據您所提供的食材，我有幾個美味的烹飪建議：
>
> 1. **意大利肉醬麵**：使用牛肉、蒜頭、洋蔥和番茄製作肉醬。您可以將牛肉炒熟，再加入切碎的蒜頭和洋蔥，最後放入番茄煮成醬汁。煮熟的意大利麵淋上肉醬，撒上一點青椒增添風味。
> 2. **雞胸肉炒蘑菇和青椒**：將雞胸肉切片，用鹽和胡椒調味，再與切片的蘑菇和青椒一起炒。您可以加入一點蒜末增添風味。
> 3. **番茄炒蛋配青菜**：先將蛋打散炒熟，再加入切塊的番茄繼續炒。另外，青菜可以清炒，加入蒜末增添風味。
> 4. **蔬菜牛肉湯**：將牛肉、蘑菇、洋蔥、青椒和青菜切塊，與蒜頭一起煮成湯。這是一道營養豐富的湯品。
>
> 這些菜餚不僅美味，而且營養均衡，滿足多樣的口味。您可以根據個人口味調整調味料和配料。祝您烹飪愉快！

有了亨飪建議後，也可以請 ChatGPT 生成圖像。

**實例 2**：您輸入「請為義大利肉醬麵生成圖像」，可以參考下方左圖。

**實例 3**：您輸入「請為番茄炒蛋配青菜生成圖像」，可以參考上方右圖。

## 2-5-3　旅遊規劃

　　ChatGPT 也可以為我們規劃旅遊行程，我們只要告知旅遊景點，就可以請 ChatGPT 建議旅遊地點或是天數，我們可以將 ChatGPT 當作旅行社的客服，問到飽。

**實例 1**：您輸入「2024 年 12 月冬天，我想去冰島旅遊，重點是看極光，請告訴我冰島哪幾個風景點，既可欣賞風景，又可以看到極光」。

> **ChatGPT**
>
> 2024年12月是觀賞冰島極光的理想時期，由於極夜現象，您將有更多機會看到這壯觀的自然景觀。以下是一些在冰島既能欣賞風景又可能看到極光的景點：
>
> 1. **雷克雅未克（Reykjavik）**：冰島的首都並不是最佳的極光觀測地點，因為城市光污染的存在，但在郊區仍有機會看到極光。此外，雷克雅未克周圍有許多美麗的自然風景。
> 2. **黃金圈（Golden Circle）**：這是冰島最著名的旅遊路線，包括了蓋歇爾間歇泉、辛格維利爾國家公園和黃金瀑布。這些地方白天可以欣賞到壯觀的自然景觀，夜晚則是觀看極光的好地點。
> 3. **斯奈山半島（Snaefellsnes Peninsula）**：這裡被稱為「冰島的縮影」，因為幾乎包含了冰島所有的自然風貌。斯奈山半島的西部地區，特別是斯奈菲爾斯冰川周圍，是觀賞極光的好地方。
> 4. **維克（Vik）**：冰島南部的小鎮，以黑沙灘和獨特的岩石形態著稱。這裡的極光景觀獨特迷人。
> 5. **約庫薩隆冰河湖（Jokulsarlon Glacier Lagoon）**：冰河湖與浮冰是一道獨特的風景，夜晚在這裡觀看極光，您將體驗到難忘的景觀。

6. **阿克雷里（Akureyri）**：位於冰島北部，是觀看極光的另一個絕佳地點，周圍的山脈和

峽灣景觀也非常迷人。

當您計劃觀看極光時，請記住極光的出現受多種因素影響，包括太陽活動、天氣條件和地理位置。建議您關注當地的極光預報，並選擇在光污染較少的地方觀賞。此外，冬季冰島的氣候嚴寒且多變，請做好充分的防寒準備。

祝您在冰島的旅行愉快，希望您能欣賞到美麗的極光！

**實例 2**：您輸入「請為黃金圈（Golden Circle）風景，有極光，生成圖像」，可以參考下方左圖。

這是我為您創建的黃金圈在極光下的風景圖像。希望這能激發您對冰島之旅的期待！

這是我為您創建的斯奈山半島在極光下的風景圖像。希望這張圖片能夠喚起您對於這個迷人地點的興趣！

**實例 3**：您輸入「請為斯奈山半島（Snaefellsnes Peninsula），有極光，生成圖像」，可以參考上方右圖。

**實例 4**：您輸入「請為約庫薩隆冰河湖（Jokulsarlon Glacier Lagoon），有極光，生成圖像」，可以參考下方左圖。

這是我為您創建的約庫薩隆冰河湖在極光下的風景圖像，希望這張圖片能讓您對這個神奇地點有更深的期待！

這是我為您創建的阿克雷里在極光下的風景圖像。希望這張圖片能夠為您的冰島之旅增添一絲期待！

**實例 5**：您輸入「請為阿克雷里（Akureyri），有極光，生成圖像」，可以參考上方右圖。

有了上述景點，讀者可以詢問 ChatGPT，拜訪上述景點的路徑規劃。

# 2-6 創意咖啡館

## 2-6-1　高雅的創意咖啡館

筆者想在湖邊開一家創意店，此店白天是一間咖啡館，晚上則是酒吧，由此方向或主題，讓 ChatGPT 運用其大規模數據庫和語言模型，為我們創造出獨特且富有吸引力的名稱。期待這種方法能夠產生具有創意、符合用戶需求且富有敘事性的名稱，從而使咖啡店在市場上脫穎而出。

**實例 1**：您輸入「為我的咖啡店想出五個高雅的名字，這家咖啡店晚上會變成酒吧——就像「The Page Turner」那樣。並附上一個簡短的句子解釋它的意思！」。

> **ChatGPT**
> 1. 「日夜咖啡酒館」
>    - 含義：這個名字代表著白天是咖啡館、晚上變成酒吧的特性，「日夜」強調從早到晚的轉變，既有咖啡的清新也有酒精的醇厚。
> 2. 「曉月酒咖」
>    - 含義：「曉月」象徵日出到月升的時間變化，代表店裡從早晨提供咖啡到夜晚轉為酒吧的特色，結合了咖啡和酒的元素。
> 3. 「晨昏酒咖閣」
>    - 含義：「晨昏」指的是日出和日落，代表著店鋪從白天的咖啡時間到夜晚的酒吧時光，強調了時間上的轉換和兩種不同的氛圍。
> 4. 「暮光咖酒坊」
>    - 含義：「暮光」意味著傍晚時分，象徵著店鋪從白天的咖啡廳演變為夜晚的酒吧，暗示了一天之中的美好時刻和轉變。
> 5. 「日日夜夜咖啡吧」
>    - 含義：這個名字直接表達了店鋪從早到晚的經營理念，「日日夜夜」強調無論白天或夜晚，都能在這裡找到適合的飲品和氛圍。

上述 ChatGPT 為咖啡館取了很有創意的名稱，因此，筆者再執行一次了解其他名稱，可以得到下列結果，下列也是非常好的店名創意。

> **ChatGPT**
> 1. 「晨夜雅韻」
>    - 含義：這個名字代表著從早晨的咖啡到夜晚的酒吧，「晨夜」強調日夜的轉換，而「雅韻」則暗示著無論是咖啡時光還是酒吧時刻，都充滿著優雅和韻味。
> 2. 「日暮琴酒」
>    - 含義：「日暮」象徵著咖啡店日間的溫暖陽光轉變為酒吧夜晚的微醺氛圍，而「琴酒」則意味著店中不僅有美酒，也有悠揚的音樂，營造出一種文藝氣息。
> 3. 「墨香酒語」
>    - 含義：這個名字中的「墨香」代表著咖啡的香氣，而「酒語」則是夜晚酒吧的輕鬆對話，象徵著從文學般的咖啡時光到愜意的夜晚閒聊。
> 4. 「琥珀曦月」
>    - 含義：「琥珀」指的是咖啡的色澤，「曦月」則代表日出和月升，暗示著店鋪從清晨到深夜的美好時光，兼具清新與浪漫。
> 5. 「詩意時光」
>    - 含義：這個名字強調無論是日間的咖啡時刻還是夜晚的酒吧時光，都充滿了詩意和創意，營造出一種文藝復興般的氛圍。

ChatGPT 對咖啡店命名的協助展現了其獨特的創造力和深厚的語言理解能力，透過用戶提供的主題，它能夠生成符合需求且具有故事性的名稱，這種方法不僅提供了

創意豐富的選擇，而且還幫助咖啡店在市場中獨樹一幟，吸引顧客。

　　註：「The Page Turner」在字面上的意思是「翻頁者」或「譜頁翻轉者」。這個詞常用於音樂領域，特別是在古典音樂演奏中，指的是在演奏過程中幫助演奏者翻譜的人。這個角色對於確保流暢的演奏至關重要，尤其是在演奏長篇大作時。

　　然而從比喻的角度來看，「The Page Turner」也可以指引起劇烈轉變或新章節開始的事件或經歷。比如在生活中的一個轉折點，或是一個引人入勝、令人難以放下的故事。

　　在提到的情境中，將咖啡店命名意境使用「The Page Turner」，這是暗示場所不僅僅是一個日常的休憩空間，還是一個在日間和夜晚呈現不同面貌、帶來新體驗和故事的地方。白天它是一個咖啡館，而到了晚上則轉變成一個酒吧，就像生活中的一頁被翻過，展現出新的篇章。

## 2-6-2　創意咖啡館的外觀圖像

實例 1：您輸入『請為「日夜咖啡酒館」創作戶外看的全景外觀圖像』。

實例 2：您輸入『請為「日夜咖啡酒館」創作戶外看的全景外觀圖像，這個咖啡館座落在湖邊』。

> ChatGPT
>
> 這是位於湖邊的「日夜咖啡酒館」的全景外觀圖像。設計展現了這個場所白天作為咖啡店、夜晚轉變為酒吧的獨特魅力，並與寧靜的湖畔環境相融合。

　　這幅咖啡店的圖像展現了優雅和現代感的完美融合，它精心呈現了從日間咖啡館到夜晚酒吧的轉變，透過細膩的燈光和佈局設計，營造出一種溫馨而邀請的氛圍，整體而言，這幅圖像不僅抓住了場所的獨特性，也成功地傳達了其雙重功能的魅力。

## 2-7　簡報設計

### 2-7-1　設計 ESG 簡報

　　ChatGPT 也可以為我們建立簡報，在 ChatGPT 無法生成圖片的時代，需使用 Markdown 語法從「https://source.unsplish.com」網站下載圖片，現在我們可以直接生成簡報與圖片了。註：下一小節會解釋 ESG。

**實例 1**：您輸入「請生成 3 頁 ESG 簡報，每一頁簡報有「主題」、「大綱」與相關的圖片」。以下是生成的第 1 頁簡報。

**ChatGPT**

好的,我將為您創建三頁關於ESG(環境、社會和治理)的簡報。每頁將包括一個主題、一個大綱和相關的圖片。我將創建第一頁,然後依次創建其餘兩頁。

第一頁簡報的主題將是「環境可持續性」。大綱將包括如下內容:

1. 氣候變化的影響
2. 可再生能源的使用
3. 減少溫室氣體排放
4. 保護自然生態系統

相關圖片將顯示一個與環境保護相關的主題,例如風力發電機和森林。

這是關於「環境可持續性」的ESG簡報的第一頁。它包括了主題、大綱和相關的視覺元素。

以下是第 2 頁簡報。

接下來,我將創建第二頁簡報,其主題將是「社會責任」。大綱將包括:

1. 提升工作場所的多元與包容性
2. 社區參與和發展
3. 員工福利和權利
4. 供應鏈中的公平貿易

相關圖片將展示與社會責任相關的主題,例如多元化的職場、社區活動和公平貿易的標誌。讓我為您創建這一頁。

這是關於「社會責任」的ESG簡報的　頁。它包括了主題、大綱和相關的視覺元素。

以下是第 3 頁簡報。

最後,我將創建第三頁簡報,其主題將是「治理」。大綱將包括:

1. 透明度和誠信
2. 風險管理
3. 合規和道德標準
4. 股東和利益相關者的參與

相關圖片將展示與治理相關的主題,例如透明的商業運作、風險管理圖表和股東會議。我現在為您創建這一頁。

這是關於「治理」的ESG簡報的第三 ↓ 它包括了主題、大綱和相關的視覺元素。

　　上述我們成功地建立了含有主題與大綱的簡報，讀者可以將上述內容拷貝至 PowerPoint 內。註：目前也有 AI 軟體 Gamma 可以生成簡報，將在第 17 章介紹。

## 2-7-2　認識 ESG

　　ESG 代表環境（Environmental）、社會（Social）和治理（Governance），是評估企業對社會和環境影響的三個關鍵因素。這一概念在可持續投資和企業管理中越來越重要，主要原因如下：

- 環境（Environmental）：這一方面涉及企業對自然環境的影響，包括減少碳足跡、節能減排、使用可再生能源、水資源管理和廢棄物處理等。在氣候變化和環境退化的背景下，企業在保護環境方面的努力對於確保長期可持續發展至關重要。

- 社會（Social）：這一領域著重於企業與其員工、供應商、客戶和所在社區的關係。這包括工作條件和勞工標準、多元化和包容性、社區參與和對消費者的影響。社會責任的履行有助於建立品牌聲譽，增強客戶忠誠度，並提升員工滿意度和留任率。

- 治理（Governance）：治理涉及企業的內部實踐和政策，包括公司治理結構、董事會多樣性、審計程序、透明度和反貪腐政策。良好的治理實踐可以降低業

務風險，增強投資者信心，並保障企業對所有利益相關者的責任。

　　ESG 的重要性在於，它提供了一種更全面評估企業績效的方法，不僅考慮財務結果，還考慮了企業在社會和環境上的影響。對 ESG 因素的重視有助於推動企業的長期可持續發展，同時對投資者而言，ESG 可以作為評估企業風險和機會的重要指標。隨著公眾意識和政府政策對氣候變化和社會公正的關注增加，ESG 將繼續成為企業戰略和投資決策的重要考量因素。

## 2-8　外語學習

　　這一節的外語學習是以英文為例說明，讀者可以將之應用到其他語言。

### 2-8-1　建立英文學習機

　　讀者可以請 ChatGPT 輸出特定單字與相關的英文單字。

**實例 1：**您輸入『請翻譯「出國旅遊」為英文，同時輸出相關的英文單字，同時右邊要加註中文翻譯』，註：為了節省篇幅，下列輸出結果沒有完全列印。

> **ChatGPT**
> 「出國旅遊」翻譯為英文是 "Travel Abroad"。以下是一些與「Travel Abroad」（出國旅遊）相關的英文單字及其中文翻譯：
>
> 1. Passport - 護照
> 2. Visa - 簽證
> 3. Itinerary - 行程
> 4. Flight - 航班
> 5. Hotel - 酒店

　　聊天過程如果需要不斷的輸入上述文字，是一件麻煩的事情。這時我們可以利用訓練 ChatGPT，建立「英文學習機」，未來我們在這個聊天主題輸入單字，ChatGPT 自動輸出相關單字，這樣相當於建立了「英文學習機」，首先點選新聊天 ✐ 圖示，下列相當於是訓練 ChatGPT 擔任英文學習機的角色。

**實例 2：**您輸入『你可不可以做我的英文學習機，當我輸入「中文」時，你輸出此英文和相關的英文單字，同時右邊要有加註中文翻譯』。

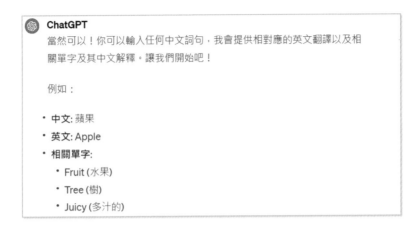

上述訓練結束，ChatGPT 自動建立了「Translate Chinese to English」聊天標題，可以參考下方左圖。下方右圖是將此標題名稱改為「英文學習機」

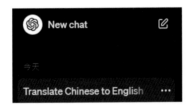 

未來點選「英文學習機」聊天標題，只要輸入中文，ChatGPT 就自動將筆者輸入中文翻譯，同時列出相關含中文註解的英文單字。

實例 2：您輸入「人工智慧」。

上述方法非常方便，但是當使用 ChatGPT 久了，會有許多聊天主題，我們無法很快找到「英文學習機」聊天主題。新版的 ChatGPT 有提供建立 GPT 機器人功能，我們可以使用此功能，將「英文學習機」打造成自己的 AI 小助理，未來第 12 章會做說明。

## 2-8-2　建立英文翻譯機

這一節將使用 ChatGPT 建立英文翻譯機，建立原理和前一小節類似，首先點選新聊天  圖示，下列是建立英文翻譯機的實例。

**實例 1**：您輸入『你現在是「英文翻譯機」，當我輸入「中文」時，你需翻譯成英文』。

> **ChatGPT**
> 當然可以。只要您輸入中文，我會為您翻譯成英文。請開始輸入您想翻譯的文字。

註：如果讀者使用 ChatGPT 時，所出現的聊天標題不是「英文翻譯機」，可以自行將此標題名稱改為「英文翻譯機」。

未來點選「英文翻譯機」聊天標題，只要輸入中文，ChatGPT 就自動將筆者輸入中文翻譯成英文，下列是實例。

**實例 2**：您輸入「今天天氣很好，是一個適合打球的好天氣」。

> **ChatGPT**
> "Today the weather is very good, it's a great day for playing sports."

上述「英文翻譯機」建立完成，未來即使是一整篇文章，ChatGPT 也可以進行翻譯。與前一小節一樣，如果常常使用建議可以用 GPTs 功能處理。

## 2-8-3　文章潤飾修改

筆者所寫的英文是台灣式的英文，這時也可以請求 ChatGPT 協助潤飾語法、語法檢查或單字錯誤修正，下列是筆者的實例。

**實例 1**：您輸入「請修改與潤飾下列英文

Mr. Jiin-Kwei Hung has ever studied two courses which I taught Mechanical Drawing and Machine Design. In this period, he has ever assisted me for drawing construction and make a book relative mechanical drawings published smoothly therefore, I have a deep image in him.」。

---

 **ChatGPT**

Certainly! Here's a revised and polished version of your text:

"Mr. Jiin-Kwei Hung has completed two courses under my instruction: Mechanical Drawing and Machine Design. During this period, he provided valuable assistance in drafting and helped facilitate the publication of a book related to mechanical drawings. Consequently, he has made a lasting impression on me."

---

從上述修改結果，可以看到已經將筆者的台式英文，改造為純美式英文文章了。

## 2-8-4 ChatGPT 翻譯能力評論

ChatGPT 在翻譯能力和品質上與其他翻譯軟體相比，有幾個主要的差異和特點：

❑ **上下文理解能力**

● ChatGPT：由於大量的語言數據和對話模型訓練，ChatGPT 能夠較好地理解上下文和語境，這在處理長本文或需要深層語境理解的翻譯時尤其有用。

● 其他翻譯軟體：傳統的翻譯工具可能在單句或短句翻譯上表現良好，但在處理需要豐富上下文理解的長篇幅本文時，可能不如基於 AI 對話系統的準確。

我們可以從一段具有多重含義的本文入手。

原文段落（英文）：

"John went to the bank after fishing for hours. He needed to rest and think about the net he lost in the river. The bank was quiet, providing a good space for reflection."

這段本文中的 "bank" 一詞有多重含義，既可以指河岸也可以指金融機構，同時，"net" 在這裡指的是捕魚網而非網絡或其他含義。

ChatGPT 的翻譯處理：由於 ChatGPT 訓練時涵蓋了大量本文和對話情境，它會根據上下文中的 "fishing" 和 "river" 理解到 "bank" 在這裡應該翻譯為 " 河岸 "。對於 "net"，ChatGPT 同樣能根據 "fishing" 這一背景推斷其為 " 捕魚網 "。

其他翻譯軟體的處理：傳統翻譯軟體，尤其是較早的或基於簡單規則的系統，可能無法準確識別這種依賴廣泛上下文的詞義。它們可能會將 "bank" 翻譯為 " 銀行 "，因為這是一個更常見的含義，而忽略了 "fishing" 和 "river" 提供的語境線索。對於 "net"，如果沒有充分考慮上下文，也可能被錯誤翻譯為與互聯網相關的 " 網絡 "。

翻譯對比：

ChatGPT 翻譯：「約翰在河邊釣魚幾個小時後去了河岸。他需要休息並思考一下他在河裡丟失的捕魚網。河岸很安靜，提供了一個良好的反思空間。」

其他軟體可能的翻譯：「約翰在釣魚幾個小時後去了銀行。他需要休息並思考一下他在河裡丟失的網。銀行很安靜，提供了一個良好的反思空間。」

由這個例子可以看到，ChatGPT 在處理需要廣泛上下文理解的本文時，可能會比一些傳統的翻譯軟體更加準確和自然。

❑ **語言慣用法和文化差異**

● ChatGPT：能夠在一定程度上識別和適應語言慣用法和文化差異，並嘗試以更自然、地道的方式進行翻譯。

● 其他翻譯軟體：雖然現代的機器翻譯技術（例如：以神經網路為基礎的翻譯系統）已經能夠在很大程度上處理語言慣用法，但在某些特定文化或語境下的翻譯可能仍顯生硬。

語言慣用法和文化差異是翻譯中一個重要而複雜的話題，不同的翻譯系統在處理這些問題上可能有不同的效果。以下是一個例子，用來說明 ChatGPT 與其他翻譯軟體在處理語言慣用法和文化差異時的差異：

原文（英文）：

"Break a leg!" said the director to the actress before she went on stage.

這句話中的 "Break a leg!" 是一個英語慣用語，常在表演之前對表演者說，意思是祝他們好運，類似於中文中的「祝你成功」或「加油」。

ChatGPT 的翻譯處理：ChatGPT 由於接受了大量的對話訓練，包括文化慣用語的使用情境，因此更有可能識別到 "Break a leg!" 是一個祝福的表達，而不是字面意思上的「摔斷腿」。它可能會將這句話翻譯為更符合中文語境的祝福語，例如「祝你表演成功！」或「祝好運！」

其他翻譯軟體的處理：一些較為傳統的翻譯系統可能會將 "Break a leg!" 直譯為「摔斷腿」，因為它們可能無法識別這種特定文化背景下的慣用語。即使是一些先進的神經網路的翻譯系統，如果沒有足夠的訓練數據來覆蓋這種特定的慣用語使用，也可能無法準確翻譯。

翻譯對比：

ChatGPT 翻譯：「導演在她上台前對她說：祝你好運！」

其他軟體可能的翻譯：「導演在她上台前對她說：摔斷腿！」

透過這個例子可以看到，ChatGPT 在理解和翻譯涉及語言慣用法和文化差異的表達時，可能表現出更高的準確度和適應性。這種能力特別重要，因為它有助於保持原文的意圖和情感色彩，並使翻譯更加自然和貼近目標語言的文化背景。

❏　**交互式翻譯和澄清**

- ChatGPT：能夠進行交互式的翻譯，即在翻譯過程中可以通過對話進行澄清、修正或詢問更多信息，以提高翻譯的準確度。
- 其他翻譯軟體：大多數傳統翻譯工具缺乏與用戶的交互能力，通常提供一次性的翻譯，較難根據用戶反饋即時調整翻譯結果。

在翻譯過程中，能夠進行交互式溝通和澄清是提高翻譯質量的一個重要因素。以下是一個例子，用來說明 ChatGPT 與其他翻譯軟體在這方面的差異：

場景描述：

假設有一段含糊其辭的英文句子，需要翻譯成中文，句子如下：

原文（英文）： "The match was lit."

這句話中的 "match" 既可以解釋為「比賽」，也可以是「火柴」，而 "lit" 既可以指「點燃」，也可以用在比喻意義上，如「比賽開始」。因此，根據不同的上下文，這句話的翻譯可能有很大差異。

ChatGPT 的交互式翻譯處理：在翻譯這樣模糊不清的句子時，ChatGPT 可以用提問來澄清上下文，例如：

ChatGPT 可能會問：「請問您提到的 'match' 是指火柴還是比賽？ 'lit' 是用來表達實際點燃，還是比喻比賽開始了？」根據用戶的回答，ChatGPT能夠提供更準確的翻譯。

如果用戶指明是火柴被點燃，那麼翻譯可能是「火柴被點燃了」。如果是指比賽開始，則翻譯為「比賽開始了」。

　　其他翻譯軟體的處理：大多數傳統翻譯軟體或工具可能無法主動要求澄清或提問，它們會根據內置的算法或最常見的用法直接進行翻譯，這可能導致翻譯結果與原意不符。在這個例子中，它們可能會選擇其中一種意思進行翻譯，而無法確保這與用戶的真實意圖一致。

　　翻譯對比：

　　ChatGPT 翻譯（經過澄清後）：「火柴被點燃了」或 「比賽開始了」，取決於用戶的澄清。

　　其他軟體可能的翻譯：可能僅根據最常用的意義選擇「比賽開始了」，而忽略了其他可能性。

　　透過這個例子可以看到，ChatGPT 在處理模糊或多義詞句子時，通過交互式的澄清和溝通，能夠提供更加貼近用戶意圖的翻譯。這種能力在處理專業術語、地方方言或含有文化特定意義的詞語時尤其重要。

❑ 創造性和語言生成

- ChatGPT：由於是基於語言生成模型，ChatGPT 在進行翻譯時能夠展現一定程度的創造性，尤其是在需要改寫或重新表達某些概念時。

- 其他翻譯軟體：儘管現代翻譯系統也採用了先進的技術，但在創造性表達和語言生成方面可能不如專門設計用於生成本文的模型。

「創造性和語言生成」是指翻譯或生成本文時的創新能力，包括重新表達、改寫或生成全新的、有意義的句子。這方面的能力對於處理翻譯中的隱喻、比喻或需要文學修辭的本文尤為重要。以下是一個例子來說明 ChatGPT 與其他翻譯軟體在這方面的差異：

　　原文（英文）：

"The early bird catches the worm, but the second mouse gets the cheese."

　　這句話包含了兩個諺語，第一句是鼓勵早起的人能夠獲得好處，第二句則暗示有時候稍微晚一點可能也會有好處（因為第一隻老鼠可能會被捕鼠器捉住）。

　　ChatGPT 的創造性翻譯處理：ChatGPT 不僅僅依賴直譯，而是能夠理解這些諺語背後的文化和語言特徵，並嘗試用目標語言中具有相似意涵的表達方式來進行創造性翻譯。例如：ChatGPT 可能會將這句話翻譯為包含中文諺語或成語的句子，以傳達相同的智慧或教訓，即早起的人有利，但有時稍後行動也不失為一種智慧。

　　其他翻譯軟體的處理：傳統的翻譯軟體可能會將這句話進行直接翻譯，而無法捕捉到原文中的雙關語或文化特色，從而生成的翻譯可能缺乏原文的趣味性或深度。例如：它們可能直接翻譯成「早起的鳥兒有蟲吃，但第二隻老鼠能得到乳酪」，這雖然傳達了基本的意思，但缺少了語言的創造性和文化的味道。

　　翻譯對比：

　　ChatGPT 翻譯：「早起的鳥兒有蟲吃，晚來的鼠兒也不吃虧。」（這裡的翻譯嘗試保留了原文的意境和教訓，並適當地融入了中文表達方式）

　　其他軟體可能的翻譯：「早起的鳥兒有蟲吃，但第二隻老鼠得到了乳酪。」（直譯，缺乏創造性和文化深度）

　　由這個例子可以看到，ChatGPT 在處理需要創造性和文化敏感度的翻譯時，能夠提供更具創新性和文化適應性的翻譯，使得翻譯不僅準確，而且生動有趣，能夠更好地與目標語言的讀者產生共鳴。

　　總的來說，ChatGPT 在翻譯上提供了較強的上下文理解、交互性和語言生成能力，特別適合需要理解廣泛語境和進行創造性表達的場景。

## 2-8-5　優化翻譯－文章的格式

　　告訴 ChatGPT 文章格式，是一種優化翻譯的做法，因為文章的類型可以影響翻譯時選擇的詞彙、語調、格式以及整體風格。不同類型的文章有不同的特點和要求，以下是一些常見類型及其對翻譯的影響：

❑　學術論文

- 特點：精確的術語，嚴謹的結構，客觀的語氣。
- 翻譯要求：必須精確地傳達原文的學術概念和理論，保持原有的專業術語和格式。

❑　**商業文件**

- 特點：專業術語，實際案例，直接且具有說服力的語言。
- 翻譯要求：清晰準確地傳達商業策略和市場分析，保持專業且具有吸引力的商業語調。

❑　**文學作品**

- 特點：豐富的情感，生動的描寫，可能包含隱喻和比喻。
- 翻譯要求：重現原文的文學美和深層含義，保留作者的風格和文化色彩。

❑　**新聞報導**

- 特點：時效性強，信息明確，語氣客觀。
- 翻譯要求：忠實地反映事實，保持新聞的客觀性和準確性，同時適當調整以適合目標讀者的閱讀習慣。

❑　**技術手冊**

- 特點：詳細的操作指南，專業的技術術語，步驟清晰。
- 翻譯要求：確保技術術語的準確性和操作指南的易懂性，使讀者能夠清楚理解如何使用特定的產品或系統。

❑　**法律文件**

- 特點：嚴格的格式，精確的術語，可能有複雜的句構。
- 翻譯要求：極高的準確性和對法律術語的精確把握，以避免任何可能的誤解或法律後果。

❑　**廣告和市場行銷**

- 特點：誘人的語言，創意的表達，強調品牌和產品的吸引力。
- 翻譯要求：不僅要準確傳達信息，還要保留原始廣告的創意和說服力，並考慮文化適應性，以吸引目標市場。

明確文章的類型有助於翻譯者選擇合適的策略和方法，從而提高翻譯的品質和效果，更好地滿足特定類型文本的需求。

我們可以用下列 Prompt 執行翻譯。

請將下列「[ 學術論文 | 商業文件 | 文學作品 | 新聞報導 | 技術手冊 | 法律文件 | 廣告和市場行銷 ]」英文文件，翻譯成「繁體中文台灣用語」。

假設有一段文章英文原文（商業文件實例），ChatGPT 翻譯的特色如下：

"Our company is poised to enter the Asian market, leveraging innovative technologies to meet the growing demand for sustainable solutions. The strategic plan includes partnering with local enterprises to enhance market penetration and customer engagement. We anticipate significant growth in revenue and brand recognition, as our solutions are well-aligned with the region's economic development goals."

- 專業術語的準確翻譯：ChatGPT 會注意到 "poised to enter"、"leveraging"、"sustainable solutions" 等專業術語和商業慣用語，確保這些詞彙被準確且恰當地翻譯，以符合商業文件的正式和專業語境。

- 本地化和文化適應：在提到 "enter the Asian market" 時，ChatGPT 會考慮到目標市場（亞洲市場）的特定文化和商業環境，進行相應的本地化調整，使翻譯更貼近當地讀者的語境和預期。

- 保持商業語調和風格：ChatGPT 會努力保持原文的商業語調，如 "strategic plan"、"partnering with local enterprises"、"enhance market penetration" 等表達，以維持文件的正式和說服力。

- 強調合作和成長潛力：考慮到商業文件常常旨在說服或向股東報告，ChatGPT 會特別強調 "partnering with local enterprises" 和 "anticipate significant growth in revenue and brand recognition" 等句子，突出合作機會和成長潛力。

**實例 1**：您輸入『請將下列「商業文件」英文文件，翻譯成「繁體中文台灣用語」

"Our company is poised to enter the Asian market, leveraging innovative technologies to meet the growing demand for sustainable solutions. The strategic plan includes partnering with local enterprises to enhance market penetration and customer engagement. We anticipate significant growth in revenue and brand recognition, as our solutions are well-aligned with the region's economic development goals."』

**ChatGPT**

"我們公司正準備進軍亞洲市場，運用創新科技來滿足對永續解決方案日益增長的需求。策略計畫包含與當地企業合作，以提高市場滲透率及顧客互動。我們預期，隨著我們的方案與該區域經濟發展目標高度契合，將實現顯著的收入成長和品牌識別度提升。"

# 2-9 連網功能 – 摘要或翻譯網頁內容

ChatGPT 也具有連網功能，同時可以摘要或是翻譯網頁內容。

**實例 1**：您輸入『請摘要「https://deepwisdom.com.tw」網頁內容』。

 **ChatGPT**

深智數位股份有限公司的網站提供各種與科技、程式設計、網頁開發、資料庫管理等相關的教育資源和書籍。網站上有各種專業書籍的銷售，包括主題涵蓋作業系統、數位生活、程式設計、機器學習等。此外，還有特別為SSE認證準備的教材。網站提供書摘、推薦課程和資源下載等服務，並且有會員中心，供用戶管理訂單和帳號。網站同時展示了特價書籍和其介紹，還有合作廠商的信息。

請參考他們的官方網站以獲取更詳細的信息：深智數位股份有限公司

上述除了提供摘要結果，還提供超連結，點選可以進入此網站。

**實例 2**：您輸入『請摘要「https://www.mcut.edu.tw/」網址內容』。

 **ChatGPT**

明志科技大學的官方網站提供了學校的基本資訊，包括學術研究、教學資源、校園生活和招生信息。該網站展示了學校的最新消息、研究成果和校園活動。還有各個學院和部門的介紹，如工程學院、管理暨設計學院等，以及相關的研究單位。此外，網站提供了校園服務的連結，例如性別平等教育委員會、企業社會責任永續發展、招生資訊等。更多詳細資訊，請訪問明志科技大學官方網站。

　　除了可以摘要中文網頁內容，也可以摘要英文網頁內容，下列實例的網址是 Google 有關 AI 音樂的論文。

**實例 3**：您輸入「請翻譯下列網頁內容

https://google-research.github.io/seanet/musiclm/examples/」。

**ChatGPT**

這個網頁介紹了Google Research開發的MusicLM，這是一款能夠根據文字描述創造高保真度音樂的模型。它採用層次化的序列對序列建模方法，能在24kHz的音質中產生數分鐘長度且風格一致的音樂。該模型在音質和遵循文字描述方面表現出色，超越了先前的系統。MusicLM還能結合文字和旋律，將哨子或哼唱的旋律轉換成文字描述的音樂風格。網頁提供了多個音樂示例，展示其功能。更多詳情可參考原網頁：MusicLM。

早期我們可以要求 ChatGPT 摘要與翻譯美國新聞網站內容，可是自從 2024 年 1 月 5 日美國紐約時報控告 OpenAI 公司侵權起，OpenAI 公司就取消了摘要新聞網頁的功能。

**您**

請摘要下列網頁內容
https://www.usatoday.com/story/tech/news/2024/01/09/walmart-ces-ai-tech/72161108007/

**ChatGPT**

⚠ 瀏覽錯誤

I'm sorry, but I'm unable to access or summarize the specific content of the USA Today article you've provided due to a technical issue. For detailed information regarding Walmart's presentation at CES regarding AI technology, please visit the USA Today website directly at USA Today - Walmart CES AI Tech Article. If you have any general questions about Walmart, CES, or AI technology, feel free to ask!

上述中文意義是，「很抱歉，由於技術問題，我無法訪問或摘要您提供的 USA Today 文章的具體內容。若想獲得有關沃爾瑪在消費電子展 (CES) 上展示的人工智慧技術的詳細信息，請直接訪問 USA Today 網站上的相關文章。如果您對沃爾瑪、消費電子展或人工智慧技術有任何一般性問題，歡迎提問！」。

# 2-10　免費 Line 串接 ChatGPT

我們可以寫 Python 程式串接 Line，但是這個需要有程式基礎，這一節將簡單介紹不用寫程式可以串接 Line。日本 Picon 公司有推出可以串接 ChatGPT 的官方帳號，這個網址如下：

https://page.line.me/?accountId=295aqhjz

上述視窗請點選👤+圖示，可以產生行動條碼。

請用你的 Line 掃描，就可以將官方帳號加入好友。開始你會看到日文訊息，我們

可以輸入「請用繁體中文回答我」，然後輸入「請告訴我如何從羽田機場搭電車到品川站」，可以得到下列結果。

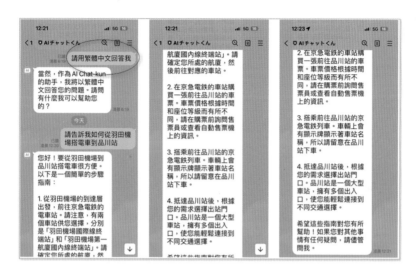

我們也可以上傳圖像，請 ChatGPT 為圖像說故事。

註　提醒不明公司串接 Line 的 ChatGPT，建議不要使用，避免被詐騙。

# 第 3 章
# AI 視覺與智慧

　　最新版的 ChatGPT 輸入框左邊有 🔗 圖示，我們可以點選這個圖示上傳文件給 ChatGPT，目前最多一次可以上傳 5 個文件，每個文件限制在 25MB。ChatGPT 可以視覺上傳的圖像，以及智慧分析文字或數據檔案。

## 3-1　上傳文件的類別

ChatGPT 上傳下列類型的文件：

- 文字文件：「.txt」、「.pdf」、「.docx」等。
- 圖像文件：「.jpg」、「.png」、「.gif」等。
- 數據文件：「.csv」、「.xlsx」等。註：更多細節將在第 19 章解說。
- 程式碼文件：「.py」、「.js」、「.html」等。註：有關程式設計細節將在第 18 章解說。

上傳文件後，我們可以請求 ChatGPT 回答相關問題，例如：進行內文摘要、數據分析、或是進行圖像識別等操作。

## 3-2　文字文件

當上傳「.txt」、「.pdf」或「.docx」文件後，ChatGPT 可以進行以下幾種分析：

❑　**內容提取與閱讀**

- 提取文字內容，以便閱讀和分析。
- 對於「.pdf」和「.docx」文件，包括格式化文字和圖像等多媒體內容。

❑　**文字分析**

- 基本的文字分析，如計算字數、識別關鍵詞、建立摘要等。
- 語言學分析，包括語法、句法和語義分析。

❑　**情感分析**

- 分析文字的情感傾向，判斷其是正面、中性還是負面。

❑ 主題和風格識別

● 識別文字的主要主題或討論點。

● 分析文字風格,例如:正式、非正式、學術等。

❑ 語言翻譯和校對:

● 將文字翻譯成其他語言。

● 校對文字以識別拼寫和語法錯誤。

❑ 數據提取和分析:

● 從文字中提取特定數據,例如日期、名稱、地點等。

● 對於包含表格或列出數據的文件,提取和分析這些數據。

❑ 學術和專業分析:

● 對學術論文進行摘要和關鍵訊息提取。

● 對商業文件進行分析,如合同、報告等。

## 3-2-1 摘要與情感分析 .txt 檔案內容

這一節將使用下列 MissionImpossible.txt 檔案做分析。

實例 1:請先上傳 MissionImpossible.txt,然後,您輸入「請摘要內容」。

右側標示：上傳的文件

**實例 2**：您輸入「看了你敘述的摘要內容，有沒有建議我是否去看這場電影」。

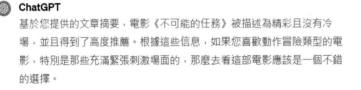

**實例 3**：您輸入「這篇文章總共有多少個字」。

右側標示：點選可以看到計算字數的Python程式碼

**實例 4**：您輸入「請將這篇文章翻譯成英文」。

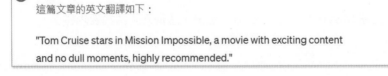

### 3-2-2    摘要與分析 .docx 文件

這一節將分析 Python_marketing.docx，此 Word 檔案部分內容如下：

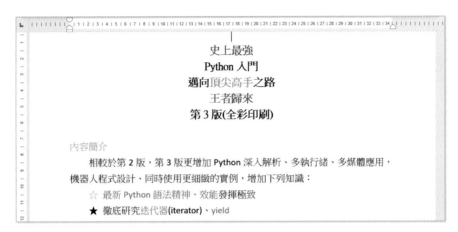

**實例 1**：請先上傳 Python_marketing.docx，然後，您輸入「請描述這文件的內容重點」。

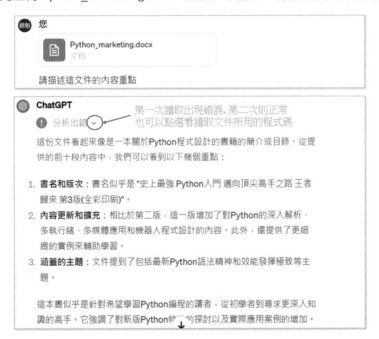

使用 ChatGPT 讀取文件時，也許是網路讀取發生異常，有時候會發生錯誤，這是正常。看到「分析錯誤」，讀者不用緊張，ChatGPT 會重新讀取，從上述可以看到 ChatGPT 可以正常讀取 Word 文件。

### 3-2-3　讀取與分析 PDF 文件

ChatGPT 也可以讀取與分析 PDF 文件，下列是 store.pdf 檔案內容。

> 深智賣場工作表
>
> 深智賣場有 **50** 個員工，今天有 **3** 位請病假，**2** 位請事假。

**實例 1**：請先上傳 store.pdf，然後，您輸入「請參考 PDF 內容，然後回答今天有幾個員工上班」。

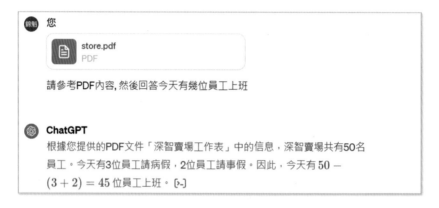

上述 ChatGPT 的回應完全正確。

### 3-2-4　文件合併

ChatGPT 由於最多可以上傳 5 個文件，所以最多可以有 5 個文件合併。下列是 2 個文件合併的實例，「夜思 .txt」和「相思 .txt」檔案內容分別如下。

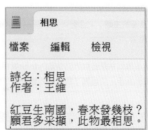

**實例 1**：請先上傳「夜思 .pdf」和「相思 .pdf」，然後，您輸入「請合併 2 個 PDF 內容」。

下載後可以看到一個 PDF 文件有 2 頁的結果。

## 3-2-5　文件分割

　　我們也可以將文件分割。

**實例 1**：請先上傳「Python_marketing.docx」，然後，您輸入「請將上傳的檔案分割成 2 個檔案」。

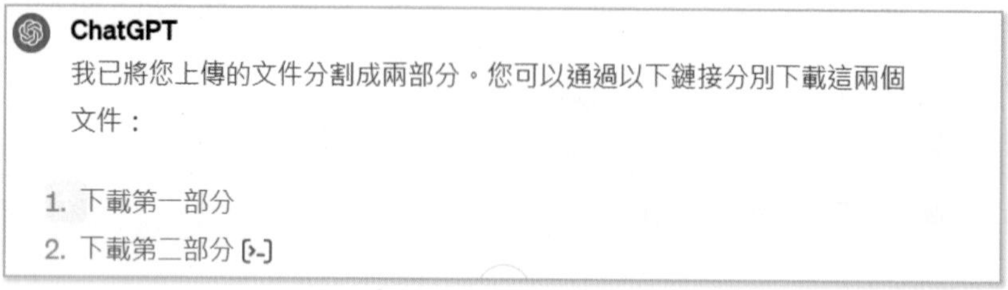

> **ChatGPT**
>
> 我已將您上傳的文件分割成兩部分。您可以通過以下鏈接分別下載這兩個文件：
>
> 1. 下載第一部分
> 2. 下載第二部分 [>-]

## 3-3 圖像文件

當上傳「.jpg」、「.png」或「.gif」文件後，ChatGPT 可以進行以下幾種分析：

❏ **圖像內容識別**

- 識別和描述圖像中的物體、人物、場景等。
- 為圖像中的元素提供標籤或分類。
- 為圖像建立創意文字、詩、詞等。

❏ **顏色分析**

- 識別圖像中主要的顏色和顏色分布。
- 分析顏色的搭配和視覺影響。

❏ **風格和藝術分析**

- 識別圖像的藝術風格或流派（如印象派、現代主義等）。
- 分析圖像的藝術特點和美學價值。

❏ **面部識別和表情分析（僅限不涉及隱私和敏感內容）**

- 識別圖像中人物的面部特徵。
- 分析人物的表情和情緒。

❏ **圖像品質評價**

- 評估圖像的清晰度、曝光、對比度等技術參數。
- 提供改善圖像質量的建議。

❑　**圖像比較**

- 比較兩張或多張圖像的相似性和差異。
- 識別圖像中的重複或相關元素。

❑　**文字識別（OCR）**

- 從圖像中識別和提取文字。
- 轉換圖像中的文字為可編輯的文字格式。

這些分析可以應用於各種場景，例如藝術作品分析、社交媒體內容分析、廣告設計評估等。

## 3-3-1　分析圖像

這一節是測試 ChatGPT 分析圖像的能力，檔案 wheat_field.png 內容如下：

**實例 1**：請先上傳 wheat_field.png，然後，您輸入「請分析這張圖像的內容，同時告訴我圖像的風格」。

請分析這張圖像的內容,同時告訴我圖像的風格

點選右邊的 發送訊息 **↑** 圖示，可以得到下列結果。

> **ChatGPT**
>
> 這張圖像描繪的是一片金黃色的麥田前景，背景是包含房屋和教堂的鄉村
> 景觀，天空中有著風暴般的雲彩和明亮的太陽。整體色調呈現出日落時分
> 的暖色光輝，
>
> 具有強烈的色彩對比和動態感。這種風格強烈地呼應了文森特·梵高的《星
> 夜》畫作，特別是在天空的旋轉雲彩和明亮的星星/太陽表現手法上。這
> 種風格通常被稱為後印象派，其中運用了鮮豔的色彩和粗獷、有力的筆觸
> 來傳達情感和印象，而不是精確的自然描繪。這張圖像可能是用數字媒介
> 創作的，模仿了梵高的風格，特別是在表現光影和色彩方面。

## 3-3-2 文字識別

目前 ChatGPT 識別圖像中的英文或數字的能力很強，但是對於識別中文字表現則
比較弱，檔案 speech.jpg 內容如下：

**實例 1**：請先上傳 speech.jpg，然後，您輸入「請分析這張圖像的內容, 同時告訴我圖
像的風格」。

點選右邊的發送訊息圖示，可以得到下列結果。

---

**ChatGPT**

這張圖片是一張宣傳海報，宣傳的內容是關於一個名為 "ChatGPT 4 Turbo
+ API" 的活動或產品。海報上列出了一些關鍵信息和特色：

- 主題涵蓋 "MQTT + 深度學習"。
- 活動日期是 1 月 21 日。
- 活動時間是晚上 19:30 至 21:30。
- 地點和其他詳細信息並未完全展示。
- 編號是 "1月21日 66號"。

---

海報上還提到了幾個關鍵詞或功能，包括：

- "ChatGPT Turbo"
- "ChatGPT App"

- "GPT-4 小時"
- "GPTs"
- "開發者應用實戰"

視覺設計中包括了一個女性的臉部輪廓，一個正在使用電腦的人的插圖，
以及多個代表科技和人工智能的圖標和元素。海報的風格結合了科技元素
和鮮豔的顏色，營造出一種未來感和創新的氛圍。

---

## 3-3-3 表情分析

目前 ChatGPT 對圖像人物的表情分析能力也很強，檔案 hung.png 內容如下：

**實例 1**：請先上傳 hung.png，然後，您輸入「請做這張圖像的表情分析」。

請做這張圖像的表情分析

點選右邊的發送訊息↑圖示，可以得到下列結果。

> **ChatGPT**
>
> 圖像顯示了一位男士在室外的環境中，背景是樹木和雪覆蓋的山丘。他穿
> 著一件紅色與深藍色拼接的T恤，面帶微笑，嘴角輕微上揚。這種微笑給
> 人一種溫和而友好的印象，眉毛輕鬆，沒有顯示出緊張或不快的跡象。整
> 體而言，這位男士的表情似乎是輕鬆和滿足的，可能是在享受戶外活動或
> 欣
>
> 賞自然景色時捕捉到的。他的目光直視鏡頭，顯示出一種開放和自信的姿
> 態。整體上，這張圖片傳達了一種積極、愉快的情緒。

從上述可以看到，整個圖像、表情與背景的描述非常正確。

## 3-3-4　兩張圖像的比較

有 2 張圖像如下：

church_day.jpg

church_night.jpg

**實例 1**：請分別上傳 church_day.jpg 和 church_night.jpg，然後，您輸入「請說明這 2
張圖像的差異」。

請說明這 2 張圖像的差異

點選右邊的 發送訊息 ↑ 圖示，可以得到下列結果。

> **ChatGPT**
>
> 這兩張圖片展示的是同一座教堂，在不同的時間點拍攝：白天和夜晚。以下是這兩張圖片的主要差異：
>
> 1. **光線和時間**：第一張圖片是在白天拍攝的，有藍天和自然光照；第二張圖片是在夜晚，教堂被人造照明照亮，天空是黑色的。
> 2. **環境和氛圍**：日間的圖片顯示了明亮、清晰的視野，而夜晚的圖片則提供了更加戲劇化和
>
> 神秘的視覺效果，特別是由於教堂照明的對比和細節。
>
> 1. **人群**：雖然兩張照片都有人在教堂前，但是夜晚的照片中人群似乎更少，這可能是因為晚上的時候遊客較少。
> 2. **顏色和細節**：白天的圖片顏色較為鮮艷，細節清晰可見；夜晚的照片則以黃色和金色的燈光為主，創造出不同的顏色對比，並且某些細節可能會因為照明而
>
> ↓

## 3-3-5 圖像評論

目前 ChatGPT 也可以對圖像做藝術評價分析，檔案 priest.jpg 內容如下：

**實例 1**：請先上傳 priest.jpg，然後，您輸入「請對這張圖做評論」。

　請對這張圖做評論　　　　　　　　　　　　　　　　　　　　↑

點選右邊的 發送訊息 **↑** 圖示，可以得到下列結果。

> ⑤ **ChatGPT**
>
> 這張圖片顯示的是一個戶外雕塑，這件作品展示了三個站立的人物，看起來像是宗教人士，可能是牧師或聖職者。他們的姿態莊嚴而端正，每個人物手中都持有可能象徵其宗教身份的物品，如十字架和可能是聖經的書本。
>
> 雕塑的風格非常現代，具有簡化的形式和誇張的長形特徵，這可能旨在傳達某種形式的精神性或超凡脫俗。雕塑的表面紋理粗糙，增加了作品的戲劇性和視覺深度。
>
> 背景中的藍天和綠色樹木為雕塑提供了自然而寧靜的環境，這強化了雕塑的靜謐與和平的主題。光線從上方照射下來，突顯了雕塑的輪廓和細節，並在藍天的對比下形成了一個引人注目的視覺焦點。
>
> 整體來看，這件藝術作品似乎旨在引起觀眾的沉思和對宗教或精神性的反思，其設置和執行都促成了這一目的

## 3-3-6　圖像意境與詩詞創作

這一節將依據圖像創作一首七言絕句，檔案 fisher.jpg 內容如下：

實例 1：請先上傳 fisher.jpg，然後，您輸入「請為這張圖作一首詩」。

點選右邊的發送訊息 ↑ 圖示，可以得到下列結果。

## 3-3-7　圖像生成故事

這一節將依據圖像創作一個故事，檔案 girl_country_road.jpg 內容如下：

實例 1：請先上傳 girl_country_road.jpg，然後，您輸入「請為這張圖作一個 200 個字的故事」。

點選右邊的 發送訊息 圖示，可以得到下列結果。

> 🟢 **ChatGPT**
> 在一個寧靜的聖誕節傍晚，小艾米踏著鄉間的小路回家。冰封的湖面旁，
> 金黃的燈光和橙紫交織的天際相映成趣，她的心跳著期待的節奏。每一步
> 都踩出輕柔的雪聲，似乎在低語著節日的秘密。村莊的煙囪裡升起螺旋的
> 煙霧，家家戶戶的窗戶透出溫暖的光，彷彿在歡迎她的到來。艾米的臉頰
> 被寒風吹得紅撲撲的，但她的心卻因為即將與家人團聚的快樂而溫暖。她
> 的雙手緊握著一份特別的禮物，一份她精心準備給爺爺的聖誕禮物。這個
> 聖誕節，不僅是慶祝團聚的日子，也是她分享愛和感激的時刻。

## 3-3-8　圖像風格轉變

3-3-1 節已經用了 wheat_meat.png，這一節則對此圖像做風格轉變，分別處理成
「黑白」、「晚上，天空有極光」。

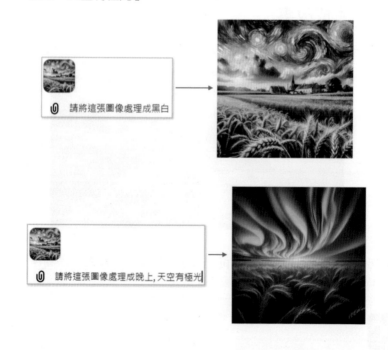

# 3-4　未來發展 - 音頻文件

　　筆者從 AI 發展方向推估，目前 OpenAI 公司幕後應該正在研究音頻文件分析，也許未來可以上傳「.mp3」或「.wav」文件後，然後進行以下幾種分析：

☐ **語音識別和轉寫**

- 將音頻中的語音內容轉換為文字。
- 識別不同的說話者（如果音質允許）。

☐ **情感分析**

- 分析語音中的情感傾向，例如判斷說話者的情緒狀態（快樂、悲傷、生氣等）。

☐ **音質分析**

- 評估音頻的質量，包括清晰度、音量、噪音水平等。
- 提供改善音質的建議。

☐ **音樂分析**

- 識別音頻中的音樂類型和風格。
- 分析音樂的節奏、調性、和聲等元素。

☐ **語言和口音識別**

- 識別語音中使用的語言和口音。
- 對於多語言或方言的音頻提供識別。

☐ **教育和訓練應用**

- 幫助進行語言學習，例如發音糾正和語調分析。
- 提供對話分析，以幫助改善溝通技巧。

☐ **健康和醫療應用**

- 分析語音特徵，以幫助識別可能的健康問題（例如聲音變化可能與某些健康狀況相關）。

　　這些分析可以應用於多個領域，包括教育、媒體製作、健康照護、語言學習等。

# 第 4 章
# 文藝創作與戀愛顧問

　　詩、詞、文藝與小說，坦白說對非文學系的筆者而言，是非常生疏，這一章將探討 ChatGPT 在這方面的能力。筆者是學電腦科學，文筆比較弱，本章除了讓 ChatGPT 帶我們寫約會信，同時筆者也教導讓 ChatGPT 做我們的交友顧問。

## 4-1 詢問 ChatGPT 對「詩、詞、曲」的基本認識

**實例 1**：您輸入「你認識中國的詩嗎」。

> **ChatGPT**
>
> 是的，我對中國詩歌有一定的了解。中國詩歌擁有悠久的歷史和豐富的文化傳承。它從先秦時期開始，發展至今，涵蓋了從古體詩、近體詩到現代詩等多種形式。其中，唐詩和宋詞是中國詩歌的兩大高峰，代表人物如李白、杜甫、蘇軾和李清照等，他們的作品至今仍被廣泛傳唱。這些詩歌不僅在文學上具有極高的價值，也是研究中國歷史和文化的重要資源。
>
> 如果您對某個特定的中國詩人或詩歌有興趣，或者想了解更多相關信息，請告訴我，我會很高興提供幫助。

　　從上述回答可以確定 ChatGPT 認識中國詩歌，同時可以隨時了解中國最經典的詩歌。

**實例 2**：您輸入「你知道現代詩嗎」。

> **ChatGPT**
>
> 當然，我對現代詩也有所了解。現代詩是指20世紀初至今的詩歌，它在形式和內容上與傳統詩歌有所不同，更加注重個人情感的表達和語言的創新。
>
> 在中國，現代詩的發展經歷了幾個重要階段。1919年的五四運動後，許多詩人開始嘗試新的詩歌形式和表達方式，推動了現代詩的發展。著名的現代詩人包括郭沫若、徐志摩、聞一多等，他們的作品在當時產生了深遠的影響。
>
> 進入20世紀中後期，尤其是在文化大革命之後，中國的現代詩歌進一步發展，出現了更多具有個性和創新精神的詩人，如北島、多多等。這些詩人的作品在表達方式上更加自由，主題也更加多元，反映了當代中國社會的多樣性和復雜性。
>
> 當然，現代詩歌不僅限於中國，世界各地的詩人也在這一時期創作了大量重要作品。如果您對某個特定地區或人的現代詩感興趣，請隨時告訴我，我將提供更多相關信息。

**實例 3**：您輸入「你知道中國的詞嗎」。

 **ChatGPT**

當然，我對中國的「詞」這種文學形式非常了解。中國的「詞」是一種傳統的文學體裁，起源於唐朝，發展至宋朝達到高峰。詞最初是伴隨音樂演唱的歌詞，後來演變成獨立的文學形式。

詞在宋朝尤為盛行，其特點是格律精緻，富有深情。詞通常短小精悍，表達情感細膩，題材廣泛，從描寫自然景觀到表達個人情感都有涉及。每首詞都遵循特定的曲調和節奏，稱為「詞牌」，每個詞牌都有固定的格律和韻律結構。

宋詞的代表詞人包括蘇軾、李清照、辛棄疾等。他們的詞作深情且意境豐富，如蘇軾的《江城子》、李清照的《如夢令》等，都是經典之作，至今仍廣受喜愛。

詞對中國文學及藝術有深遠的影響，它的發展不僅豐富了中國詩歌的形式，也對後來的音樂和戲曲產生了重要影響。如果您有興趣了解更多關於某位詞人或某首詞作的信息，請告訴 ↓ 我很樂意提供幫助。

**實例 4**：您輸入「你知道中國的曲嗎」。

 **ChatGPT**

當然，我對中國的「曲」這種文學形式也有所瞭解。中國的「曲」是一種傳統的戲曲文學形式，大約在宋朝末期至元朝時期開始興盛。它與「詞」類似，但更加專注於戲劇性的表現和敘事。

「曲」的特點是結合了音樂、詩詞、舞蹈和戲劇元素，是一種綜合性的藝術形式。在元朝時期，「曲」的發展達到了高峰，這時期產生了大量的曲作，被統稱為「元曲」。元曲中最著名的作品之一是關漢卿的《竇娥冤》，它不僅在文學上具有重要價值，而且對後來的戲曲發展產生了深遠的影響。

「曲」的發展延續到明清時期，形成了許多地方戲曲種類，如京劇、昆曲等。其中，昆曲以其優美的曲調和精緻的表演藝術而聞名，被認為是「曲」藝術的巔峰之作。明清時期的曲作在敘事結構和人物刻畫上更加成熟，如湯顯祖的《牡丹亭》等作品 ↓ 仍受到廣泛的喜愛和研究。

　　沒想到 ChatGPT 已經被訓練到可以精通中國文學的 AI，其對詩、詞、曲的理解和鑑賞能力令人驚嘆。讀者可以透過 ChatGPT 深入挖掘這些古典文學作品的豐富內涵，洞察詞句背後的情感與哲理。其實 ChatGPT 對韻律和節奏的掌握精準，能夠欣賞並評析各種風格和時期的作品。透過 ChatGPT 的解讀，古老的詩詞曲不僅歷久彌新，更顯得生動而充滿現代感。這樣的 AI 才華與學識，不僅是科技學術成就，更是文化傳承的重要橋梁。

**實例 5：**您輸入「ChatGPT 對中國的詩、詞、曲了解的很棒，請依此意境，繪製一幅 16:9 的圖像」。

ChatGPT

這幅圖像試圖捕捉您詩中所描述的意境，呈現了一個傳統中國風景的寧靜場景。希望它能滿足您的期望。

　　ChatGPT 巧妙捕捉中國詩、詞、曲的意境，將古典文學化為圖像之藝術，展現出對中華文化深刻理解與創意，讓文字的魅力生動地呈現於眼前。

# 4-2　七言絕句

　　這一節將帶領讀者認識 ChatGPT 對七言絕句的理解和運用，它能夠迅速掌握這種古典詩歌形式的精髓，從平仄聲韻到意境布局，無一不精。ChatGPT 在創作七言絕句時，能夠巧妙地結合傳統與現代，使每句詩都充滿生命力與情感深度。它的詩作既能體現出古典美學的韻味，又能與當代讀者的情感產生共鳴。這不僅是技術的突破，更是對人類文化遺產的一種全新詮釋和致敬。

## 4-2-1　了解 ChatGPT 對七言絕句的知識

**實例 1**：您輸入「你知道七言絕句」。

 **ChatGPT**

當然，七言絕句是中國古典詩歌體裁的重要形式之一。在中國詩歌體裁中，「絕句」是一種較短的詩體，它通常包含四行，每行七個字，因此稱為「七言絕句」。

七言絕句的特點在於其簡潔而凝練的形式，要求在有限的字數中傳達深遠的意境和情感。每句詩通常都要遵循嚴格的平仄聲韻規則，並在詩的最後一句中達到情感或意境的高潮。

這種詩體在唐代尤為盛行，許多著名的唐詩都是以七言絕句的形式創作的。例如，王之渙的《登鸛雀樓》、王維的《相思》等都是經典的七言絕句。

七言絕句不僅在唐代，而且在後世也極受歡迎，成為中國文學中一種非常重要的詩歌形式。如果您對某個特定的七言絕句作品或詩人有興趣，我可以提供更多相關信息。

## 4-2-2　ChatGPT 做一首七言絕句

**實例 1**：您輸入「請隨意編一首七言絕句」。

 **ChatGPT**

當然，我可以為您創作一首七言絕句。請看：

煙波江上寒鷗飛，
古樹蕭蕭落葉飄。
孤城遠影入秋思，
一曲斜陽夢已遙。

## 4-2-3　請 ChatGPT 依情境做一首七言絕句

**實例 1**：您輸入「斜陽餘暉，坐在湖邊，想念 20 年前的女友，請依此情境做一首七言絕句，同時繪製一幅 16:9 的圖像」。

**ChatGPT**

這是根據您描述的情境創作的圖像：傍晚時分，湖邊坐著一個人，在斜陽餘暉下懷念著20年前的女友。圖中的色彩和氛圍試圖捕捉那份靜謐的思念和深沉的情感。至於相應的七言絕句，請看：

斜陽餘暉映湖邊，
獨坐沉思夢昔年。
二十秋風情已逝，
波光粼粼淚微懸。

這首詩和圖像一同呈現了那份沉思與回憶的景象。希望它們能喚起您心中的情感。

　　ChatGPT 憑藉詩詞之靈感，巧妙繪製圖像，將文字情懷化為視覺之美，彷彿筆墨跨越時空，展現深邃創造力與藝術魅力。

# 4-3　五言絕句

## 4-3-1　了解 ChatGPT 對五言絕句的知識

**實例 1**：您輸入「你知道五言絕句」。

**ChatGPT**

是的，我對五言絕句有所了解。五言絕句是中國古典詩歌的一種主要形式，特點是每首詩有四句話，每句話有五個字。這種詩體在唐代特別流行，許多著名的詩人，如李白、杜甫、王維等，都有創作大量的五言絕句。

五言絕句的韻律和節奏相對簡潔，但能夠在有限的字數中表達豐富的情感和意境。它通常遵循嚴格的平仄聲調和韻律規則，能夠精煉地捕捉自然景觀、表達哲思或情感。

這種詩體不僅在文學上具有重要價值，也對中國文化和語言的發展產生了深遠的影響。如果您有興趣了解某個特定的五言絕句或詩人，我可以提供更多相關信息。

**實例 2**：您輸入「你知道王維的鹿柴，如果知道請告訴我詩的原文，然後為這首詩創作一幅 16:9 的畫作」。

 **ChatGPT**

王維的《鹿柴》是一首著名的五言絕句，原文如下：

空山不見人，
但聞人語響。
返景入深林，
復照青苔上。

這首詩描繪了一個深山中的寧靜景象，人雖不見，但可以聽到遠處的人聲和回聲，營造出一種深遠和幽靜的氛圍。接下來，我將為這首詩創作一幅 16:9 的畫作。

這幅圖像是對王維詩作《鹿柴》的藝術詮釋。它描繪了一個寧靜而隱蔽的山林景觀，試圖捕捉詩中描述的深遠和幽靜氛圍。圖中的陽光透過樹木投射在苔蘚覆蓋的地面上，營造出一種深沉的和諧與沉思的氛圍。希望這幅作品能夠體現出詩中的寧靜之美與深邃意境。

## 4-3-2　ChatGPT 做一首五言絕句

**實例 1：**您輸入「請隨意創作一首五言絕句，請同時為這首詩創作一幅 16:9 的畫作」。

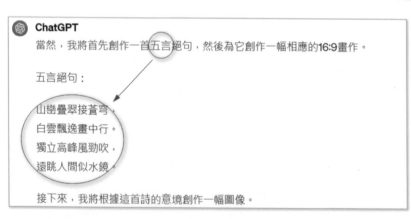

**ChatGPT**

當然，我將首先創作一首五言絕句，然後為它創作一幅相應的16:9畫作。

五言絕句：

山巒疊翠接蒼穹，
白雲飄逸畫中行。
獨立高峰風勁吹，
遠眺人間似水鏡。

接下來，我將根據這首詩的意境創作一幅圖像。

這幅圖像是根據我創作的五言絕句所繪製的。它描繪了一幅壯麗的山巒景觀，包含了雲繚繞的高峰和一個獨自站在山頂的人物，試圖捕捉詩中對自然宏偉與深沉內省的描述。希望這幅作品能與詩中的意境相呼應。

上述結果發現，ChatGPT 是生成七言絕句，筆者指出錯誤。

**實例 2**：您輸入「上述是七言絕句，不是五言絕句」。

我為這幅圖像所做的描述是基於一首五言絕句，但我意識到我忘記創作該詩句。讓我立即為您創作一首五言絕句來與這幅圖像相匹配：

清流繞村行，
古橋連翠嶺。
日暖雲影輕，
樓台映水靜。

這首詩和圖像一起，試圖捕捉一種寧靜和諧的自然景觀及其帶來的內心平
靜。希望它們能夠喚起您對美好自然景致的欣賞。

# 4-4 現代詩

## 4-4-1 隨意生成的現代詩

**實例 1**：您輸入「請隨意生成一首現代詩」。

> **ChatGPT**
>
> 當然，以下是我為您創作的一首現代詩：
>
> 城市的夜
>
> 街燈下，孤單的影，
> 城市的夜，閃爍冷清。
> 高樓間，星光藏匿，
> 夜風輕吹，思緒無盡。
>
> 鋼鐵林立，冷漠如霜，
> 心靈漂泊，在燈火霓虹中迷茫。
> 夢想的碎片，在街角徘徊，
> 尋尋覓覓，卻只是虛妄的海市蜃樓。

時間的河流，帶走熱鬧，
留下寂寞，在深夜中咆哮。
獨自一人，凝望星空，
尋找那片，遺失的寧靜和夢。

這首詩試圖捕捉現代城市生活中的孤獨感和對內心平靜的渴望。希望它能
引起您的共鳴。

實例 2：您輸入「請依據上述情境創作一幅 16:9 的畫作」。

ChatGPT

這幅圖像是根據我為您創作的現代詩所繪製的。它描繪了一個現代城市夜景，試圖捕捉詩中描述的孤獨感和深沉的思考。圖中的孤獨人物站在街燈下，周圍是高樓和閃爍的燈光，反映出城市生活的喧囂與個人的寂寞對比。希望這幅作品能夠喚起您對詩中⋯代的共鳴。

實例 3：您輸入「請解釋上述意境」。

ChatGPT

上述意境描繪了一個現代城市夜景中的孤獨和反思。這裡的關鍵元素包括：

1. **城市夜景**：高樓大廈佔據了天際線，燈光閃爍，宛如遠方的星星。這些高樓代表了現代城市的繁忙和商業化，是都市生活的象徵。
2. **孤獨的人物**：一個人站在街燈下，與周圍環境形成鮮明對比。這個孤獨的形象強調了個體在繁忙都市中感受到的隔離和內心的獨立。
3. **街燈的光影**：街燈的光線在夜色中投射出長長的影子，創造了一種孤寂和沉思的氛圍。這種光影效果增強了詩意意境，反映了內心深處的情感。
4. **顏色對比**：夜晚的涼爽色彩與街燈的溫暖色調形成對比，這不僅強調了視覺上的美感，也象徵著現代生活的冷漠與個人情感的溫暖。

整體而言，這個意境捕捉了現代都市生活中人們經常面臨的孤獨和尋找個人意義的掙扎。它反映了一種內心的尋求與外部世界的繁忙和喧囂形成對比的願望。這種景象不僅在視覺上吸引人，也在情感上引人深思。

　　ChatGPT 的能力令人印象深刻，它不僅精通現代詩歌，更能巧妙地捕捉和表現詩中的意境。透過智能和細膩的文字創作，展現了對詩歌深刻的理解和欣賞，同時它還能將這些詩意轉化為美麗的圖像，完美地結合了文學與視覺藝術。在 ChatGPT 的世界裡，文字和圖像相互融合，創造出一個既豐富又多彩的藝術空間。

## 4-4-2　現代詩創作

下列是描述心境，讓 ChatGPT 創作一首現代詩。

**實例 1**：您輸入「我的學生時代是在明志工專度過，這是一所半工半讀的學校，學校畢業 40 年了，我懷念當時的同學，請做一首現代詩形容我現在的心境」。

 **ChatGPT**
當然，以下是一首描繪您對學生時代懷念之情的現代詩：

《明志四十年》

明志歲月，時光輕描，
半工半讀，青春篇章。
舊友如影，笑語盈廊，
回首遙望，四十年光。

工坊教室，夢想起航，
書卷工具，共譜青春忙。
晨光至暮霞，日復一日，
締結的情誼，歷久彌堅。

時光荏苒，星轉斗移，
曾經同窗，各奔天涯。
心中的懷念，如釀烈酒，
歲月長河，情感氤氳。

四十年後，獨立於今，
遙想當年，青春的軌跡。
每一次重逢，如甘泉滋潤，
明志情懷，永銘心間。

## 4-5　小說撰寫

筆者測試發現 ChatGPT 也會寫小說，它會創作豐富的人物塑造、緊湊的敘事節奏，和深入的主題探討。同時也融入哲學和心理學元素，讓故事層次更加豐富。

## 4-5-1 外太空旅行的冒險故事

**實例 1**：您輸入「請用 300 個字描述外太空旅行的冒險故事，然後以故事情節生成一幅 16:9 的圖像」。

> **ChatGPT**
>
> 在遙遠的未來，一支由勇敢太空人組成的探險隊啟程前往未知的外太空。他們的目標是探索一個遠離地球、充滿謎團的星球。旅程中，他們遇到了各種挑戰，包括險峻的隕石帶和不可預測的太空風暴。
>
> 當他們終於到達那星球時，發現了一個令人驚嘆的世界，其表面佈滿了奇特的地貌和閃閃發光的水晶結構。他們在星球上發現了一個古老文明的遺跡，這些遺跡中藏有未知的科技和深奧的知識。
>
> 探險隊在探索過程中，意外與當地一種智慧生命體建立了聯繫。這些生命體不僅友好，還願意分享他們對宇宙的獨特見解。太空人們從這次交流中學到了很多，這些知識不僅豐富了他們對宇宙的理解，也為地球帶回了寶貴的資訊。
>
> 經歷了這場充滿驚奇的外太空之旅後，探險隊充滿感慨地返回地球，他們的發現為人類探索宇宙的歷史寫下了新的篇章。

現在，讓我們以這個故事為靈感來創造一幅圖像。

這是根據您所描述的太空冒險故事靈感創作的圖像，描繪了太空人在一個異星球上的探險場景。

坦白說寫得真好，整個過程有科技、也有冒險。

## 4-5-2　老人與忠狗的故事

**實例 1**：您輸入「請用 300 個字描述老人與忠狗的故事，然後以故事情節生成一幅 16:9 的圖像」。

> 🟢 **ChatGPT**
>
> 在一個安靜的小村莊裡，住著一位名叫約翰的老人和他的忠犬，名叫布魯斯。約翰年輕時是一名熱愛冒險的旅行者，但隨著年齡的增長，他選擇了一種平靜的生活。布魯斯是他唯一的伴侶，陪伴著他度過每一個寧靜的日子。
>
> 老人和狗每天都會散步至村莊附近的湖邊，那裡風景如畫，湖水清澈。約翰常坐在湖邊的長椅上，看著湖面的倒影發呆，而布魯斯則在旁邊安靜地守護著他。這段時間成了他們每日生活中最寧靜而幸福的時刻。
>
> 有一天，約翰在湖邊突然感到不適，倒在了地上。忠實的布魯斯立刻意識到了情況的嚴重性，他急忙跑到村莊去尋求幫助。由於布魯斯的及時反應，村民趕到並及時將約翰送往醫院。
>
> 約翰康復後，對布魯斯的感激之情更加深厚。他們之間的友誼和信任成為了村莊中的美談。老人與忠狗的故事象徵著忠誠與無條件的愛，成為了時間的見證。

現在，讓我們以這個故事情節創作一幅圖像。

這是根據您所描述的「老人與忠狗」故事情節創作的圖像，展現了老人和他的忠犬在湖邊的寧靜時刻。

　　上述故事生動鮮明，同時注重細節與情感的描繪。圖像創作則有捕捉故事的精髓，以獨特的視覺藝術呈現，展現出故事情節的魅力與深度。

# 4-6　規劃與創作一部小說

人類在規劃一部著作時，可能會先有故事標題、大綱，才有故事，我們也可以依此步驟讓 ChatGPT 協助完成。

## 4-6-1　規劃故事名稱

**實例 1**：您輸入「我想寫一本書，內容是到北斗七星旅遊的故事，請協助構思 8 個書籍名稱」。

> **您**
> 我想寫一本書，內容是到北斗七星旅遊的故事，請協助我想8個書籍名稱
>
> **ChatGPT**
> 當然可以！以下是八個可能適合描述到北斗七星旅遊故事的書籍名稱：
>
> 1. 《星光歷險：北斗七星之旅》
> 2. 《星夢之旅：追尋北斗的光輝》
> 3. 《星空奇遇：穿越北斗的神秘之旅》
> 4. 《星辰漫遊：在北斗座中尋找奇蹟》
> 5. 《璀璨星空：北斗旅程的點點星光》
> 6. 《星座之旅：北斗七星的秘境探險》
> 7. 《夜空之旅：在北斗的引導下啟程》
> 8. 《星際漫步：探索北斗七星的未知世界》
>
> 希望這些建議能夠啟發您的創意，祝您 ↓ 順利！

從上述我們獲得了 ChatGPT 規劃的故事名稱。

## 4-6-2　規劃章節大綱

**實例 1**：您輸入『感謝給我書籍名稱的靈感，我決定使用「星際迷航：北斗七星之旅（Stellar Odyssey: Journey to the Big Dipper）」當作書籍名稱，請為這個故事規劃 5 個章節標題，然後以書籍名稱生成一幅 16:9 的圖像」。

🟢 **ChatGPT**

很高興您喜歡這個書名！以下是為您的書籍《星際迷航：北斗七星之旅》
規劃的五個章節標題：

1. 第一章：「啟航：夢想之旅」（Departure: The Journey of Dreams）
   - 描述主角對星際旅行的渴望和啟航的準備過程。
2. 第二章：「星際穿梭：超越界限」（Interstellar Passage: Beyond
   Boundaries）
   - 敘述主角穿越浩瀚宇宙的經歷，以及所遇到的奇異星體和未知現象。
3. 第三章：「北斗奧秘：星光引導」（Mysteries of the Big Dipper: Guided
   by Starlight）
   - 探索北斗七星神秘的歷史和文化意義，以及主角在此過程中的發現。
4. 第四章：「宇宙迴響：未知的呼喚」（Cosmic Echoes: The Call of the
   Unknown）
   - 描述主角在太空中的深刻反思和自我發現。
5. 第五章：「歸途：星塵之旅的終章」（Homeward: The Final Chapter of
   a Stardust Journey）

這些章節標題旨在引領讀者進入一段充滿奇幻和啟發的星際冒險。現在，
讓我們根據這個書名創作一幅圖像。

這是根據您所選擇的書名《星際迷航：北斗七星之旅》所創作的書籍封面
設計。圖像中呈現了一艘未來風格的宇宙飛船，正向北斗七星星座進發，
背景是浩瀚多彩的宇宙。希望這幅圖像能夠激發您的創作靈感！

## 4-6-3　規劃章節內容

前一小節已經有 5 個章節了，接下來我們可以依據整本故事內容多寡，規劃每個
章節的內容。例如：假設要規劃 5000 個字的小說，這時可以規劃每個章節有 1000 個字，

可以參考下列實例。

**實例 1**：您輸入『請用 1000 個字描述「第一章：「啟航：夢想之旅」（Departure: The Journey of Dreams）描述主角對星際旅行的渴望和啟航的準備過程」的內容』。

 **ChatGPT**

第一章：「啟航：夢想之旅」（Departure: The Journey of Dreams）

在一個遙遠的未來，人類已經掌握了星際旅行的技術。在這個充滿奇跡的時代，生活在地球上的年輕女孩莉亞，夢想著成為一名星際探險家。自小，她就對宇宙充滿好奇，每當夜幕降臨，她總會凝望星空，夢想著有朝一日能親自探索那些遙不可及的星球。

莉亞的家住在一個小鎮上，父母都是科學家，從小就給她灌輸了對宇宙探索的熱情。家中的書房裡堆滿了關於天文學、宇宙物理學和星際航行的書籍，這些都成了莉亞學習的寶藏。她在這些書籍中找到了靈感，並開始夢想著有一天能夠乘坐自己的飛船，穿越廣闊的宇宙。

...

上述筆者沒有完全輸出故事內容，讀者可以依據此觀念一步一步完成整個故事編製。也許是前面不斷的讓 ChatGPT 根據內容生成圖像，ChatGPT 自動生成非常符合內容的圖像。

這是根據您的書籍《星際迷航：北斗七星之旅》第一章「啟航：夢想之旅」所創作的圖像。圖中展現了年輕女太空人莉亞凝視著她即將啟航的先進太空船「星夢者」，背景是繁忙的太空港和遠處的地球。這一幕捕捉了她對未知宇宙探索的渴望和興奮之情。希望這幅圖像能為您的寫作帶來靈感。

↓

## 4-6-4　為故事寫序

**實例 1**：您輸入『請為上述故事「星際迷航：北斗七星之旅（Stellar Odyssey: Journey to the Big Dipper）」寫一個 300 個字的序』。

> ⑤ **ChatGPT**
>
> 在《星際迷航：北斗七星之旅》的序言中，我們引導讀者進入一個遙遠未來的世界，其中星際旅行不再是夢想，而是現實。主角莉亞，一位充滿熱情和好奇心的年輕女子，將帶領我們踏上一場前所未有的冒險。她的故事不僅僅是關於探索未知星系的旅程，更是一次內心的探索和自我發現。
>
> 莉亞的夢想代表了人類對知識、對未知世界的渴望。她的勇氣和決心將她從地球的安全懷抱帶到了浩瀚的宇宙中。在這裡，每一顆星星、每一片星雲都擁有自己的故事，等待著莉亞去發現和解讀。
>
> 這本書不僅是一次科幻冒險，更是一次心靈的旅程。它探討了人類在宇宙中的位置，以及我們對這個宇宙的無窮好奇。莉亞的旅程將激發我們每個人內心深處對探索的渴望，提醒我們宇宙是多麼神秘而壯麗。
>
> 隨著莉亞在北斗七星的星際旅行中發現新的奇跡和挑戰，讀者將會發現，這個旅程不僅僅是關於星際探險，更是關於尋找我們自己在廣闊宇宙中的位置。讓我們一起隨莉亞啟程，開啟 ↓ 易驚奇的星際迷航。

# 4-7　約會信件撰寫

## 4-7-1　沙士比亞詩句的邀約信

**實例 1**：您輸入「請寫一封 300 個字邀約漂亮女孩看 Mission Impossible 電影的信件，信件內容須有 Emoji 符號，莎士比亞的詩句。然後生成一張邀約看電影，16:9 的圖像，請用柔和色調當背景，同時有一朵花」。

> ⑤ **ChatGPT**
>
> 當然，我將為您撰寫一封約300字的信件，邀請一位漂亮的女孩一起去看《不可能的任務》電影。我會在信件中使用Emoji符號和莎士比亞的詩句。以下是信件的內容：

親愛的 [女孩的名字]，

🌸 您好！希望這封信能為您的日子增添一抹亮色。在這個星光燦爛的夜晚，我想邀請您共享一個特別的時刻。

🎬 我們一起去看《不可能的任務》如何？這部電影充滿了激情與冒險，正如莎士比亞所說："愛情不是被時間所測量，但時間卻能證明愛情。"我們可以在銀幕前共同經歷這場驚險旅程，感受每一刻的心跳。

💡 在電影院的昏暗燈光下，我們可以分享彼此的想法，就像花朵在夜色中悄悄綻放。我相信這將是一個難忘的夜晚，充滿了驚喜和歡笑。

💬 我期待著您的回覆，並希望能與您一起在星光下創造美好回憶。

期待您的回音，

[您的名字]
↓

現在，我將根據您的要求生成一張16:9的圖像，背景使用柔和色調並包含一朵花。

這是為您生成的邀請看電影的圖像，採用了16:9的寬幅比例，背景使用了柔和的色調，並且設計中包含了一朵象徵浪漫和優雅的花朵。希望這張圖片能夠滿足您的需求。
↓

這封邀約信充滿浪漫與激情，邀請一位女士共享《不可能的任務》電影之夜。融合莎士比亞詩句與 Emoji，信中表達了對美好時光的期待，並傳達了一場充滿驚喜與歡笑的夜晚的邀請，當然讀者也可以要求信中增加七言絕句或是新詩。

## 4-7-2　邀約信 – 不可能的浪漫

**實例 1**：您輸入「請寫一首新詩，此新詩的意境是邀約漂亮女孩看 Mission Impossible」。

 **ChatGPT**

當然，以下是一首反映邀約漂亮女孩看《不可能的任務》的新詩：

《不可能的浪漫》

在城市的霓虹下，我們的影子交織，
一張電影票，輕輕在口袋中傳遞。
《不可能的任務》，銀幕上的冒險，
你的笑容，在我心中悄然綻放。

街角的風，帶來了夜的涼爽，
我們的步伐，隨著心跳輕快地搖晃。
你的眼睛，閃爍著星星般的光芒，
在這不可能的夜晚，一切都顯得如此迷人。

銀幕上的故事，跌宕起伏，
你的手指，輕觸我的手心。
在這個夜晚，我們共同的呼吸，
編織著一個關於冒險與夢想的故事。

當故事落幕，夜空依然明亮，
我們的旅程，才剛剛開始。
在這不可能的任務中，我們找到可能，
在這個夜晚，一切都是那麼的不可思議。

這首詩試圖捕捉邀約看電影這一刻的浪漫與激動心情，並將其與電影中的
冒險精神相結合。

**實例 2：**您輸入「請依照上述情境生成 16:9 的圖像」。

這是根據您所描述的情境生成的**16:9**圖像，捕捉了一個充滿浪漫與冒險氛圍的電影約會場景。希望這幅圖像能夠符合您的期待。

## 4-7-3 用一首七言絕句取代一封信

**實例 1：**您輸入「請寫一首七言絕句，此詩的意境是邀約漂亮女孩看電影」。

> **您**
> 請寫一首七言絕句，此詩的意境是邀約漂亮女孩看電影

> **ChatGPT**
> 星光閃耀夜幕垂，
> 邀約佳人共賞情。
> 影院微光織夢幻，
> 共創片中浪漫情。

# 4-8 交友顧問

## 4-8-1 魅力的展現

**實例 1**：您輸入「群體生活，如何展現魅力，獲得別人的好感」。

---

**ChatGPT**

在群體生活中展現魅力並獲得他人好感，可以通過以下幾種方式：

1. **良好的溝通技巧**：有效地表達自己的想法，同時傾聽並理解他人的觀點。這包括體貼的言語、適當的非語言溝通（如眼神交流、肢體語言）。
2. **正面的態度**：保持積極和樂觀的心態，這會讓你在群體中顯得更有吸引力。
3. **尊重他人**：尊重每個人的意見和差異，這會增加他們對你的好感。
4. **幽默感**：適當的幽默可以打破僵局，讓氣氛變得輕鬆，但要注意不要傷害或冒犯他人。
5. **合作精神**：在團隊工作中展現團隊精神，願意幫助他人並貢獻自己的力量。
6. **自信表現**：自信但不傲慢的態度會給人留下深刻印象。

---

7. **展現同理心**：理解和體會他人的感受，展現你的關心和支持。
8. **保持真實**：真誠地表達自己，不做作，不虛偽。
9. **積極參與**：積極參與群體活動，展示你的熱情和投入。
10. **個人形象**：注意個人衛生和適當的著裝，良好的第一印象是非常重要的。

記住，每個群體的動態都是獨特的，因此這些建議需要根據具體情況進行調整。最重要的是保持自己的特色，同時尊重和融入群體。

---

## 4-8-2　如何知道異性對自己有好感

**實例 1**：您輸入「如何知道她對自己有好感」。

---

**ChatGPT**

要了解一位女士是否對你有好感，可以留意以下幾個跡象：

1. **身體語言**：她是否經常朝你微笑、保持眼神接觸，或在你附近時表現出開放的身體姿勢？身體語言往往能透露一個人的真實感受。
2. **尋求交流**：她是否經常主動和你說話或尋求你的意見？如果她經常找機會和你交流，可能是對你有興趣的跡象。
3. **共享個人信息**：她是否願意與你分享個人經歷或感受？這通常表示她信任你並對你有一定程度的好感。
4. **對你的關注**：她是否對你的生活、愛好或計劃表現出興趣？如果她記住了你說過的細節，並經常提及，這可能表示她對你很關心。
5. **尋找共同點**：她是否經常試圖找出你們之間的共同興趣或相似之處？這可能是她想要建立更深層次聯繫的一種方式。

---

6. **身體接觸**：她是否在交談中輕微地接觸你，比如輕拍你的背或手臂？這種輕微的身體接觸通常是親密和興趣的表現。
7. **時間安排**：她是否願意為了與你相處而調整自己的時間？如果她願意抽出時間和你一起度過，這可能是一個積極的信號。
8. **微妙的羨慕或嫉妒**：當你提到其他女性朋友時，她是否表現出微妙的羨慕或嫉妒？
9. **興奮和開心**：當你們在一起時，她是否顯得特別興奮和開心？情緒的變化往往是內心感受的一個很好的反映。
10. **積極回應**：當你提出建議或計劃時，她是否總是積極回應，甚至提出自己的想法或建議？

記住，每個人表達感情的方式都不同，所以最好的方法是通過坦誠的交流來確認她的感

情。如果你感覺到了這些跡象，可以考慮直接與她溝通，了解她對你的感覺。同時，也要确保在这个过程中尊↓她的感受和选择。

---

## 4-8-3　如何邀請第一次約會

**實例 1**：您輸入「如何邀請她第一次約會」。

> **ChatGPT**
>
> 邀請心儀的女生進行第一次約會時，可以考慮以下幾個步驟：
>
> 1. **選擇合適的時機**：選一個你們都比較放鬆的時刻，例如在一次愉快的對話後。
> 2. **考慮她的興趣**：根據你對她的了解，選擇一個她可能感興趣的活動。例如，如果她喜歡藝術，可以邀請她去美術館。
> 3. **保持輕鬆的態度**：你可以用輕鬆的方式提出邀請，例如："我最近很想去看[某個展覽或電影]，不知道你是否也有興趣一起去？"
> 4. **明確表達是約會**：確保你的表達清晰，讓她知道這是一次約會的邀請，而不僅僅是朋友之間的聚會。
> 5. **提出具體的建議**：比如說明具體的時間、地點，這樣可以顯示你的認真和準備。
> 6. **考慮使用信息或電話邀請**：如果面對面邀請感覺太緊張，可以透過短信或電話。

> 7. **準備好接受任何回應**：她可能需要時間考慮，或者她可能會拒絕。無論她的回應如何，都要保持尊重和理解。
> 8. **保持自然**：不要過分強調這是一次「約會」，以免對她造成壓力。
>
> 記住，最重要的是展現真實的自己，並尊重她的感受和決定。如果她接受了你的邀請，那麼祝你們有一次愉快的約會！如果她拒絕了，也請保持風度，不要因此對她有負面的情
>
> 緒或態度。重要的是保持尊重和友好的關係。

讀者還可以詢問 ChatGPT 第一次約會應該注意事項，或是約會地點的行程安排等。

## 4-8-4　約會結束的一首新詩

**實例 1**：您輸入「約會結束後，送一首七言絕句給女友」。

 **ChatGPT**

當然，這裡有一首七言絕句，適合在約會結束後送給你的女友：

月下漫步情意長，

相視一笑百媚藏。

星橋銀燭共繁華，

此夜難忘繫心腸。

這首詩捕捉了約會夜晚的浪漫與甜蜜，希望能夠表達你對這個特殊夜晚的
美好回憶和對她的深情。

或是讀者也可以請 ChatGPT 做一首新詩送給女友。

# 第 5 章
# AI 輔助 - 教育的應用

ChatGPT 的興起，也帶給全球教育界的正反論述，這一章重點是應該如何用此 AI 工具，讓老師獲得更好的教學成效，學生可以有效率的愛上學習。

ChatGPT 於教育領域中能夠提供個性化學習支持，根據學生的需求和學習進度調整教學內容。它可即時解答學生的疑問，幫助他們克服學習障礙。此外，作為語言學習工具，它能提供實時對話練習，增進語言能力。ChatGPT 還能激發學生的創意思維和解決問題的能力，並可作為教師的輔助工具，提供教學資源和策略，從而提高教學質量和學習效率。

## 5-1　ChatGPT 在教育的應用

ChatGPT 可以在教育領域中發揮多種作用：

- 輔助教學：ChatGPT 可以作為教師的輔助工具，提供關於特定主題的詳細資訊，解釋複雜的概念，或提供不同學科的學習資源。

- 差異化學習：它可以根據學生的學習進度和興趣定制教學內容，幫助他們以自己的節奏學習。

- 語言學習：對於學習新語言的學生，ChatGPT 可以作為練習對話的工具，幫助他們提高語言技能。

- 作業輔導和解答疑問：學生可以使用 ChatGPT 來幫助解決作業問題，或者對學習中遇到的疑難問題進行詢問。

- 撰寫和編輯輔助：它可以幫助學生改進他們的寫作技能，提供文法和結構上的建議。

- 創意思維和解決問題：ChatGPT 可以激發創意思維，提供不同的觀點和解決問題的方法。

- 評估和反饋：教師可以使用 ChatGPT 來創建和評估練習題，並提供即時反饋。

- 促進互動學習：它可以促進學生之間的討論和合作學習，特別是在線上學習環境中。

總之，ChatGPT 在教育領域提供了多種可能性，從直接的學習支持到促進創意和批判性思維，都有助於豐富和增強學習體驗。然而，需要注意的是，它應該被視為一種輔助工具，而不是教育過程中的唯一資源。

## 5-2　學生應用 ChatGPT

學生應用 ChatGPT，最大的特色是可以獲得即時的答案。不過筆者測試，如果碰上複雜的問題，還是需要檢查，因為 ChatGPT 仍會出錯。下列是學生可以應用的領域：

● 當作百科全書：我們可以隨時請教 ChatGPT 獲得知識。

● 作文大綱：一篇作文題目，可以讓 ChatGPT 告知重點。

● 更改文章內容：我們也可以將所寫的文章讓 ChatGPT 批閱與修改。

● 撰寫報告：直接告知主題，讓 ChatGPT 代勞撰寫。

● 摘要文件：給予大量資料，讓 ChatGPT 撰寫摘要。

● 撰寫讀書心得：直接給予內容，讓 ChatGPT 撰寫讀書心得。

● 請求學習建議：各類知識的學習建議，皆可以請教 ChatGPT。

### 5-2-1　ChatGPT 其實是一個百科全書

實例 1：您輸入『請用 100 個字描述「諾貝爾獎的緣由」』。

> **ChatGPT**
>
> 諾貝爾獎起源於瑞典發明家阿爾弗雷德·諾貝爾的遺囑。諾貝爾發明了炸藥，他對其可能造成的破壞性深感憂慮。於是，在1896年去世前，他將巨額遺產捐獻，創立了諾貝爾獎，以獎勵那些"對人類做出最大貢獻"的人。自1901年起，該獎項便開始授予在物理學、化學、醫學、文學和和平領域做出重大貢獻的個人或組織。

實例 2：您輸入『請用 300 個字介紹「中國歷史的春秋戰國時代」』。

> **ChatGPT**
>
> 春秋戰國時代是中國歷史上一個極為重要的時期，大約從公元前770年至公元前221年。這一時期約持續了550年，標誌著從周朝的衰落到秦朝的崛起。
>
> 春秋時期（公元前770年-公元前476年）始於周平王遷都東京（今河南洛陽），結束於魯國季梁敗於楚國之時。這個時期以《春秋》一書命名，該書是魯國史官所記載的歷史。這一時期，諸侯國間戰爭頻繁，政治局勢動蕩，但也是經濟和文化的發展時期。
>
> 戰國時期（公元前475年-公元前221年）則見證了更加劇烈的戰爭和政治變革。這一時期的特點是七強諸侯國（齊、楚、燕、韓、趙、魏、秦）之間的爭霸。為了求得生存和擴張，這些國家進行了大規模的軍事改革和政治變革，出現了諸如商鞅變法、孫子兵法等重要事件和著作。
>
> ...

**實例 3**：您輸入『請用 300 個字介紹「美國南北戰爭的緣由」』。

> **ChatGPT**
>
> 美國南北戰爭，發生於1861年至1865年，是美國歷史上一場重大內戰。其根本原因在於北部和南部在經濟、政治、社會及文化上的深刻分歧。
>
> 經濟上，南部依賴農業，特別是棉花種植，而這些種植園大量依賴奴隸勞動。相反，北部以工業為主，並逐漸發展出較為自由的勞工市場。這種經濟結構的差異導致了對奴隸制度看法的根本分歧。
>
> 政治上，隨著美國向西擴張，是否允許新加入聯邦的州實行奴隸制度成為爭議焦點。北部希望限制或廢除奴隸制，而南部則希望保留這一制度。這一矛盾在1850年代達到頂峰，尤其是在1857年的德雷德·斯科特案判決後，南部感到其奴隸制的利益受到威脅。
>
> ...

## 5-2-2　作文大綱或內容撰寫

學生寫作文的學習目的多元且重要，主要包括：

1. 提高語言能力：透過寫作，學生能夠練習和掌握語言結構、詞彙和語法，有助於提高書面表達能力。

2. 培養思考能力：寫作文要求學生思考主題、組織思路並表達觀點，有助於培養邏輯思考和批判性思維能力。

3. 增強溝通技巧：學生透過寫作文學習如何清晰、有條理地表達自己的想法和感受，有助於增強未來人際溝通的能力。

4. 促進創造力發展：透過寫敘事、描寫、想像等不同類型的作文，學生可以展現自己的創造力和想像力。

5. 認識自我和社會：寫作文能讓學生反思自我、觀察社會，培養自主學習和社會責任感。

6. 加強學科整合：寫作文常涉及多學科知識，有助於學生整合不同學科的知識和技能，促進全面發展。

　　總而言之，寫作文不僅是語言學習的重要手段，也是培養學生綜合素養的有效途徑。116 年大學指考作文是「在人際互動中找到自己」，筆者讓 ChatGPT 寫出大綱建議，這是非常好的大綱建議，已經不輸給高中國文老師了。

**實例 1**：您輸入『請協助作文題目「在人際互動中找到自己」的大綱』。

 **ChatGPT**
　　題目：「在人際互動中找到自己」

1. **引言**
   - 簡述人際互動對個人成長的重要性。
   - 提出主旨：通過人際互動，我們可以更好地了解自己，找到自我定位。
2. **人際互動的多樣性與其對自我認知的影響**
   - 探討不同類型的人際關係（如家庭、朋友、同事）對個人的影響。
   - 分析如何在與他人的互動中發現自己的優點和缺點。
   　　　　　　　…
7. **結論**
   - 總結人際互動對自我發現的重要性。
   - 強調持續的人際互動和自省對於個人成長的價值。

**實例 2**：您輸入『請寫一篇 600 個字「在人際互動中找到自己」的作文』。

 **ChatGPT**
在人際互動中找到自己

在這個充滿變化的世界裡，我們每天都在與不同的人交流互動。從家庭成員到同事，從朋友到陌生人，每一次的人際互動都像是一面鏡子，反映出我們自己的一部分。我逐漸意識到，正是這些交流，讓我找到了自己。

從小到大，我們在家庭的懷抱中學習如何愛與被愛，如何表達情感和需求。家庭是我們人生旅途的起點，也是塑造我們早期自我認知的重要場所。在家庭中，我學會了責任感，也體會到了支持與理解的力量。每當遭遇困難或挫折，家人總是我堅強的後盾。他們不僅給予我安慰，更重要的是，他們讓我看到自己的不足，並鼓勵我去改進。

　　　　　　　…

> 這條路不是一帆風順的。有時，我們可能會感到迷失或困惑，但正是這些挑戰和困難讓我們的自我探索之旅更加豐富和多彩。在這個過程中，我們不僅學會了如何與他人建立健康的關係，也學會了如何與自己和解，如何成為自己最好的朋友。
>
> 結論上，我們的人生之旅充滿了不同的人際互動，這些互動構成了我們自我認知和個人成長的基石。在這些交流中，我們不僅學會了如何與他人相處，更重要的是，我們學會了如何與自己相處。通過這些豐富多彩的人際體驗，我們最終找到了屬於自己的位置，並在這個過程中發現了真正的自己。

上述 ChatGPT 所寫的文章深入探討了人際互動對自我認知的影響。它透過具體實例和深刻洞察，生動地描繪了如何在不同關係中發現自我。文章語言流暢，觀點明晰，有效地傳達了人際交往對個人成長的重要性。

## 5-2-3　報告與大綱的撰寫

學生階段通常需要繳交的報告包括以下幾種：

- 研究報告：這是最常見的報告類型，要求學生就某個特定主題進行研究，並撰寫關於他們發現的報告。

- 實驗報告：在科學和工程課程中，學生可能需要撰寫實驗報告，描述他們進行的實驗、方法、結果和結論。

- 書面作業：這是一種普遍的報告，通常要求學生就某個主題或問題進行分析和討論。

- 案例研究報告：在商業和法律課程中，學生可能需要分析特定的案例研究並撰寫報告。

- 檢討報告：這類報告要求學生檢討他們的學習經驗、實習或特定活動。

每種報告都有其特定的格式和要求，學生需要根據課程要求和老師的指示來撰寫，這些都可以請 ChatGPT 協助。

**實例 1**：您輸入『我想寫一篇「AI 的未來」請給大綱建議』。

**ChatGPT**

題目：「AI的未來」

1. 引言
   - 簡要介紹人工智慧（AI）的發展歷程。
   - 提出討論重點：探索AI未來的發展趨勢及其對社會的影響。
2. 技術進步與創新
   - 分析目前AI技術的最新進展（如機器學習、深度學習、神經網絡）。
   - 探討未來AI技術可能的創新方向，如自主學習能力的提升、跨領域整合等。

...

**結論**
   - 總結AI的未來發展對社會、經濟和文化的可能影響。
   - 強調負責任地推動AI技術發展的重要性，以及對未來挑戰的前瞻性思考。

這個大綱旨在全面探討AI未來的發展趨勢及其可能對各個方面的影響，包括技術創新、經濟變化、社會調整、倫理問題、政策制定，以及人類與AI的共存方式。透過這樣的分析，可以提供一個深入且多面向的視角來理解和預測AI在未來社會中的角色和影響。

　　讀者可以針對大綱，請求 ChatGPT 撰寫報告內容，下列是 ChatGPT 所寫「引言」的內容實例。

**實例 2**：您輸入『請撰寫「AI 的未來」的「引言」』。

 **ChatGPT**

在過去的幾十年裡，人工智慧（AI）從一個科學幻想的概念演變成為現代社會不可或缺的一部分。從最初的簡單程式到今天能夠進行深度學習和複雜決策的系統，AI的進步不僅改變了我們日常生活的方方面面，也重新定義了許多行業的運作方式。隨著技術的不斷發展，AI的未來似乎既充滿無限可能，又充滿未知挑戰。這不僅涉及到技術本身的創新和進步，也涉及到如何在這一進程中平衡道德、社會和經濟的考量。

...

這篇文章旨在探討AI的未來發展趨勢，分析它將如何影響我們的工作、學習、娛樂和日常生活。我們將討論AI技術的最新進展，並探究它們對經濟、社會結構和全球政治格局可能產生的影響。同時，我們也將關注那些與AI發展密切相關的倫理和法律問題，以及如何通過教育和政策制定來準備一個更加智慧化的未來。通过这种全面的探讨，我们期望能够为读者提供一个关于AI未来的多维度视角。

讀者可以繼續讓 ChatGPT 協助寫其他大綱內容，就可以成為一篇完整的報告。或是讀者可能會碰上的場合：

- 演講稿撰寫：讓 ChatGPT 完成演講內容撰寫。
- 辯論比賽：讓 ChatGPT 完成正反方的主要論述，同時模擬對方提問與因應之道。

# 5-3　論文摘要

ChatGPT 提供摘要論文的幾個優點包括：

- 時間節省：ChatGPT 能快速提供論文的核心內容，幫助使用者節省閱讀和理解全文所需的時間。
- 易於理解：它將複雜的學術內容轉化為更易於理解的語言，使非專業讀者也能快速掌握要點。
- 關鍵訊息快速掌握：專注於提煉論文的關鍵觀點和結論，幫助使用者快速了解論文的核心。
- 多語言支持：能夠以多種語言提供摘要，滿足不同語言使用者的需求。
- 靈活性：根據用戶的具體需求，可以調整摘要的長度和深度。

這些優點使 ChatGPT 成為一個有效的工具，幫助用戶快速獲取和理解論文內容。

## 5-3-1　複製論文撰寫摘要

2-8 節筆者有介紹可以連網路摘要文章，有時候碰上著作權法問題，ChatGPT 無法翻譯網路上文章，我們也可以用最傳統方式，將文章複製到 ChatGPT 輸入框，然後請求翻譯或是摘要文章。

AI 時代，AI 音樂也是一個重要的主題，Google 公司雖未有商業化的產品，但是也沒有在此領域缺席，Google 公司有發表一篇 MusicLM:Generating Music From Text(MusicLM：用文字產生音樂 )。

上述內容取材自下列網址
https://google-research.github.io/seanet/musiclm/examples/

筆者將上述文章全部選取、複製到 ChatGPT 的輸入框，同時要求用中文摘要內容。

**實例 1：**您輸入「請幫我閱讀下列文章，然後寫中文摘要」，下方是 MusicLM 文章。

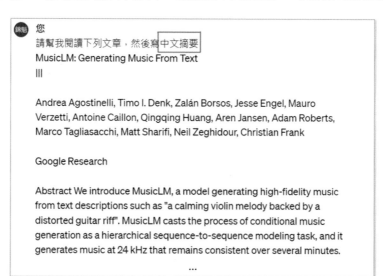

然後可以得到下列中文摘要。

**ChatGPT**

Google Research的團隊開發了一款名為MusicLM的模型，該模型能夠根據文本描述生成高保真音樂，例如"一段平靜的小提琴旋律，背後伴隨著扭曲的吉他riff"。MusicLM將條件音樂生成視為一個層次化的序列到序列模型任務，能夠以24 kHz的質量生成數分鐘長且風格一致的音樂。實驗顯示，MusicLM在音質和遵循文本描述方面均優於以前的系統。此外，MusicLM還可以根據文本和旋律進行條件設定，例如，它能根據文本描述的風格轉換哼唱或吹口哨的旋律。為了支持未來的研究，他們公開發布了一個名為MusicCaps的數據集，包含了5.5千對音樂-文本配對，這些配對均由人類專家提供豐富的文本描述。

...

## 5-3-2　摘要著名網址論文

有些著名論文存放在網站，我們也可以直接摘要，ChatGPT 會啟動 Bing 搜尋，然後將摘要結果回傳。

**實例 1**：您輸入「請摘要 MusicLM 文章」，由於 MusicLM 已經是網路上著名文章，可以得到下列結果。

**ChatGPT**

MusicLM 是 Google 開發的創新型音樂生成模型，能夠從文本描述中生成高保真音樂。這個模型利用了多階段的自回歸建模方法，類似於 AudioLM 框架。它訓練於一個大型的未標記音樂數據集上，並且還創建了一個全新的高品質音樂字幕數據集 MusicCaps，包含了 5.5 千個實例。在品質和對字幕的遵循程度方面，MusicLM 超越了先前的系統。

MusicLM 的獨特之處在於它支持超越文本的調節信號。它結合了基於 Transformer 的自回歸模型和基於 U-Net 的擴散模型，目前這兩者是生成模型的最新技術。在音樂生成方面，MusicLM 建立在 AudioLM 之上，增加了基於描述性文本、旋律和各種長音樂序列的生成條件。

...

由於 MusicLM 是英文，我們可能得到 ChatGPT 用英文回應，這時可以要求用繁體中文回應即可。

### 5-3-3　世界名著摘要

世界名著已經輸入 ChatGPT，被訓練成為 ChatGPT 資料庫的一部分了，所以我們可以依照自己的需求，摘要所需要長度或是深度的內容。

**實例 1：** 您輸入『請用 300 個字摘要中國文學「紅樓夢」』。

 **ChatGPT**

《紅樓夢》，中國古典文學巨著，通常認為是由曹雪芹創作，後由高鶚續寫。這部小說通過描繪賈寶玉和林黛玉、薛寶釵等人的愛情和命運，深刻展現了清代中葉大家族的興衰歷程。賈寶玉，富貴家庭的叛逆子弟，與靈秀多病的林黛玉相愛，卻因家族安排與薛寶釵訂婚。小說透過細膩的筆觸刻畫了賈、史、王、薛四大家族的日常生活，以及他們在社會變遷中的愛恨情仇。

小說背景設置在虛構的大觀園，這是一個充滿詩情畫意的理想園林，也是年輕人愛情和友情交織的舞台。《紅樓夢》不僅是一部情感豐富的愛情小說，同時也蘊含著深刻的社會批判。它揭露了封建社會的腐朽和衰敗，對人性的多面性進行了細膩的刻畫，展現了人物複雜的心理變化。

...

**實例 2：** 您輸入『請用 300 個字摘要「咆哮山莊」』。

 **ChatGPT**

《咆哮山莊》是英國作家艾米莉·勃朗特的獨立小說作品，首次出版於1847年。這部哥特式小說以其強烈的情感和悲劇性著稱，描述了熱烈而毀滅性的愛情故事。

故事的主要場景是偏僻荒涼的咆哮山莊，講述了兩個家族——厄肖家族和林頓家族之間複雜的關係和衝突。小說的主人公希斯克利夫是一個被厄肖家族領養的孤兒，他與厄肖家的女兒凱瑟琳之間發展出了一段熱烈但悲劇性的愛情。凱瑟琳嫁給了鄰近庄園的林頓家族的兒子，使希斯克利夫心生報復之念。他的復仇計劃不僅摧毀了自己和凱瑟琳的生活，也對兩個家族的後代造成了深遠的影響。

...

## 5-4　留學考試

TOEFL( 托福 ) 或 IELTS( 雅思 ) 是當今留學，最重要的英文能力評測工具，這一節將以 TOEFL 為基礎做敘述，讀者可以將 TOEFL 改為 IELTS 詢問 ChatGPT 即可。

### 5-4-1　TOEFL/IELTS/GRE 單字

我們可以讓 ChatGPT 列出留學考試常見的英文單字。

**實例 1**：您輸入「請列出 TOEFL 考試最常出現的 100 個英文單字，請同時右邊有中文註解」。

> **ChatGPT**
>
> 當然，以下是一些在 TOEFL 考試中經常出現的英文單字以及它們的中文註解：
>
> 1. Analyze - 分析
> 2. Approach - 方法；接近
> 3. Area - 領域；面積
>
> ...

當然，讀者也可以將上述 TOEFL 改為 IELTS 或 GRE，就可以獲得 IELTS 常見的單字。也可以將 100 改為更多，就可以讓 ChatGPT 列出更多單字。

### 5-4-2　TOEFL/IELTS 英文聽力句型

**實例 1**：您輸入「請列出 10 題 TOEFL 常考的，英文聽力句型，每一句下方要有中文解釋」。

> **ChatGPT**
>
> 當然，以下是 TOEFL 聽力部分常見的 10 種句型，以及它們的中文解釋：
>
> 1. **"What is the main idea of the lecture/discussion?"**
>    - 講座/討論的主要觀點是什麼？
>    解釋：詢問整體講座或討論的核心主題。
> 2. **"What does the professor imply about...?"**
>    - 教授對...有何暗示？
>    解釋：探索教授在談話中隱含的意思或觀點。
> 3. **"Why does the student go to see the professor?"**
>    - 學生為什麼去見教授？
>    解釋：理解學生訪問教授的動機或目的。
>
> ...

上述句型非常貼切正式考題，以及未來留學可能出現的情境，同樣讀者可以將 TOEFL 改為 IELTS。

### 5-4-3　TOEFL/IELTS 的作文

IETLS 作文分數是 1～9 分之間，我們可以用聊天方式問 IETLS( 或 TOEFL) 可能的作文題目，假設 IETLS 的作文題目如下：

Do you agree or disagree with the following statement? It is better for children to grow up in the countryside than in a big city. Use specific reasons and examples to support your answer.

如果我們想利用 ChatGPT 當作補習班老師，輔導我們作文得高分，如果每此皆在輸入框設定學習條件，會比較麻煩。讀者可能會思考是否可以用 1-13 節的客製化個人特色內容處理，這是可以的，不過 ChatGPT Turbo 上市後，最重要的功能之一就是設計個人專屬機器人 GPT，未來 11-2-1 節筆者會用實例介紹這個部份。

## 5-5　ChatGPT 輔助應徵工作

每一位學生畢業後，進入職場是必然的，這一節將探討用 ChatGPT 輔助應徵工作，可以分成以下幾個步驟：

- 明確目標職位和行業：首先明確您想要應徵的職位類型和行業，ChatGPT 可以協助您理解特定職位的要求，從而更好地定位您的履歷。
- 收集、組織與分析過往的經歷：利用 ChatGPT 整理過往工作經驗、教育背景、技能和成就等訊息。您可以向 ChatGPT 詢問如何有效地展示這些訊息以匹配職位要求。
- 撰寫和優化履歷內容：請求 ChatGPT 提供撰寫各部分履歷的建議，如個人簡介、工作經歷描述、教育經歷等。ChatGPT 可以幫助您用專業和吸引人的語言來表達這些訊息。
- 針對性強化：根據目標職位的特定要求，ChatGPT 可以協助您強化履歷中的某些部分。例如，如果應聘技術職位，可以加強技術技能和相關項目經驗的描述。
- 模擬面試問答：在準備履歷的同時，可以使用 ChatGPT 來模擬面試中可能出現的問題，幫助您準備如何根據履歷內容回答面試問題。

## 5-5-1　認識目標職業和行業

本節將舉 2 個目標職業，讓 ChatGPT 分析這些職業所需技能，從分析我們可以確知，ChatGPT 的確可以讓我們認識目標職業所需的知識。

**實例 1**：您輸入「請說明網頁前端工程師所需要的知識背景」。

> **ChatGPT**
>
> 網頁前端工程師主要負責開發和優化網站的用戶界面，使之既美觀又實用。為了勝任這個角色，前端工程師需要具備以下知識背景和技能：
>
> 1. **基本編程語言**：
>    - **HTML**：網頁的基礎結構和內容布局。
>    - **CSS**：用於設計和美化網頁的樣式和佈局。
>    - **JavaScript**：讓網頁具有互動性和動態效果的腳本語言。
> 2. **框架和庫**：
>    - 掌握如**React**、**Angular**、**Vue.js**等流行的前端框架，它們提供了更快捷的開發方式和豐富的功能。
>    - 瞭解jQuery、Bootstrap等庫，用於快速開發和響應式設計。
>
>    ...

ChatGPT 對於網頁前端工程師所需知識的描述涵蓋了多個關鍵領域，包括基礎程式語言、框架、工具、設計原則等，全面且精簡，筆者輸出省略許多，讀者可以親自輸入與體會。

**實例 2**：您輸入「請說明行銷人員需要的知識背景」。

> **ChatGPT**
>
> 行銷人員需要具備多方面的知識背景，以適應不斷變化的市場和消費者需求。以下是行銷人員所需的主要知識和技能：
>
> 1. **市場研究和分析**：
>    - 能夠進行市場趨勢、目標市場和競爭對手分析。
>    - 瞭解消費者行為和市場需求。
> 2. **行銷策略規劃**：
>    - 能夠制定行銷計劃和策略，包括定位、品牌建設和市場細分。
> 3. **數位行銷**：
>    - 掌握SEO（搜索引擎優化）、SEM（搜索引擎行銷）、社交媒體行銷和內容行銷等數位行銷工具和技術。
>    - 瞭解數據分析和網路分析工具，如Google Analytics。
> 4. **社交媒體管理**：
>    - 瞭解不同社交媒體平台的特性和　　　策略。
>    - 能夠創建吸引人的內容，並管理社群互動。

...

> 10. **項目管理能力：**
>    • 能夠管理和協調多個行銷項目，確保按時完成目標。
>
>    此外，隨著行銷領域的不斷發展，新的技術和平台不斷出現，行銷人員需
>    要不斷學習和適應新的行銷工具和技巧。

上述內容全面而精簡地概述了行銷人員所需的核心知識和技能，從市場研究、策略規劃到數位行銷和品牌管理，涵蓋了行銷領域的關鍵方面。同時，也強調了社交媒體管理、廣告推廣、溝通談判以及客戶關係管理的重要性，並提到了創新思維和項目管理能力的必要性。這些知識點不僅幫助行銷人員適應當前市場，也為未來的變化做好準備。

## 5-5-2 收集、組織與分析過往的經歷

建議可以將個人過往的經歷告訴 ChatGPT，讓 ChatGPT 分析與組織這些歷練。

**實例 1：**您輸入「我 TOEFL 有考 96 分，目前有 Silicon Stone Education 的攝影國際證照，做過 2 年國內業務，負責 20 個業務點，懂陌生開發，了解 SEO 知識，懂 Excel、Photoshop、Canvas，我想應徵行銷人員，請給我在履歷撰寫方面的建議」。

>  **ChatGPT**
> 您的背景相當豐富，對於應聘行銷人員的職位非常有利。以下是一些在撰寫履歷時的建議：
>
> 1. **突出您的多元技能：**
>    • 強調您的多語言能力，尤其是**TOEFL 96分**的成績，表明您有良好的英語溝通能力。
>    • 介紹您的**攝影國際證照**，這展現了您對視覺藝術的熟練和對細節的關注，這在行銷領域非常重要。
> 2. **突出行銷相關經驗：**
>    • 詳細描述您作為國內業務員的工作經驗，尤其是您負責的**20個業務點**和擅長的陌生開發。這些經驗顯示您有強大的銷售能力和市場洞察力。
>    • 如果有具體數據（如銷售成績、業績增長等），不妨加以提及。

> 3. **展示您的技術技能：**
>    - 針對您了解的SEO知識，說明您對數位行銷的理解和實際操作能力。
>    - 標明您擅長的工具，如Excel、Photoshop和Canvas，這些技能在行銷工作中非常實用。
> 4. **教育背景和證照：**
>    - 在履歷的教育背景部分，清晰地列出您的學歷和任何相關的專業證照。
> 5. **個人簡介：**
>    - 在履歷開頭簡要介紹自己，強調您對行銷工作的熱情以及為何自己適合這個職位。
> 6. **格式和排版：**
>    - 確保您的履歷格式整潔、專業，容易閱讀。適當地使用標題、子標題和清單，以提高可讀性。
>
> 記得，每份履歷都應針對特定職位進行調整，突出與該職位最相關的技能和經驗。祝您求職順利！

從 ChatGPT 回應履歷撰寫建議，可以看到專注於突出個人多元技能、行銷經驗、技術能力，並強調教育背景和專業證照，格式整潔，確保履歷針對性強且易於閱讀。

## 5-5-3　協助撰寫履歷表

每一位學生畢業後，撰寫履歷表進入職場，撰寫履歷表是必經歷程，我們可以借助 ChatGPT 完成履歷撰寫。如果無法給予完整的學經歷，ChatGPT 只能依據大眾化格式產生履歷，為了要有一個符合自己特色的履歷，建議給予完整的資料，下列是實例：

**實例 1**：您輸入「我的其他資訊如下，請協助我撰寫應徵行銷工作的履歷

姓名：洪星宇

學歷：明志科技大學經營管理系 , University of Mississippi MBA」。

 您
我的其他資訊如下，請協助我撰寫應徵行銷工作的履歷
姓名：洪星宇
學歷：明志科技大學經營管理系, University of Mississippi MBA

**ChatGPT**
根據您提供的資訊，以下是一份針對應徵行銷工作的履歷範例：

## 洪星宇

[您的聯絡電話]
[您的電子郵件地址]
[LinkedIn或個人網站，如果有的話]

## 個人簡介

具有國際視野的行銷專業人士，擁有美國密西西比大學MBA學位和明志科技大學經營管理系學士學位。擁有豐富的業務開發經驗和優秀的溝通能力，熟悉最新的數位行銷趨勢，能有效整合市場研究、數據分析和創意策劃，以驅動業績成長。

## 教育背景

**University of Mississippi**
碩士，工商管理（MBA）
[畢業年份]

**明志科技大學**
學士，經營管理系
[畢業年份]

## 專業經驗

**[前工作公司名稱]**
業務經理 | [任職年份]

- 負責管理和發展20個業務點，實現業績持續成長。
- 專精於陌生開發，成功擴大客戶基礎和市場份額。
- 運用SEO知識和數位工具提升線上能見度和客戶參與度。

**技能**

- **市場策略**：精通市場趨勢分析和策略規劃。
- **數位行銷**：熟悉SEO、Google Analytics等工具。
- **軟體技能**：熟練運用Excel、Photoshop、Canvas。
- **語言能力**：英語（流利，TOEFL 96分）。

**證照**

- 攝影國際證照（由Silicon Stone Education頒發）

**其他經驗與成就**

[在此區域，您可以提及任何其他的專業成就或相關經驗，如參與特定的行銷專案、領導培訓、義工經驗等。]

**個人興趣**

[如果您認為適合，可以在此處簡單提及幾項個人興趣或愛好，以展現您的個人特質。]

記得在實際應用時，根據您申請的特定職位，對履歷進行必要的調整和個性化。祝您求職成功！

　　ChatGPT 寫的這份履歷清晰突出了教育背景、豐富的業務經驗和相關技能，並有效展示了專業成就和多元能力，適合行銷職位申請。

## 5-5-4　針對性強化

　　儘管 ChatGPT 協助我們撰寫履歷，但是我們也必須坦白面對自己的弱項，所以可以將所應徵的職位告知 ChatGPT，同時讓 ChatGPT 分析弱項與指出需要加強的部分。

**實例 1**：您輸入「我應徵的這份工作是國際級企業的行銷，有跨國業務的可能，針對我的履歷請指出缺點和說明我要加強的部分」。

---

**ChatGPT**

針對應徵國際級企業的行銷職位，您的履歷已經有很強的基礎，但以下是一些可能的改進領域和建議：

1. **國際經驗的突出：**
   - 若您有任何國際相關的工作經驗或學術背景（如在國外學習、工作或實習經驗），應該明確強調，以顯示您適應國際業務環境的能力。
2. **跨文化溝通能力：**
   - 鑑於您將面臨跨國業務的可能性，您可以在履歷中更明確地表達您的跨文化溝通和協作能力。
3. **具體案例和成就：**
   - 提供具體的業績數字或成功案例，如您在業務開發中實現的具體增長百分比，或者您推動的重要行銷活動。
4. **語言技能的強調：**
   - 鑑於這是一個國際級企業的職位，強調您的語言技能（尤其是英語）將非常有利。若您會其他語言，也該列出來。

---

5. **領導能力的展示：**
   - 如果您有領導團隊或項目的經驗，應該在履歷中明確指出。這顯示了您具備管理跨國項目的潛力。
6. **專業培訓或證照：**
   - 如果有參加過與國際行銷相關的專業培訓或獲得相關證照，應該在履歷中加以列出。

總體來說，您的履歷應該更加針對國際行銷的角色，突出您在跨文化環境下工作的能力，以及與國際市場相關的專業知識和經驗。

---

上述 ChatGPT 對於加強國際經驗和跨文化溝通的描述，凸顯領導能力和具體業績，使履歷更適合國際行銷職位，顯示適應跨國業務的潛力。我們看到了 ChatGPT 不僅指出履歷的弱點，同時也列出改進方式，這對讀者應徵工作時非常有幫助。

## 5-5-5　請告知我可能會被考的問題與給我解答

**實例 1**：您輸入「請告知我應徵國際級企業的行銷，可能會被考的問題，同時給我解答建議」。

---

**ChatGPT**

應徵國際級企業的行銷職位時，可能會遇到以下問題，以及相對應的解答建議：

1. **問題**：「您如何看待我們公司的全球市場定位？」
   **建議：** 研究公司的全球業務，提出您對其市場定位的見解，並根據您的行銷知識和經驗提供具體建議。
2. **問題**：「請舉例說明您過去如何成功執行跨國市場行銷策略。」
   **建議：** 描述具體案例，包括策略、執行過程、面對的挑戰以及最終成果。
3. **問題**：「您如何適應不同國家和文化的市場差異？」
   **建議：** 分享您如何進行市場研究，理解不同文化，並根據這些差異調整行銷策略的經驗。
4. **問題**：「您認為哪些數位行銷趨勢對我們公司在全球市場上最重要？」
   **建議：** 提出幾個當前的數位行銷趨勢，並解釋它們對於全球市場的具體影響和潛在價值。

↓

---

5. **問題**：「面對語言和文化障礙，您如何有效溝通？」
   **建議：** 分享您過去如何克服這些挑戰，例如使用翻譯工具、學習新語言或了解特定文化。
6. **問題**：「請描述一次您處理國際客戶或團隊的經驗。」
   **建議：** 講述一個具體案例，強調您的溝通、協調和解決問題的能力。

準備這些問題時，重要的是結合您個人的經驗和專業知識，展示您對國際行銷的理解和應對多元文化環境的能力。同時，展現您對該企業及其業務的了解和研究，以顯示您對這一職位的認真態度和興趣。

---

## 5-5-6　職場面試應該注意事項

**實例 1**：您輸入「請告訴我職場面試應該注意的事項」。

> **ChatGPT**
>
> 職場面試是一個重要的環節，它不僅是展示你能力和適合度的機會，也是了解潛在雇主和職位的好時機。以下是一些面試時應該注意的事項：
>
> 1. **準備充分**：
>    - 研究公司的背景、文化、產品或服務，以及職位的具體要求。
>    - 準備針對職位的相關經驗和技能的具體例子。
>    - 練習常見的面試問題，包括行為面試問題。
> 2. **專業著裝**：
>    - 根據公司的文化和面試的形式選擇合適的著裝。在正式的商業環境中，傾向於保守的正裝。
> 3. **準時到達**：
>    - 努力在面試開始前至少**10-15**分鐘到達，以顯示你的專業和尊重。

> 4. **正面態度和體態語言**：
>    - 保持積極的態度和開放的體態語言，如直視對方的眼睛、微笑、坐姿端正。
> 5. **清晰溝通**：
>    - 回答問題時，語言要清晰、有邏輯，避免使用行業術語或過於技術性的語言。
> 6. **展示熱情和動機**：
>    - 表達對職位和公司的熱情，以及為什麼你想成為該團隊的一部分。
> 7. **提問**：
>    - 面試結束時，提出一些關於公司或職位的問題，展示你的興趣和積極性。
> 8. **謝謝信**：
>    - 面試後，發送一封謝謝信或電子郵件，感謝面試官的時間和機會，並重申你對職位的興趣。　↓

　　上述 ChatGPT 提供的職場面試注意事項全面而實用，涵蓋從準備、衣著到溝通技巧，幫助求職者展現專業形象，提高成功機率。

## 5-6　教學應用 ChatGPT

教師可以以多種方式應用 ChatGPT 來豐富教學過程和提高教學效果：

- 輔助教學內容準備：使用 ChatGPT 來生成或獲取有關課程主題的訊息、實例和問題，豐富教學內容。

- 作業和評估輔助：利用 ChatGPT 協助設計作業題目、實驗和項目，甚至可以用來創建和評改練習題。

- 語言學習工具：在教授外語時，用 ChatGPT 進行對話練習，提高學生的語言理解和表達能力，ChapGPT App 有提供語音輸入功能。

- 啟發批判性思維：透過 ChatGPT 提出的問題和討論，激發學生的批判性思維和創造性思考。

- 個性化學習體驗：根據學生的個別需求和學習速度，使用 ChatGPT 提供個性化的學習建議和輔導。

- 課後輔導和資源：為學生提供 ChatGPT 為輔助工具，幫助他們在課後解答疑問和進行自我學習。

- 教學法創新：探索利用 ChatGPT 進行互動式學習、遊戲化學習等新型教學方法。

- 專業發展：教師自己也可以利用 ChatGPT 進行專業知識的更新和擴展。

總之，ChatGPT 可以作為一種強大的工具，幫助教師提升教學質量和效率，同時為學生提供更豐富、更互動的學習體驗。

### 5-6-1　準備教學內容

**實例 1**：您輸入「請準備 3 頁網路行銷的教學大綱」。

> ChatGPT
>
> 以下是一份針對網路行銷的教學大綱，總共分為三個部分：
>
> ## 第一頁：網路行銷概述
>
> **1. 網路行銷的定義與重要性**
>
> - 網路行銷的基本概念
> - 與傳統行銷的區別
>
> **2. 網路行銷的基本元素**
>
> ...

> ## 第二頁：核心網路行銷技術
>
> **1. 搜索引擎優化（SEO）**
>
> - SEO的基本原理
> - 關鍵詞研究與選擇
> - 網站優化技巧（技術SEO、內容SEO）
>
> **2. 內容行銷**
>
> ...

> ## 第三頁：網路行銷的實施與分析
>
> **1. 數據驅動的行銷**
>
> - 數據收集與分析的工具
> - 數據的解讀與應用
>
> **2. 行銷活動的實施**
>
> ...

## 5-6-2　準備問卷調查

**實例 1**：您輸入『請準備「網路行銷」的問卷，共 3 題，以了解學生接收的程度』。

**ChatGPT**

以下是針對「網路行銷」課程的問卷，旨在評估學生對於課程內容的理解和接收程度：

**問題1：**

您認為本課程在教授搜索引擎優化（SEO）的基本原理和技巧方面的效果如何？請舉例說明您學到的一項重要SEO技巧。

- ☐ 非常清晰且有用

- ☐ 基本清晰，但需要更多實例

- ☐ 理解有困難，概念不夠清晰

- ☐ 幾乎沒有理解，需要更多解釋

  ↓

- ☐ 其他（請說明）

**問題2：**

在社交媒體行銷部分，您是否能夠理解不同社交媒體平台的特性及其運用於行銷的策略？請描述您如何應用這些知識於具體的行銷案例。

- ☐ 完全理解且能靈活運用

- ☐ 基本理解，但實際應用有限

- ☐ 有些模糊，需要更多案例學習

- ☐ 概念不清，難以應用

- ☐ 其他（請說明）

問題3：
對於課程中介紹的數據分析工具（例如Google Analytics），您覺得自己
的掌握程度如何？您是否能夠利用這些工具進行市場分析？

- ☐ 非常熟練，能有效進行分析

- ☐ 有一定熟悉度，但需要更多實踐

- ☐ 基本了解，但實際使用時遇到困難

- ☐ 不太了解，需要進一步學習

- ☐ 完全不了解，需要從頭學習

- ☐ 其他（請說明）    ↓

這份課程調查問卷精簡且針對性強，有效評估學生對網路行銷關鍵概念的理解及
其實際應用能力，有助於優化教學方法。

## 5-6-3　協助準備附有解答的考題

**實例1**：您輸入『請協助出3題是非題，3題選擇題，請同時附上解答，了解學生對於「網路行銷」的學習狀況』。

> **ChatGPT**
> **是非題**
>
> **1. 搜索引擎優化（SEO）主要是通過付費廣告來提高網站在搜索引擎中的排名。**
> 答案：否。SEO主要是通過優化網站的內容和結構來提高在搜索引擎中的自然排名，而非依靠付費廣告。
>
> **2. 社交媒體行銷只適用於年輕族群。**
> 答案：否。社交媒體行銷可以針對各種年齡層的目標受眾，取決於選擇的社交媒體平台和內容策略。
>
> **3. 電子郵件行銷是目前已過時且效果較差的行銷方式。**
> 答案：否。電子郵件行銷仍是一種有效的行銷工具，尤其是在建立和維護客戶關係方面。

**選擇題**

**1. 哪一項不是搜索引擎優化（SEO）的常用策略？**

A) 關鍵詞優化

B) 高質量內容創建

C) 購買背鏈

D) 網站技術優化

答案：C) 購買背鏈。購買背鏈可能會違反搜索引擎的指南，並對網站的 SEO 產生負面影響。

**2. 在社交媒體行銷中，以下哪項是最重要的？**

A) 頻繁發帖

B) 質量高於數量

C) 僅在一個平台發布

D) 忽略用戶互動

答案：B) 質量高於數量。在社交媒體行銷中，優質的內容比頻繁發布低質量內容更重要。

**3. Google Analytics主要用於：**

A) 提高網站排名

B) 購買線上廣告

C) 分析網站流量和用戶行為

D) 優化網站設計

答案：C) 分析網站流量和用戶行為。Google Analytics是一個強大的工具，用於收集和分析網站數據，幫助瞭解訪客行為及效果評估。

上述筆者要 ChatGPT 各出 3 題是非題與選擇題，這些題目精準涵蓋了網路行銷的核心概念，既有基礎知識的測試，也有實際應用的考察。同時題目設計合理，適合評估學生對網路行銷知識的掌握程度。教師應用時，可以多出一些題目。

## 5-6-4　ChatGPT 啟發你的思維

我們在思考問題時，是會有局限性的，不斷的與 ChatGPT 聊天可以擴充我們的思維。ChatGPT 可以透過多種方式啟發和加強批判性思維：

● 提供不同觀點：ChatGPT 可以提出或解釋某一問題的多種觀點或立場，幫助用戶從不同角度思考，激發深入討論和思考。

- 挑戰現有想法：透過提問或提出反對意見，ChatGPT 可以挑戰用戶的先入為主的觀念，促使他們重新評估和分析自己的立場。

- 引導批判性問題：ChatGPT 可以引導用戶提出批判性問題，例如詢問證據的來源、質疑邏輯假設或探討不同情境下的後果。

- 模擬複雜情景：透過創建複雜的假設性情景，ChatGPT 可以讓用戶進行批判性分析，考慮多方面的因素和可能的結果。

- 提供資源和訊息：當用戶尋求關於特定主題的資訊時，ChatGPT 可以提供多元的資源，鼓勵用戶進行深入研究和獨立思考。

- 分析和評估論據：ChatGPT 可以幫助分析論據的結構，指出其中的邏輯漏洞或弱點，促進用戶對證據有效性的理解。

- 反思和自省：透過問答，ChatGPT 可以引導用戶反思自己的想法和假設，增進自我認識和批判性自省。

❑ **案例 1 – 程式設計**

- 筆者問題：筆者可能是台灣第一個撰寫 HTML 設計網頁的作者，熟悉 HTML、CSS 和 JavaScript 執行網頁設計，可是網頁前端工程師真的只要學會用這些工具嗎？

- ChatGPT：5-5-1 節實例 1，詢問 ChatGPT 所得到的答案，同時列出了 React、Angular、Vue.js 等流行的前端框架，這些都是最新但是筆者不熟悉的工具。

坦白說，ChatGPT 真的擴充了筆者的思維。甚至筆者也熟悉程式設計，但是筆者也發現，ChatGPT 設計程式所用的邏輯，常常是超乎意料，而 ChatGPT 代表的就是矽谷頂尖工程師的思維。

❑ **案例 2 - 全球暖化主題**

- 用戶問題：「全球暖化真的是由人類活動造成的嗎？」

- ChatGPT：關於全球暖化的原因，科學共識認為人類活動，特別是溫室氣體的排放，是主要原因之一。但要全面理解這個問題，我們需要考慮自然因素和人為因素的相互作用。你認為目前哪些人類活動對全球暖化的影響最大？

　　客觀評論：ChatGPT 回應首先確認了一個廣泛接受的科學觀點，然後引導用戶進一步思考和討論，而不是僅僅接受這一觀點。這樣的回應鼓勵用戶探索更深層次的問題，如人類活動的具體影響，並促使他們進行獨立思考。

- 用戶跟進問題：那麼，減少溫室氣體排放真的能有效減緩全球暖化嗎？
- ChatGPT：減少溫室氣體排放被認為是減緩全球暖化的重要手段之一。但同時，也有必要考慮其他因素，比如能源效率、再生能源的利用，以及適應氣候變化的策略。你認為除了減排之外，還有哪些方法可以對抗全球暖化？

　　客觀評論：這個回應再次提供了訊息的同時，也提出了進一步的問題，促使用戶思考全球暖化問題的其他方面。這種策略有助於培養用戶的批判性思維，使他們不僅關注單一解決方案，而是從多角度考慮問題。

## 5-6-5　ChatGPT 協助課後輔導

　　ChatGPT 可以用多種方式執行課後輔導和提供學習資源，幫助學生鞏固課堂所學知識並進一步深入學習，以下是一些具體的應用方法：

- 回答學科相關問題：學生可以向 ChatGPT 提問特定學科的問題，無論是數學問題的解法、科學概念的解釋，還是文學作品的分析，ChatGPT 都能提供詳細的回答和解釋。
- 輔助作業完成：對於作業中的疑難問題，ChatGPT 可以提供指導和提示。它可以幫助學生理解題目要求，提供解題思路，或者展示類似問題的解決方法。
- 提供學習資源：ChatGPT 可以推薦相關的學習資源，如教學影片、學術文章、網路課程和練習題等，幫助學生深入理解某個主題或準備考試。
- 語言學習輔助：對於學習外語的學生，ChatGPT 可以提供語言練習，包括詞彙、語法、會話等，幫助學生提高語言水平。
- 論文和報告寫作指導：ChatGPT 可以協助學生進行學術寫作，包括提供結構建議、寫作風格指導，甚至幫助校對和編輯。
- 激發興趣和探索新知：對於學生感興趣的主題，ChatGPT 可以提供更多相關資訊，激勵學生探索新領域和深化興趣。

　　另外，教師可以將與 ChatGPT 互動的知識連結提供給學生，讓學生可以在課後瀏覽學習。

# 第 6 章
# ChatGPT 在企業的應用

ChatGPT 可以在多個方面為企業提供價值，以下是一些主要應用領域：

● 銷售和行銷輔助：掌握流行主題，找出 SEO 關鍵字，透過生成吸引人的產品描述、行銷文案或即時回答潛在客戶的詢問。

● 內容創作：ChatGPT 可以用於生成各種內容，包括 FB( 或 IG) 文章、新聞稿、社交媒體貼文等，幫助企業節省時間並保持一致的內容產出。

● 市場調查和分析：透過分析客戶對話和反饋，ChatGPT 可以幫助企業獲得見解，優化產品和服務。

● 行政文件：ChatGPT 可以用於生成各種內容，包括員工手冊、企業公告、法律文件等

● 客戶服務和支援：ChatGPT 可以用於自動回答常見問題、解決問題或提供即時支援，從而提高客戶滿意度並減輕人工客服的負擔。

● 語言翻譯和本地化：企業可以利用 ChatGPT 進行快速翻譯和文化本地化，以滿足不同地區和語言的市場需求。

● 員工在職訓練：ChatGPT 可以作為一個學習工具，幫助員工學習新技能或了解公司政策和流程。

總之，ChatGPT 能夠幫助企業提高效率、降低成本、增強客戶互動，並在許多不同的業務場景中發揮價值。因為篇幅限制，這一章重點是講解行銷與行政文件的應用。

## 6-1　ChatGPT 掌握流行主題與關鍵字

過去公司小編可能需要到網路或社群媒體搜尋流行主題與關鍵字，現在可以將此工作交給 ChatGPT。

### 6-1-1　掌握流行主題

一位合格的行銷人員需要了解流行的主題，主要原因有以下幾點：

● 洞察目標市場：流行的主題通常反映了目標市場的興趣、需求和行為趨勢。了解這些流行主題有助於行銷人員更好地洞察目標受眾，並制定更有效的行銷策略。

- 創建相關內容：行銷人員可以利用流行主題來創建更具吸引力和相關性的內容，這種內容更有可能引起受眾的興趣，提高參與度和互動。

- 即時性行銷（Real-Time Marketing）：了解當下的熱點話題，行銷人員可以迅速反應，利用這些話題進行即時性行銷，從而提高品牌的曝光度和參與度。

- 預測未來趨勢：透過分析流行主題的發展，行銷人員可以預測未來的市場趨勢，提前調整行銷策略，抓住市場機會。

- 提升品牌相關性：利用流行主題，行銷人員可以使品牌更加貼近當前的文化和社會趨勢，從而提升品牌的相關性和吸引力。

- 社交媒體行銷：在社交媒體上，流行主題往往迅速傳播。行銷人員透過參與這些話題，可以提高品牌在社交媒體上的可見度和影響力。

- 危機管理：了解流行主題還可以幫助行銷人員及時識別和管理可能的危機，如負面話題或公關事件，從而保護品牌形象。

　　總之，了解流行主題不僅能幫助行銷人員制定更有效的行銷策略，也能使他們能夠更快速地適應市場的變化，並在競爭激烈的市場中保持優勢。

**實例1：**您輸入『請用台灣用語，列出「AI產業」、20-50歲上班族最相關的10個話題』。

> **ChatGPT**
> 台灣上班族對於AI產業可能會感興趣的10個話題可以包括：
>
> 1. **AI在企業管理中的應用**：探討AI如何幫助提高企業效率，例如透過數據分析來優化業務流程。
> 2. **遠距工作與AI**：討論AI技術如何支持遠程辦公，包括自動化的工作流程和虛擬協作工具。
> 3. **AI與職業發展**：分析AI對各行各業工作性質的影響，以及如何透過學習新技能來適應這些變化。
>
> …
>
> 8. **AI與教育的融合**：探討AI如何改變傳統教育模式，提供個性化學習體驗和智慧教學工具。
> 9. **AI在交通運輸的應用**：討論AI如何在智慧交通系統、無人駕駛車輛和物流管理中發揮作用。
> 10. **台灣AI產業的發展趨勢**：關注台灣在AI領域的最新發展、政府政策和產業投資趨勢。

行銷的時候話題內增加數字，可以讓整篇文章更具有說服力。

**實例 2：**您輸入「請增加數字說明」。

> **ChatGPT**
> 當然，這裡是台灣20至50歲上班族可能對AI產業感興趣的10個話題，並附上相關的數字說明：
>
> 1. **AI在企業管理中的應用**：研究顯示，採用AI技術的企業平均效率提高了約 35%。
> 2. **遠距工作與AI**：根據調查，約60%的遠程員工使用AI工具來提升工作效率。
> 3. **AI與職業發展**：預測到2025年，AI將創造大約5800萬個新工作機會。
> …
> 8. **AI與教育的融合**：使用AI輔助學習的學生考試成績平均提高了10%。
> 9. **AI在交通運輸的應用**：預計到2030年，AI將幫助減少交通事故達到 40%。
> 10. **台灣AI產業的發展趨勢**：台灣政府預計在2025年前對AI和大數據領域投資超過150億新台幣。

## 6-1-2　SEO 關鍵字

對於行銷人員來說，SEO（Search Engine Optimization，搜尋引擎最佳化）關鍵字非常重要，主要原因包括：

- 提高網站能見度：透過優化關鍵字，使網站在搜尋引擎（如 Google）的排名提升，增加潛在客戶的訪問機率。
- 吸引目標客群：選擇與目標市場相關的關鍵字，可以吸引特定的受眾群，增加產品或服務的曝光率。
- 提升網站流量質量：好的關鍵字不只增加流量，更重要的是提升流量的質量，吸引真正對產品或服務有興趣的訪客。
- 競爭優勢：使用有效的 SEO 關鍵字策略可以在競爭激烈的市場中脫穎而出，尤其對於小型企業或新創公司而言，這是一種成本效益高的行銷方式。
- 增加品牌認知：當網站在搜尋結果中排名較高時，品牌曝光度提升，有助於建立品牌知名度和信任度。
- 改善用戶體驗：為了提高 SEO 排名，行銷人員會優化網站的內容和結構，這同時也改善了用戶的瀏覽體驗。

● 長期效益：與付費廣告相比，SEO 是一種長期策略。一旦網站的 SEO 優化做得好，就能持續帶來流量和業務機會。

總之，SEO 關鍵字對行銷人員來說是一項重要的技能，對於推動網站流量、提升品牌能見度和實現銷售目標都至關重要，我們也可以將這項工作交給 ChatGPT 執行。

實例 1：您輸入「請用台灣用語，列出 10 個手機有關的關鍵字」。

> **ChatGPT**
>
> 當然，以下是使用台灣用語列出的10個與手機相關的關鍵字：
>
> 1. **智慧型手機**：指擁有先進功能和操作系統的手機，如Android或iOS系統。
> 2. **手機配件**：包括手機殼、保護膜、充電器等周邊產品。
> 3. **5G手機**：支援最新5G通訊技術的手機，特點是快速的網路速度和更好的連接性。
>
> …
>
> 9. **手機上網**：指使用手機進行網路瀏覽、社交媒體互動、資訊查詢等活動。
> 10. **手機支付**：利用手機進行電子支付的方式，包括NFC支付、行動支付應用程式等。
>
> 這些關鍵字涵蓋了手機相關的多方面內容，從硬體到軟體，從使用到維護，都是台灣消費者和手機用戶關注的熱門話題。

## 6-2　ChatGPT 行銷應用

行銷對企業的重要性可以從多個角度來看：

● 品牌建立和識別：行銷幫助企業建立和維護品牌形象，強大的品牌可以增加客戶的信任，提升產品或服務的識別度，並在競爭激烈的市場中脫穎而出。

● 市場溝通：行銷是企業與目標市場之間溝通的橋樑，透過行銷活動，企業能夠傳達其產品或服務的價值主張，並了解消費者的需求和偏好。

● 促進銷售：有效的行銷策略可以直接增加銷售量，透過吸引新客戶和留住現有客戶，企業能夠提升其收入和市場份額。

● 市場研究和洞察：行銷涉及市場研究，幫助企業獲得有關目標市場、消費者行為、競爭對手等的重要資訊，這些資訊對於制定有效的業務策略至關重要。

● 建立客戶關係：行銷不僅僅是推廣產品或服務，還包括建立和維護與客戶的長期關係，忠誠的客戶群體是企業成功的關鍵因素之一。

● 差異化和定位：在競爭激烈的市場中，行銷幫助企業透過獨特的賣點來差異化自己，有效的定位策略使得企業能夠在目標市場中脫穎而出。

● 創新驅動：行銷也是驅動產品和服務創新的重要因素，透過與市場的互動，企業可以識別新的機會，並根據客戶的反饋和需求進行創新。

總之，行銷對於企業的成功至關重要，它不僅有助於增加銷售和利潤，還能建立品牌價值，並在長期內保持企業的競爭力。這一節將講解應用 ChatGPT 撰寫與規劃行銷文案，以及設計廣告腳本。

## 6-2-1　撰寫行銷文案

如果我們沒有給予詳細的產品資料，所產生的文案是一般性的行銷文案。建議要求 ChatGPT 寫行銷文案時，最好提供產品特色、功能、優點，甚至用實際例子，越詳細越好。

**實例 1**：一個推銷衛星手機的行銷文案，您輸入『請協助撰寫推銷「衛星手機」的行銷文案』。

**ChatGPT**
當然，以下是針對「衛星手機」的行銷文案範例：

**標題:** 探索無界限，通訊無限制 - 隨時隨地的全球連接

**副標題:** 您的極地探險伴侶 - 全新衛星手機

正文:

- **突破傳統:** 想像一下,在世界上任何一個角落,即使是最偏遠的地區,都能保持通訊暢通。我們的衛星手機打破了傳統行動網絡的限制,讓您在地球上任何地方都能保持聯繫。
- **極致耐用性:** 我們知道探險旅程中的挑戰。因此,這款手機設計堅固耐用,能夠抵抗極端氣候條件,從酷熱的沙漠到冰冷的極地,都能穩定運作。
- **清晰通話質量:** 憑藉我們領先的衛星技術,即使在偏遠地區也能享受清晰、無干擾的通話體驗。
- **緊急求救功能:** 在緊急情況下,一鍵SOS功能可立即連接至最近的救援中心,為您提供及時的救援支援。
- **長效電池壽命:** 我們的衛星手機擁有業界領先的電池壽命,確保在您長時間探險時依然能保持連接。
- **多功能應用:** 不僅僅是通話,我們的衛星手機還支援地圖導航、天氣預報等多種實用功能,是您探險旅程中的 ↓ 좋助手。

結尾:
在這個無界限的世界中,您需要一款真正能跟上您步伐的手機。選擇我們的衛星手機,讓您的探險之旅更安心、更自由。

**號召性語言:** 現在就來探索無限可能,讓每次通話都成為一次新的探險。立即獲得您的衛星手機!

這個文案著重於衛星手機的獨特功能和適用於極端環境的能力,旨在吸引那些熱愛冒險、旅行和需要在偏遠地區保持聯繫的人群。

　　雖然是通用的行銷文案,仍具有廣泛吸引力,成功地突出了產品在全球連接、耐用性和緊急求救功能方面的優勢。文案著重於手機在極端環境下的可靠性,這對於探險家和經常處於偏遠地區的用戶特別有吸引力。清晰的通話質量和長效電池壽命的提及,為產品增加了實用性的賣點。整體而言,這份文案有效地傳達了衛星手機的核心優勢,並針對特定目標市場進行了有效的訴求。

　　下列是筆者增加「衛星手機特色」,同時說明是推廣「太陽牌衛星手機」,所產生的文案。

**實例 2**：您輸入『請撰寫銷售「太陽牌衛星手機」的行銷文案，「太陽牌衛星手機」具有「太陽能充電、9600 萬畫素解析度、全球無死角、耐摔、耐熱、耐寒」特色』。

 **ChatGPT**
當然，以下是針對「太陽牌衛星手機」的行銷文案範例：

**標題：**「太陽牌衛星手機」- 您探索世界的極致伴侶

**副標題：**隨時隨地，無懼挑戰 - 接通全球，捕捉每一刻

---

正文：

- **無限能源，太陽能充電:** 忘掉電量不足的煩惱。無論您身在何處，只要有陽光，「太陽衛星手機」就能持續充電，確保您的手機總是準備就緒。
- **畫質超凡，9600萬畫素:** 每一次拍攝，都是驚艷的視覺盛宴。9600萬畫素的超高解析度，讓您捕捉每一個細節，記錄下每一次難忘的探險瞬間。
- **全球無死角:** 我們的衛星網絡覆蓋全球，讓您在世界任何一個角落都能保持暢通無阻的通訊。從偏遠的山脈到廣闊的海洋，您的聲音都能傳達。
- **堅固耐用，極限挑戰者:** 耐摔、耐熱、耐寒，「太陽牌衛星手機」是為極端環境設計的。不論是沙漠酷熱還是極地嚴寒，它都是您可靠的夥伴。
- **探險必備，安全保障:** 在您冒險的路上，安全是首要考慮。我們的手機配備了緊急求救信號，確保您在需要時能夠快速獲得援助。

---

結尾:
「太陽牌衛星手機」不僅是一部手機，它是您對未知世界的信賴伴侶。無論您身在何方，它都伴您左右，記錄每一次冒險，分享無限精彩。

**號召性語言:** 現在就選擇「太陽牌衛星手機」，開啟您的全球探險之旅，捕捉生活中每一個美好瞬間。立即行動，無界限的世界等您來探索！

---

這份文案專注於突出「太陽牌衛星手機」的獨特功能，如太陽能充電、高畫質相機以及其適應各種極端環境的能力，旨在吸引愛好冒險、旅遊和攝影的消費者。

　　這份「太陽牌衛星手機」的行銷文案精準地捕捉了目標消費者的需求和想象，有效地突出了產品的核心特點：太陽能充電、9600 萬畫素相機、全球連接、耐用性。文案透過強調手機在極端環境下的可靠性，可以吸引了冒險家和旅行愛好者的注意。號召性語言激發行動意識，而高畫質相機的特色則吸引了攝影愛好者。整體而言，文案緊扣產品特色，會有效激起目標市場的興趣。

## 6-2-2　行銷規劃

　　ChatGPT 除了可以寫行銷文案，也可以規劃行銷。

**實例 1**：您輸入『請為上述「太陽牌衛星手機」規劃 3 個行銷活動』。

 **ChatGPT**
為了有效推廣「太陽能衛星手機」，這裡提出三個具有創意和實用性的行銷活動：

1. **全球探險挑戰賽**:
   - **目的**: 展示手機在極端環境下的性能。
   - **活動內容**: 舉辦一場全球探險挑戰賽，邀請冒險家和旅行愛好者使用「太陽能衛星手機」在世界各地的偏遠地區進行探險。參與者需通過手機記錄和分享他們的旅程，突出手機的耐用性和高畫質攝像功能。
   - **宣傳方式**: 透過社交媒體和旅遊博客進行直播和分享，增加產品曝光度。

2. **太陽能生活體驗營**:
   - **目的**: 強調太陽能充電功能的實用性和環保概念。
   - **活動內容**: 設立體驗營，邀請消費者參與以太陽能為主題的戶外活動，如露營、徒步旅行等，並提供「太陽能衛星手機」供參與者使用。展示在無電源環境下手機如何依靠太陽能保持運作。
   - **宣傳方式**: 透過線上線下的活動報導和參與者的親身分享，增強產品的市場吸引力。

3. **#CaptureWithSunPhone 社交媒體活動**:
   - **目的**: 利用社交媒體的影響力和用戶生成內容來推廣產品。
   - **活動內容**: 啟動一個社交媒體挑戰活動，鼓勵用戶使用「太陽能衛星手機」拍攝獨特景觀或生活時刻，並用指定的#CaptureWithSunPhone 標籤分享到社交媒體。設立獎勵機制，如最佳照片獲獎者可獲得獎金或特別禮品。
   - **宣傳方式**: 利用網紅和意見領袖來推廣活動，並在公司的社交媒體平台上展示優秀作品，以增加參與度和產品曝光。

> 這三個活動結合了實際體驗、社交媒體互動和用戶參與，能有效地提升產
> 品知名度，並強化其在目標市場中的地位。

這三個為「太陽能衛星手機」設計的行銷活動富有創意且目標明確，成功地將產品的獨特功能與潛在客戶的興趣和需求結合起來。全球探險挑戰賽突出了手機的耐用性和高畫質攝影功能，吸引冒險和旅行愛好者。太陽能生活體驗營強調了手機的環保特性和實用性，吸引環保意識強的消費者。社交媒體活動則有效利用了用戶生成內容，提高參與度和品牌可見度。整體來看，這些活動為產品提供了全面且深入的市場曝光。

## 6-2-3　設計廣告短片腳本

前一小節我們有了行銷活動，也可以進一步要求 ChatGPT 協助我們設計廣告短片的腳本。

**實例 1：**您輸入『我想為「太陽牌衛星手機」拍一個廣告短片，你可以設計腳本嗎？』。

---

**ChatGPT**
當然可以。以下是一個針對「太陽牌衛星手機」的廣告短片腳本設計：

**廣告短片腳本：「太陽牌衛星手機 - 探索無限」**

**場景 1:[在偏遠山區，日出時分]**

- 畫面顯示一位登山者在山頂上，周圍是壯觀的自然風光。
- 登山者拿出「太陽牌衛星手機」，手機顯示正在太陽能充電。
- 旁白：「在世界的每一個角落，保持連接。」

---

**場景 2：[沙漠中，酷熱環境]**

- 一位旅行者正在用「太陽牌衛星手機」拍攝沙漠景色，手機螢幕顯示
  9600 萬畫素的高清影像。
- 旁白：「捕捉每一個不凡瞬間，記錄生活中的每一個美好。」

**場景 3：[極地冰原，極寒天氣]**

- 一位科考人員在使用「太陽牌衛星手機」進行通話，信號清晰穩定。
- 旁白：「在最極端的環境下，通訊仍然清晰可靠。」

**場景 4：[城市生活，日常場景]**

- 幾位不同職業的人在使用「太陽牌衛星手機」，展示日常使用的便利
  性。
- 旁白：「不僅是探險者的選擇，也是日常生活的完美伴侶。」

---

**場景 5：[產品展示]**

- 畫面顯示「太陽牌衛星手機」的各個特點：太陽能充電、9600 萬畫素相
  機、耐摔、耐熱、耐寒。
- 旁白：「太陽牌衛星手機，為您的每一次探索和冒險帶來無限可能。」

**結尾場景：**

- 顯示「太陽牌衛星手機」的標誌和口號。
- 旁白：「太陽牌衛星手機 - 探索無限，無界限的連接。」

這個腳本旨在通過多種環境和場景展示「太陽牌衛星手機」的多功能性和
耐用性，同時強調其對不同用戶群體的吸引力。每個場景都突出了產品的
一個核心特點，整體敘述流暢，易於觀眾理解和記憶。

這個「太陽牌衛星手機」廣告短片腳本巧妙地融合了多樣化的場景，從偏遠山區
到繁忙都市，全面展示了手機的多元應用。透過不同環境下的實際使用情景，有效地
凸顯了產品的主要特點：太陽能充電、高畫質相機、耐用性，以及在極端條件下的可
靠性。此外，腳本涵蓋了廣泛的目標受眾，從探險家到日常使用者，增強了廣告的普
遍吸引力。整體而言，這是一個精緻且有說服力的廣告腳本設計。

## 6-3 圖文行銷貼文

在行銷文案中使用 Emoji 符號或小圖片在行銷文字中具有多個優點：

● 增加吸引力和閱讀性：Emoji 和小圖片能使文字內容更生動有趣，增加視覺吸引力，幫助吸引讀者的注意。

● 強化情感傳達：Emoji 可以傳達特定的情感和語氣，有助於加強訊息的情感表達，使溝通更加人性化和親切。

● 增加理解和記憶：視覺元素比純文字更容易被大腦處理和記憶，適當的 Emoji 或小圖片有助於提升信息的理解度和記憶性。

● 節省空間並清晰傳達信息：在有字數限制的平台上，Emoji 可以在不增加字數的情況下增加額外的信息或情感。

● 提高互動性：在社交媒體等平台上，含有 Emoji 的行銷內容往往能夠激發更多的互動，例如：點讚、評論和分享。

● 跨文化交流：某些 Emoji 是普遍認可和理解的，這有助於跨文化溝通，尤其是當目標受眾是多元文化背景的時候。

然而，需要注意的是，使用 Emoji 和小圖片應適度且恰當，過度使用或不當使用可能會導致信息的混亂或專業度的降低。此外，要考慮目標受眾對 Emoji 的接受程度和理解情況。建立圖文行銷貼文可以使用 3 類方式，下列將分別說明。

### 6-3-1　Emoji 方式

**實例 1**：您輸入『我的網站銷售「葡萄」、「芒果」、「玉荷包」，請以適合 Emoji 方式撰寫推廣文』。

**ChatGPT**

當然可以！這裡是一個適合Emoji的推廣文案範例，專門為您的網站銷售葡萄、芒果和玉荷包而設計：

🍇🍃 葡萄盛宴來了！🍃🍇
準備迎接最甜蜜的滋味！我們的葡萄🍇新鮮採摘，每一顆都充滿了自然的甜分和多汁的美味。現在下單，享受葡萄的美妙滋味吧！

🥭💧 熱帶驚喜 - 芒果狂歡！💧🥭
我們的芒果🥭是來自最佳種植區的珍品，每一口都是滿滿的熱帶風情。它們不僅味道絕佳，而且富含營養。讓這些陽光味道的果實，為你的生活增添甜蜜！

🍈💎 玉荷包 - 天然的寶石！💎🍈
玉荷包不僅是一種水果，它是自然界中的藝術品。每一顆玉荷包🍈都是精心挑選，保證你能嘗到最鮮甜的口感。它們不只是美味，更是健康的選擇。

↓

🛒 現在就來我們的網站逛逛，選購你喜愛的水果吧！每一次購買都保證新鮮直送到你家門口。快來享受這場甜美的盛宴！🛍️

🎉 特別優惠：首次購買者可享有專屬折扣！別錯過了！🎉

#葡萄 #芒果 #玉荷包 #水果盛宴 #健康美味

這樣的文案結合了吸引人的描述和Emoji，既能吸引注意力，又能生動地展現您產品的特色。您可以根據需要進行調整或添加更多細節。

這篇貼文真是太棒了！葡萄、芒果、玉荷包的描述令人垂涎，讓人迫不及待想嚐鮮！非常期待能品嚐這些新鮮美味的水果！

## 6-3-2　圖文方式

**實例 1**：您輸入『我的網站銷售「葡萄」、「芒果」、「玉荷包」，請以適合的圖文方式撰寫推廣文』。

**ChatGPT**

為了有效推廣您的網站上的葡萄、芒果和玉荷包，我會建議使用吸引人的圖片和引人入勝的文字來吸引潛在客戶。以下是一個推廣文案的例子：

---

🍇 **新鮮直送的葡萄，每一口都是自然的甘甜！** 🍇

探索我們精心挑選的葡萄種類，每一顆都來自最佳產地，保證新鮮。從清甜的綠色種類到深紫色的美味佳釀，我們的葡萄滿足您的每一種口味。

🥭 **熱帶風情的芒果，帶給您陽光般的味覺享受！** 🥭

我們的芒果，每一個都是在陽光充足的環境中成熟，味道濃郁多汁。它們不僅是健康的零食選擇，更是各種甜點和沙拉的完美配料。

🍒 **玉荷包，每一顆都是自然的甜蜜承諾！** 🍒

我們自豪地提供最上等的玉荷包，這種特有的水果帶有獨特的甜味和多汁的口感。這些珍貴的果實是夏季的最佳享受，不論是單獨食用或搭配其他食材。

☀ **現在就來我們的網站選購，體驗這些自然美味的獨特之旅！**

🔗 [您的網站連結]

---

這篇推廣文案結合了視覺吸引力和文字描述，能夠有效地傳達您產品的鮮明特點和購買的吸引力。您可以在社交媒體、電子郵件營銷或您的網站上使用這種形式的推廣內容。

這篇推廣文案結合了視覺吸引力和文字描述，水果看起來真的很誘人！特別是那些多汁的玉荷包，感覺就像夏天的味道。同時附上「您的網站連結」，會是一篇很有吸引力的貼文。

### 6-3-3　IG 方式貼文

Instagram（IG）貼文的特色主要包括以下幾個方面：

- 視覺導向：Instagram 以圖片和影片為主，強調高質量和吸引人的視覺內容。用戶通常會發布美觀、創意或具引人的圖片和影片。

- 簡潔的文字描述：雖然視覺內容是主角，但簡潔有力的文字也很重要。描述通常是短小精悍，直接傳達信息或情感。

- 互動性：用戶可以透過點讚、評論和分享來互動。許多貼文會鼓勵觀眾參與，例如：提問、發起挑戰或使用互動標籤。

- 故事功能：除了普通貼文，Instagram 的故事功能允許用戶發布 24 小時後自動消失的內容，常用於分享日常生活或即時活動。

- 標籤：適當的標籤貼文可以觸及更廣泛的觀眾，用戶常用標籤來分類內容或參與特定話題。

- 網紅行銷：Instagram 是網紅行銷的熱門平台。品牌常與網紅合作，透過他們的貼文來推廣產品或服務。

- 品牌形象塑造：許多企業和個人用戶使用 Instagram 來塑造和維護他們的品牌形象。

總而言之，Instagram 貼文的特色在於其強大的視覺吸引力、簡潔的文字、高度的用戶互動以及標籤和故事功能的廣泛運用。這些特點使其成為個人和品牌展示和互動的有效平台。

**實例 1**：您輸入『我的網站銷售「葡萄」、「芒果」、「玉荷包」，請以適合 IG 方式撰寫推廣文』。

 **ChatGPT**
當在Instagram上撰寫推廣文案時，重點是要簡潔、有吸引力，並利用視覺元素吸引關注。以下是一個適合Instagram的推廣文案範例：

🍇 **品味自然的甜美 - 發現我們的葡萄系列！** 🍇
每一顆都是精心挑選，直送您的餐桌。

🥭 **沉浸在芒果的熱帶魔力中！** 🥭
濃郁、多汁，每一口都是陽光的味道。

🍒 **玉荷包 - 夏日的甜蜜禮物！** 🍒
獨特的甜美，清新的口感，只為您呈現最佳品質。

🌟 **探索我們的網站，開啟味蕾的旅程！**
🔗 [您的網站連結]

#新鮮水果 #天然美味 #健康生活 #葡萄 #芒果 #玉荷包

---

這樣的文案簡潔而有力，配合上適當的圖片和相關的標籤（hashtags），
可以有效地吸引Instagram上的用戶注意並促使他們訪問您的網站。

---

筆者喜歡吃水果，一直在尋找優質的自然水果，由 IG 貼文感受到產品似乎正是我想要的。芒果的熱帶風情也非常吸引我，很適合即將到來的夏天，期待馬上就去網站看看，品嚐這些自然的美味。

## 6-3-4　社群文案

社群文案內容是行銷產品的重要工具，我們可以將前一小節的 IG 貼文觀念擴充到社群文案，以下幾個核心觀念至關重要：

- 認識你的粉絲：了解你的目標客群是誰，他們喜歡什麼、常在哪些社群平台活動。這樣才能寫出貼近他們生活、對他們有吸引力的內容。

- 一針見血的訊息：社群媒體的信息要簡單明瞭，直接傳達你的產品或服務的優勢，不要拐彎抹角。

- 搶眼的開頭：因為大家刷社群時常常只看前幾秒，所以文案開頭要吸引人，抓住粉絲的眼球。

- 打動人心：試著透過故事、幽默或情感來與粉絲建立情感連結，讓他們覺得你的品牌很有人情味。

- 明確的行動呼籲：文案的結尾要有清楚的行動指引，告訴粉絲接下來應該怎麼做，比如說要他們去網站看更多資訊、下單購買等。

- 視覺效果佳：適當的圖片或影片能讓文案更吸引人，記得要用高品質的視覺素材。

- 簡潔有力：在社群媒體上，言簡意賅是金，盡量讓文案短而精。

- 保持一致性：無論是語氣、風格還是設計，都要與你的品牌形象保持一致。

- 因應不同平台調整：每個社群平台的用戶群和互動方式都不太一樣，所以要根據不同平台調整文案風格。

- 鼓勵互動：鼓勵粉絲留言、分享或參與討論，提高互動性和參與度。

　　用這些原則來撰寫社群文案，可以幫助你更好地與台灣的粉絲互動，提升你的產品或服務在社群媒體上的能見度和吸引力。

**實例 1**：您輸入『請用台灣用語，針對「太陽牌衛星手機」撰寫社群文案』。

---

 **ChatGPT**

當然可以，以下是使用台灣地區常見用語撰寫的「太陽牌衛星手機」社群文案：

---

🔆 📶 【太陽牌衛星手機】新上市啦！🚀 🌍
探險家的最佳拍檔，隨時隨地都能保持聯繫喔！

☀️ 太陽能充電，環保又方便，再也不怕沒電啦！
📷 9600萬畫素超清晰，每一張照片都像封面大片！
🌐 全球無死角，不管您在哪裡，通訊零距離！

🔥 耐熱又耐寒，無論高山低谷都能陪伴您！
💪 超強耐摔設計，探險旅行更有保障！

🎉 現在就入手，讓您的每次旅行都充滿驚喜！
👉 快點擊連結，探索更多！

#太陽牌衛星手機 #探險必備 #隨時隨地保持連繫

---

這個文案結合了親切的台灣用語和流行的社群媒體元素（如Emoji），強調了「太陽牌衛星手機」的主要特點，同時刺激讀者的好奇心和購買欲望。透過直接而友好的口吻，能夠更好地與台灣地區的受眾建立連結。

　　如果和 6-2-1 節的行銷文案相比，社群發文較為輕鬆、親切，使用了許多 Emoji 來吸引注意，語氣接近日常對話，更加貼近社群媒體用戶的風格。例如，用「再也不怕沒電啦！」和「每次旅行都充滿驚喜！」這樣的日常口語表達產品特點，讓訊息更加生動、易懂。相對之下，行銷文案則更專業、詳盡，著重於產品的具體特性和優勢，如「太陽能充電、9600 萬畫素解析度」，語氣更正式，適合正式的產品介紹或廣告文案。

## 6-3-5　電子報文案

電子報文案具有以下特色：

- 專業而詳盡：電子報文案多半著重於提供詳細的產品信息或專業知識，語氣通常較為正式，像是「我們的最新產品具備先進的太陽能技術，能在各種環境下穩定運作，無論是高山或是海邊。」

- 結構清晰：電子報文案會有清晰的結構，例如開頭介紹、主要內容和結束的呼籲行動，方便讀者一目了然，像是「親愛的朋友，本期電子報將介紹 ...」

- 個性化元素：電子報文案常常加入一些個性化元素，以與讀者建立聯繫，例如使用親切的稱呼「親愛的朋友」或根據節慶添加特別內容。

- 呼籲行動：通常會在文末加入明確的呼籲行動（Call to Action），鼓勵讀者採取行動，例如「立即訂購，享受早鳥優惠！」。

- 適度的行銷語言：雖然重點放在信息傳遞，但也會巧妙融入行銷語言，增加產品或服務的吸引力，例如「掌握最新市場動態，帶領您的業務邁向新高度。」

這些特色使得電子報文案既具有專業性又不失親和力，能夠有效地與目標讀者溝通。

實例 1：您輸入『請用台灣用語，針對「太陽牌衛星手機」撰寫電子報文案』。

 **ChatGPT**
當然可以，以下是使用台灣地區常見用語撰寫的「太陽牌衛星手機」電子報文案：

☀ 親愛的太陽科技愛好者，您好！

🚀 我們榮幸地介紹我們的革命性新產品 ——【太陽牌衛星手機】，一款專為冒險家和旅行愛好者打造的手機！

🔋 **太陽能充電** —— 您還在為手機沒電煩惱嗎？我們的衛星手機配備先進的太陽能充電技術，無論您身處何地，只要有陽光，就能隨時為手機充電！

📷 **9600萬畫素超清晰** —— 每一次按下快門，都能捕捉生活中的精彩瞬間。無論是山巒的壯闊還是都市的繁華，「太陽牌衛星手機」都能完美呈現。

🌍 **全球無死角** —— 我們提供全球覆蓋的通訊服務，讓您在世界任何角落都能與家人、朋友保持聯繫。

---

🔧 **超強耐用性** —— 無論是高溫還是低溫，我們的手機都能穩定運作，陪您走過每一段旅程。

🎉 特別優惠 —— 現在訂購「太陽牌衛星手機」，即可享受限時折扣！機會難得，千萬不要錯過！

👉 立即點擊這裡了解更多，開啟您的全球探險之旅！
[了解更多]

感謝您對太陽科技的支持，期待您的回音！

祝 購物愉快，
太陽科技團隊敬上

---

## 6-4 員工加薪的議題

許多人在職場期待加薪的心情，在此我們看 ChatGPT 如何處理。

### 6-4-1 適不適合向老闆提加薪

**實例 1**：您輸入「工作很久了，老闆都不加薪，你認為是否適合向老闆提出加薪議題？」。

---

**ChatGPT**

面對加薪的問題，首先需要評估幾個重要因素：

1. **工作表現與貢獻**：你在工作中的表現如何？是否有明顯的成績或貢獻？如果你的工作表現優異，並且對公司有顯著貢獻，這將是要求加薪的有力理由。
2. **市場標準與同業薪資**：你的薪資是否與同行業中相似職位的薪資相符？了解行業標準可以幫助你設定合理的薪資期望。
3. **公司狀況**：公司目前的財務狀況如何？在經濟困難或公司財務狀況不佳的時候要求加薪可能不太合適。
4. **你的經驗與資歷**：隨著在公司的工作經驗增加，你的價值也可能提高。如果你已經很長時間沒有加薪，且你的職位或責任有所增加，這可能是一個提出加薪的好時機。
5. **溝通方式**：提出加薪的方式很重要。你應該準備好具體的論點來支持你的請求，並選擇一個合適的時機和方式與老闆溝通。

---

6. **備選方案**：考慮如果老闆拒絕你的請求，你將如何應對。是否有其他福利或職位調整可以作為替代方案？

綜合考慮這些因素後，如果你認為自己符合加薪的條件，那麼向老闆提出加薪議題是合適的。但記得準備充分，以專業且合理的方式進行溝通。

---

　　ChatGPT 提供了全面的建議，考慮了工作表現、行業標準、公司狀況、經驗與溝通方式等因素，以幫助決定是否向老闆提出加薪要求，整個回應深入且全面，展現了高度的專業性和實用性。

## 6-4-2　請 ChatGPT 寫加薪的信件

**實例 1**：您輸入「可否協助寫一封要求老闆加薪的信件」。

**ChatGPT**

當然可以。以下是一封要求加薪的信件範例,請根據您的具體情況進行調整:

尊敬的 [老闆的名字],

主旨:關於薪酬調整的請求

首先,我想感謝您一直以來對我的指導與支持。自從我加入[公司名稱]以來,我一直致力於提供最高質量的工作,並且我很高興能看到我的努力對團隊和公司產生了積極的影響。

在過去的[具體工作年限]年裡,我在[提到一些具體的成就或貢獻,例如項目成功、營收增長、團隊領導等]方面做出了重要貢獻。我相信這些成就不僅展示了我的專業成長,也為公司帶來了實質的價值。

考慮到我的貢獻以及目前行業內同等職位的市場薪資水平,我希望能與您討論關於對我的薪酬進行調整的可能性。我對公司有著強烈的歸屬感,並期待能夠繼續在這裡發揮我的潛力。

我期待與您進一步討論這個議題,並願意在您方便的時間安排會面。感謝您考慮我的請求,並期待您的回覆。

誠摯的,
[您的名字]

這封信旨在表達對加薪的請求,同時保持尊重和專業。記得根據您的實際情況進行調整,使其更符合您的具體情況。

　　ChatGPT 巧妙地構建了一封加薪請求信,內容既專業又恰當,體現了對個人成就的肯定與對公司的忠誠,整體展現深刻的專業知識和高效的溝通技巧。

# 6-5 企業調漲折扣議題

一個新品牌的企業，在進入市場初期常常會被要求低折扣，經過幾年新品牌可能長大，為了要有合理競爭力，因此會想提升賣場折扣，下列是要求 ChatGPT 寫這方面的信件。

**實例 1：**您輸入「我的公司成立時，因為是新品牌，被要求用比較低的折扣銷售產品到賣場，甚至低於同業現在公司已經站穩腳跟，想要提高折扣到同業水準，請協助撰寫這方面的信件」。

 **ChatGPT**
當然可以。以下是一封建議提高折扣至同業水準的信件範例，請根據您的具體情況進行調整：

尊敬的[賣場負責人的名字]，

主旨：關於調整產品折扣的請求

首先，我想對您長期以來對[公司名稱]的支持表示衷心的感謝。自從我們的品牌進入貴賣場以來，我們一直致力於提供優質的產品和服務。我們很高興能看到我們的品牌在貴賣場獲得客戶的認可和支持。

隨著我們公司在市場上逐漸站穩腳跟，我們認為現在是時候重新評估我們產品的定價策略。在創立初期，我們為了吸引客戶並建立品牌知名度，採取了較低的折扣策略。然而，隨著品牌影響力的提升和產品質量的持續改進，我們希望將產品的折扣調整到與同業持平的水準。

我們相信這樣的調整不僅可以反映我們產品的真實價值，也能確保我們在激烈的市場競爭中保持持續的成長和創新。我們希望貴賣場能理解我們的立場，並支持我們的這一決策。

我們期待與您進一步討論這個議題，並願意在您方便的時間安排會面。謝謝您對我們品牌的支持，期待您的回覆。

誠摯的，
[您的名字]
[您的職位]
[公司名稱]

這封信的目的是要求提高產品折扣，同時強調了公司成長和市場地位的提升。請根據您的實際情況進行調整，使其更符合您的具體情況。

ChatGPT 擬寫的信件展現出商業智慧和專業禮貌，它巧妙地強調了公司成長和市場地位的提升，以合理的理由請求調整折扣。同時，信中表達了對合作夥伴的感激，並且保持了對未來合作的樂觀態度，這展現出高度的溝通技巧和對業務發展的深刻理解。整個回應專業又周到，彰顯出高度的溝通技巧和市場敏銳度。

## 6-6　企業公告

ChatGPT 可以在撰寫企業公告方面發揮重要作用，它能根據特定情境和需要，快速生成清晰、專業的文案。無論是公布公司業績、重要人事變動、新產品發布還是政策更新，ChatGPT 都能提供結構化和富有說服力的容。透過自然語言處理能力，它能確保語言的準確性和適當性，同時保持與公司品牌和語調的一致性。此外，ChatGPT 還能提供多語言翻譯，幫助企業在全球範圍內溝通，擴大其受眾群。

### 6-6-2　請假規定公告

如果沒有 ChatGPT，撰寫公司請假規定的步驟可能如下：

1. 研究法律規定和行業標準：查閱相關的勞基準動法和同行業的標準，以確保請假規定的合法性和適宜性。

2. 人力資源和管理團隊討論：了解公司的具體需求和員工的期望，確定請假政策的主要框架。

3. 參考其他公司請假政策：查看其他公司或同行業的請假規定範例，獲得有用的資訊。

4. 草擬請假規定：結合公司的特點和文化，初步撰寫請假規定。

5. 法律審核：將草案提交給法律顧問，確保所有條款符合法律規範。

這一流程需要時間和資源的投入，並且要求有一定的法律和人力資源管理知識，現在可以讓 ChatGPT 協助了。

**實例 1**：您輸入「請公告員工請假規定」。

 **ChatGPT**
當然可以。以下是一個員工請假規定的範例，您可以根據您公司的具體情況進行調整：

---

### 員工請假規定

#### 1. 請假申請
- 所有請假需提前至少48小時向直接上級申請，除非在緊急情況下。
- 請假申請應該通過公司指定的系統或表格進行。
- 請假理由需清楚說明，並根據請假類型提供相應證明（如醫生證明）。

#### 2. 請假類型
- **病假**：員工因疾病無法工作時，需提供醫生證明。
- **事假**：處理個人事務，需提前申請。
- **年假**：根據員工在公司的工作年限而定。
- **婚假、喪假等特別假期**：根據公司政策規定。

#### 3. 請假批准
- 請假需經過直接上級和人力資源部門的批准。
- 緊急情況下，可先行離開，但需在2　　時內補交請假申請。

4. 請假時長與薪酬

- 根據請假類型和公司政策，請假可能會影響薪酬。
- 長期請假（超過連續5個工作日）可能需要特別的批准程序。

5. 未經批准的請假

- 未經批准而缺勤將視為無故缺勤，可能會導致紀律處分。

6. 其他注意事項

- 請假期間，應確保工作交接妥當。
- 公司保留對請假政策的最終解釋權。

此請假規定旨在確保公司運營的順暢，同時也考慮到員工的個人需要。建議定期檢討和更新這些政策，以符合公司和員工的實際情況。

　　ChatGPT 提供了一份詳細的員工請假規定範例，內容涵蓋了請假申請程序、不同類型的假期、批准流程及相關薪資政策。這份規定全面且結構清晰，有助於保障公司運營和員工權益。

## 6-6-3 國內參展公告

　　參展公告需明確展覽主題、時間、地點、參展對象和報名方式。注重詳情準確性，強調任何特殊要求或注意事項，並提供聯繫方式以便查詢，這一節將用實例了解 ChatGPT 可以如何協助我們。

**實例 1**：您輸入「公司將於 2025 年 11 月 22 ~ 26 日，參加台北電子科技大展，展出電子眼鏡，這個眼鏡具有拍照、錄影、打衛星電話功能，請寫電子郵件告知代理商此一訊息。」。

**ChatGPT**

當然，以下是一封通知代理商參加台北電子科技大展的電子郵件範本：

---

主旨：【重要通知】邀請參加2025年台北電子科技大展

親愛的代理商，

我們很高興地通知您，我們公司將參加即將於2025年11月22日至26日舉行的台北電子科技大展。在這一重要的行業盛會中，我們將展出我們最新的創新產品——電子眼鏡。

這款電子眼鏡不僅具有先進的拍照和錄影功能，還能進行衛星通話，預計將在市場上引起巨大的關注。我們相信這將是一次絕佳的機會，不僅能展示我們的最新技術，還能擴大我們的◯◯範圍。

我們誠摯地邀請您參加此次展會，與我們一同見證這一刻。我們將提供更多關於展會的具體信息和安排，以助於您更好地準備。

期待您的光臨，並希望這次展會能為我們的合作帶來更多機遇。

敬請留意後續的詳細資訊和更新。

最好的祝福，

[您的名字]
[您的職位]
[公司名稱]
[聯繫方式]

---

這封郵件簡潔明了地傳達了參展的重要訊息和對代理商的邀請，並留有空間供後續的詳細信息更新。

ChatGPT 撰寫的電子郵件範本針對公司即將參加的台北電子科技大展，清晰有效地傳達了參展資訊。郵件內容包含展會日期、地點和展出的創新產品特點，同時熱情邀請代理商參加。整體結構專業，語氣友好，適合正式商業溝通。

如果要參加國際展覽，也可以將上述內容請 ChatGPT 翻譯，再轉寄給國外廠商。

## 6-7 ChatGPT 辦公室文書整理

### 6-7-1　Line 接龍報名資料處理成 Excel 報表

ChatGPT 可以自動統一瑣碎的資料成為表格，可以參考下列實例，當我們輸入瑣碎資料後，不用特別指示，ChatGPT 就可以將資料彙整。

> **您**
> 明志工專機械科同學會報名接龍
> 屆別　姓名　　人數
> 13機 洪錦魁 1
> 19機 王德緯　2
> 13 機　　蔡桂宏　1
> 12機　　　劉祖華　2
> 1機　蔡寶琳 2

> **ChatGPT**
> 根據您提供的資料，我可以幫您整理出一個清晰的報名名單。以下是整理後的明志工專機械科同學會報名列表：
>
> | 屆別 | 姓名 | 人數 |
> |------|------|------|
> | 13機 | 洪錦魁 | 1 |
> | 19機 | 王德緯 | 2 |
> | 13機 | 蔡桂宏 | 1 |
> | 12機 | 劉祖華 | 2 |
> | 1機 | 蔡寶琳 | 2 |
>
> 這樣的排列方式讓資訊更加清楚和容易閱讀。如果需要進一步的幫助，例如計算總人數或其他信息，請隨時告訴我！

我們也可以指示 ChatGPT 生成 Excel 報表，標題是「明志工專機械科同學會」。

您
請將上述資料處理成Excel工作表，此工作表的標題是「明志工專機械科同學會」

‹ 2/2 ›

 ChatGPT
我已將資料處理成一個Excel工作表，標題為「明志工專機械科同學會」。您可以通過以下連結下載該工作表：

下載明志工專機械科同學會Excel工作表 ↓

下列是下載此 Excel 活頁簿的結果。

| | A | B | C | D | E |
|---|---|---|---|---|---|
| 1 | 屆別 | 姓名 | 人數 | | |
| 2 | 13機 | 洪錦魁 | 1 | | |
| 3 | 19機 | 王德緯 | 2 | | |
| 4 | 13機 | 蔡桂宏 | 1 | | |
| 5 | 12機 | 劉祖華 | 2 | | |
| 6 | 1機 | 蔡寶琳 | 2 | | |

上述少了標題，因此告訴 ChatGPT，下列是過程與下載活頁簿的結果。

 您
工作表內我沒有看到標題「明志工專機械科同學會」

 ChatGPT
我已經更新了Excel工作表，並在其中添加了標題「明志工專機械科同學會」。您可以透過以下連結下載更新後的工作表：

下載帶標題的明志工專機械科同學會Excel工作表 ↓

| | A | B | C | D | E |
|---|---|---|---|---|---|
| 1 | 明志工專機械科同學會 | | | | |
| 2 | 屆別 | 姓名 | 人數 | | |
| 3 | 13機 | 洪錦魁 | 1 | | |
| 4 | 19機 | 王德緯 | 2 | | |
| 5 | 13機 | 蔡桂宏 | 1 | | |
| 6 | 12機 | 劉祖華 | 2 | | |
| 7 | 1機 | 蔡寶琳 | 2 | | |

## 6-7-2　統一日期格式與增加生肖屬性

**您**

請將下列資料轉成表格，出生日期統一用「1970/01/01」格式，同時增加
繁體中文的12生肖
洪金為 1961年5月2日　沈浸東 1999/9/10 李曉東 2000年9月9日
黑金仁 1975年1月15日

**ChatGPT**

我已將您提供的資料轉換成表格，並統一了出生日期的格式，同時增加了
對應的繁體中文12生肖：

| 姓名 | 出生日期 | 生肖 |
|------|----------|------|
| 洪金為 | 1961/05/02 | 牛 |
| 沈浸東 | 1999/09/10 | 兔 |
| 李曉東 | 2000/09/09 | 龍 |
| 黑金仁 | 1975/01/15 | 兔 |

## 6-7-3　統一地址資料與手機號碼格式

**您**

請將下列資料轉成表格，出生日期統一用「1970/01/01」格式，電話號碼
處理成「xxxx-xxx-xxx」格式，地址則刪除空格
洪金為 男 1961年5月2日　0963800900 台北市 信義區 基隆路 100號
沈浸東 男 1999/9/10　　0952-010010 桃園市　　龜山區 龜山路999號
李小花 女 2000年9月9日 0912010010 台北市　　士林區中山北路 五段
1000號

**ChatGPT**

我已將您提供的資料轉換成表格，統一了出生日期的格式，處理了電話號碼成「xxxx-xxx-xxx」的格式，並移除了地址中的空格：

| 姓名 | 性別 | 出生日期 | 電話 | 地址 |
|------|------|----------|------|------|
| 洪金為 | 男 | 1961/05/02 | 0963-800-900 | 台北市信義區基隆路100號 |
| 沈浸東 | 男 | 1999/09/10 | 0952-010-010 | 桃園市龜山區龜山路999號 |
| 李小花 | 女 | 2000/09/09 | 0912-010-010 | 台北市士林區中山北路五段1000號 |

## 6-8　建立員工手冊

撰寫公司員工手冊，若無 ChatGPT 輔助，我們可能參考下列步驟進行：

1. 研究和規劃：查閱相關法律法規，研究行業標準。

2. 內部討論：各部門合作，收集公司政策，獲取員工福利、工作規範等相關資訊。

3. 草擬初稿：撰寫包括公司文化、行為準則、健康與安全政策等內容的手冊初稿。

4. 專業審核：將草稿提交給法律顧問和人力資源專家進行審查。

5. 內容最終編輯：對手冊進行最終編輯，確保內容清晰易懂。

這一過程需要綜合考慮符合法律、公司文化和員工需求，以確保手冊的有效性和實用性。但是現在此工作可以交給 ChatGPT 處理。

**實例 1**：您輸入「請建立員工手冊」。

**ChatGPT**

創建一個全面的員工手冊是一項涉及多個方面的任務。以下是一個基本框架，您可以根據您公司的具體需求進行調整：

員工手冊

**1. 歡迎詞**

- 公司的歷史
- 使命、願景和價值觀

...

**10. 簽名頁**

- 員工確認收到並閱讀手冊

此手冊提供了一個全面的概覽，涵蓋了員工需要知道的關鍵信息。根據公司的實際情況，可以進行適當的調整和擴充。

　　ChatGPT 精心構建了一份全面的員工手冊項目，內容豐富且結構清晰，涵蓋了從公司政策到員工福利等多個重要領域。這份手冊既考慮到法律合規性，又展現了公司文化，對於指導員工行為和預期非常有效。因為只列出條目，我們仍需進一步擴充細節，這方面也可以請 ChatGPT 生成細節內容。

# 6-9　存證信函

　　企業面臨侵權情況卻不願意花費昂貴的律師費用打官司時，撰寫存證信函是一個實用的選擇。這種信函主要用於正式記錄和通知對方侵權行為，以及要求停止侵權並可能提出賠償要求。存證信函具有法律效力，可以作為未來可能訴訟的證據。它可以由企業自行撰寫，無需律師參與，從而節省成本。信函應明確指出侵權行為、提出合理的要求，並保留對進一步法律行動的權利。

**實例 1：**您輸入「有一家公司所出版的電子眼鏡，「錄影功能」抄襲本公司的專利，請協助發存證信函」。

 **ChatGPT**
當然可以。以下是一個存證信函的範例，用於處理涉嫌侵犯專利權的情況。請注意，這只是一個範例，具體情況可能需要法律專業人士的幫助來調整和完善：

[您的公司名稱]

[您的公司地址]

[日期]

[對方公司名稱]

[對方公司地址]

尊敬的[對方公司名稱]：

主旨：侵犯專利權通知 - 錄影功能於電子眼鏡

我們寫此信函是為了正式通知貴公司，我們注意到您公司最近推出的電子眼鏡產品中的「錄影功能」似乎侵犯了我們公司的專利權（專利號碼：[您的專利號碼]）。我們的專利於[專利授權日期]由[相關專利局]授權，涵蓋了一項創新的錄影技術，用於類似電子眼鏡的產品。

本函意在正式要求貴公司立即停止生產、銷售和推廣該產品，並對可能已造成的損害進行賠償。

請在收到此信後的[設定一個合理的期限，如14天]內回應，闡明貴公司的立場。如果我們在此期限內未收到回應，我們將保留採取進一步法律行動的權利，包括但不限於尋求法院禁令和/或損害賠償。

我們希望能夠和平解決此事，但我們必須保護我們的智慧財產權利。

敬請貴公司予以高度重視。

誠摯，

[您的名字]

[您的職位]

[您的聯繫方式]

在寄出任何此類信函之前，強烈建議先諮詢專業的法律顧問，以確保您的權益得到適當保護並遵循正確的法律程序。

　　ChatGPT 撰寫的存證信函結構嚴謹，語氣堅定而專業，適當地指出了專利侵權的問題並要求對方回應。信中明確列出了專利信息，並給予了合理的回應期限，展現了解決問題的積極態度，同時保留了採取法律行動的權利。不過為了慎重，ChatGPT 也建議公司諮詢法律顧問。

# 6-10　租賃合約

## 6-10-1　ChatGPT 撰寫合約

企業常會有下列需要租賃合約的需求：

● 辦公空間租賃：租賃辦公室、倉庫。

● 會議和活動場地租賃：組織大型會議、企業內訓、研討會或公司活動所需的場地。

● 設備和機械租賃：短期專案需要的特殊機械或是辦公設備，例如：印表機的租賃。

● 交通工具租賃：員工出差所需的車輛，公司活動或客戶接待時的專車服務。

● 員工住宿：為外地員工或訪客提供的短期住宿。

這些租賃合約使企業能夠靈活適應市場和業務需求的變化，同時控制長期固定成本，我們也可以讓 ChatGPT 協助撰寫雅房出租的合約。

**實例 1**：您輸入「請撰寫一份租賃辦公室的合約」。

---

**ChatGPT**

撰寫租賃辦公室合約是一項專業工作，涉及法律細節，以下是一份簡化版的租賃合約範本。請注意，這只是一個基礎範例，具體合約應由法律專業人士根據您的具體情況定制。

---

**辦公室租賃合約**

**出租方（甲方）**：[出租方的全名或公司名稱]
**承租方（乙方）**：[承租方的全名或公司名稱]

**合約編號**：[合約編號]
**簽約日期**：[簽約日期]

1. **租賃物件**：
   • 地址：[辦公室地址]
   • 描述：[辦公室的詳細描述，包括面積、設施等]

　　　　　　　　　　　　　　…

8. **法律適用和爭議解決**：
   • 本合約受[相關國家或地區]法律管轄。
   • 爭議解決方式。

**簽名**：

甲方（出租方）簽名：＿＿＿＿＿＿＿
日期：＿＿＿＿＿＿＿

乙方（承租方）簽名：＿＿＿＿＿＿＿
日期：＿＿＿＿＿＿＿

---

　　ChatGPT 所撰寫的租賃合約範本具有清晰的結構和完整的基本要素，涵蓋了租賃物件、期限、租金、押金以及使用規定等關鍵項目。這份合約格式正式且易於理解，適合作為起草租賃協議的基礎框架。不過 ChatGPT 仍是建議，實際使用前仍需法律專業人士審核調整。

## 6-10-2　增修合約

　　ChatGPT 擬定合約後，我們也可以依據需要增補或是修訂合約。

**實例 1**：您輸入「請在租賃辦公室的「5. 使用規定」項目內增加下列條款不得轉租所有裝修退租前須復原」。

**ChatGPT**
當然，根據您的要求，我會在租賃辦公室合約的「5. 使用規定」項目中增加您提供的條款。以下是修改後的條文：

5. 使用規定：

- 乙方僅可將租賃物件用於辦公目的。
- 不得擅自改變租賃物件的結構。
- **禁止轉租**：乙方不得將租賃物件轉租給第三方。
- **裝修與復原**：所有由乙方進行的裝修在退租前須恢復至原狀，除非經甲方書面同意可保留。

這樣的修改有助於明確規定租賃物件的使用範圍和條件，保護出租方的權益，同時也為承租方提供清晰的指引。在實際應用這份合約之前，建議您尋求法律專家的意見，以確保所有條款都符合當地的法律規範。

**實例 2**：您輸入「請重新輸出此租賃合約」，下列只列出增加的部分。

5. 使用規定：
- 乙方僅可將租賃物件用於辦公目的。
- 不得擅自改變租賃物件的結構。
- 禁止轉租：乙方不得將租賃物件轉租給第三方。
- 裝修與復原：所有由乙方進行的裝修在退租前須恢復至原狀，除非經甲方書面同意可保留。

　　ChatGPT 成功地將指定條款整合入租賃合約，同時潤飾了筆者的條款，保持了文字的清晰與專業性。此修訂顯示出細心和高度適應性，有效強化了合約的完整性。

# 第 7 章
# Prompt 提示工程

前面 6 個章節筆者敘述與 ChatGPT 聊天，主要是用很輕鬆態度解說，沒有對 Prompt 做太多嚴謹的說明，這是因為對於初學者，簡短的聊天其實不用了解太多語法，這一章則是對 Prompt 做更完整的說明。

## 7-1　基礎 Prompt 的補充說明

2-1 節筆者有針對 Prompt 做基礎實例說明了，這一節則是一個補充的解說。

### 7-1-1　指定表格欄位

我們可以在對話中指定以「表格式」輸出，同時指定欄位。

**實例 1**：您輸入「請解釋下列英文名詞

（表格式，column = 英文名詞，名詞完整英文，中文翻譯）

NBA, NCAA, MLB」。

**ChatGPT**

| 英文名詞 | 名詞完整英文 | 中文翻譯 |
| --- | --- | --- |
| NBA | National Basketball Association | 國家籃球協會 |
| NCAA | National Collegiate Athletic Association | 全國大學體育協會 |
| MLB | Major League Baseball | 大聯盟棒球 |

上述實例，使用 column 設定了欄位的名稱。

### 7-1-2　專注符號「#」

符號「#」可以讓 ChatGPT 專注特定主題，相當於區隔段落。

**實例 1**：您輸入「請用 100 個字說明下列事件

# 奧林匹克運動會

#NBA」。

> **ChatGPT**
>
> 奧林匹克運動會是全球規模最大的綜合性體育賽事，分為夏季與冬季兩類，每四年舉行一次，旨在促進世界和平與友誼，匯集全球運動員競技，強調的是參與精神。
>
> NBA，即美國職業籃球聯賽，是全球最頂尖的職業籃球聯賽之一，成立於1946年，吸引了來自世界各地的優秀籃球運動員，以球隊間的對抗賽形式進行，深受全球籃球迷的關注和喜愛。

上述「#」可以讓 ChatGPT 更專注主題，分別回答。

## 7-1-3　一問一答

「一問一答」也是使用 Prompt，可以讓 ChatGPT 分別回答聊天提問。

**實例 1**：您輸入「# 一問一答

請說明第一次世界大戰

請說明第二次世界大戰」。

> **ChatGPT**
>
> 第一次世界大戰，發生於1914年到1918年，是一場涉及世界主要強國的全球戰爭，主要戰場位於歐洲。起因於各國間的政治、軍事聯盟、帝國主義競爭以及民族主義加劇，奧地利-匈牙利帝國的弗朗茨·斐迪南大公遇刺事件成為直接導火線。戰爭結束於1918年，以同盟國勝利、協約國敗北告終，導致奧匈帝國、德意志帝國、俄羅斯帝國和奧斯曼帝國四個帝國的崩潰。
>
> 第二次世界大戰，發生於1939年到1945年，是人類歷史上最大規模的一場戰爭，涉及超過30個國家。起因於納粹德國的擴張政策和對波蘭的入侵，引發了英法兩國的宣戰。這場戰爭分為歐洲戰場和太平洋戰場，最終以同盟國勝利、軸心國敗北告終。戰爭對全球政治格局、經濟和社會都產生了深遠影響，也導致了聯合國的成立，旨在防止未來的全球衝突。

我們也可以擴充到表格的輸出。

**實例 2：**您輸入「# 一問一答

　　　　請說明第一次世界大戰

　　　　請說明第二次世界大戰

　　　　(表格式，問題，回答內容)」。

| 問題 | 回答內容 |
|------|---------|
| 第一次世界大戰 | 第一次世界大戰於1914年至1918年間發生，涉及全球多數大國，主要戰場在歐洲。由於國際緊張關係、軍事同盟、帝國主義及民族主義高漲，奧地利-匈牙利帝國繼承人遇刺事件觸發了這場戰爭。戰爭結束導致多個帝國崩潰，重塑了世界地圖，並為後來的國際關係和第二次世界大戰埋下伏筆。 |
| 第二次世界大戰 | 第二次世界大戰於1939年至1945年間爆發，是史上最慘烈的衝突之一，幾乎涵蓋了全球所有主要強國。起因於德國、意大利和日本的擴張主義政策。戰爭涉及歐洲、亞洲、非洲和太平洋多個戰場，最終以軸心國的投降結束。這場戰爭改變了全球政治格局，導致了聯合國的成立，目的是維護世界和平，避免類似衝突再次發生。 |

上述省略「column =」設定，也可以用表格回答，同時輸出指定的欄位名稱。

## 7-1-4　不要重複寫主題名稱

有時候我們與 ChatGPT 聊天過程，ChatGPT 會重複主題，例如：5-2-2 節的實例，如果不想重複主題，可以直接輸入「不要重複寫主題名稱」。

**實例 1：**您輸入「請寫一篇 600 個字「在人際互動中找到自己」的作文 , 不要重複寫主題名稱」。

ChatGPT
在我們的一生中，人際互動扮演著重要的角色。透過與他人的交流和互動，我們不僅學會了如何溝通、理解和同情，更重要的是，我們也在這個過程中逐漸認識了自己。每一次的對話、每一次的合作，甚至每一次的衝突和和解，都是自我發現之旅的一部分。
...

## 7-1-5　模板或情境模擬 - 中括號

與 ChatGPT 聊天時,我們可以使用中括號「[ ... ]」,當作一個填空或待定義的項目。

**實例 1**:您輸入「請以虛擬人物,為下列資料建立 3 份資料。

　　姓名:[ 姓名 ]

　　學歷:[ 畢業學校 ]、[ 科系 ]、[ 學位 ]」。

> **ChatGPT**
>
> 當然可以。以下是三位虛擬人物的資料,包括姓名、學歷(畢業學校、科系、學位):
>
> 1. 虛擬人物一
>    - 姓名:林婉儀
>    - 學歷:國立台灣大學、電機工程學系、碩士學位
> 2. 虛擬人物二
>    - 姓名:陳俊宏
>    - 學歷:台灣師範大學、英文學系、學士學位
> 3. 虛擬人物三
>    - 姓名:張鈞甯
>    - 學歷:成功大學、化學工程學系、博士學位
>
> 這些虛擬人物和他們的學歷資料都是構想出來的,並非基於現實中的任何
> 個人。　　　　　　　　　　　↓

中括號內的內容(這裡是「姓名」)通常表示您希望在這個位置插入特定的資料或變數,這種用法類似於在模板或表格中標註那些需要被填充或自定義的部份,ChatGPT 可以依據你的提示,了解需要插入的內容。

## 7-1-6　自然語言的變數設定 - 大括號

在 ChatGPT 的自然語言應用中,大括號「{ ... }」可以做為變數設定,下列將用實例解說。

**實例 1**：是一個 Prompt 輸入如下：

 您
{Task}=請根據我的描述生成圖像和繁體中文解釋圖像,如果輸入參數無法
對應則使用第1個參數值
{Task} {Instruction} {Style} {Size}
#{Style}
1: 色鉛筆插繪風格
2: 日本動漫風格
3: 剪紙風格
#{Size}
s1: 全景
s2: 正方形

 **ChatGPT**
當然可以。請提供您想要創建的圖像的描述,包括您選擇的風格（色鉛筆
插畫風格、日本動漫風格、或剪紙風格）以及圖像的尺寸（全景或正方
形）。如果您的輸入參數無法正確對應,我將按照您的指示使用第一個參
數值進行圖像創建。請描述您希望生成的圖像。

上述我們設定了下列變數：

● {Task}：這是任務描述,內容是「請根據 ... 第 1 個參數值」,這個描述最大重
點是如果輸入參數不在此範圍,使用第 1 個參數當作預設值。

● {Instruction}：這是變數,將儲存未來我們要生成圖像的描述。

● {Style}：這是變數,將儲存圖像風格,內容是「1～3」,依據 Task 描述,如果
不在此範圍則是「1」。

● {Size}：這是變數,將儲存圖像大小,內容是「s1～s2」,依據 Task 描述,如
果不在此範圍則是「s1」。

**實例 2：** 您輸入「一個可愛的小女孩走在奧地利哈爾斯塔特的鄉間小路 3 s1」。

這幅圖像採用剪紙風格，描繪了一個可愛的小女孩在奧地利哈爾斯塔特的鄉間小路上行走的場景。圖中展現了風景如畫的哈爾斯塔特村莊及其獨特的魅力。背景中包括了哈爾斯塔特的標誌性景觀，如傳統的房屋和美麗的湖泊。小女孩愉快地探索著小路，被令人驚嘆的阿爾卑斯山景所環繞。這幅全景圖像凸顯了哈爾斯塔特的自然美景和古樸的建築風格。

下列實例是故意輸入參數不在設定範圍，相當於採用了「1 s1」，可以得到的結果。

**實例 3：** 您輸入「一個可愛的小女孩走在日本富士山下的鄉間小路 10 s9」。

這幅圖像以色鉛筆插畫風格描繪了一個可愛的小女孩在日本富士山下的鄉間小路上行走的場景。圖中的小女孩姿態活潑，展現出天真無邪和幸福的氛圍。背景中清晰地呈現了著名的富士山，以及周圍平和的日本鄉村景觀。這幅全景的圖像展示了開闊的田野和遠處的山脈，並融入了傳統日本元素，如櫻花和小巧精緻的房屋，增添了迷人的氣氛。

# 7-2　專家角色扮演

我們與 ChatGPT 聊天時，ChatGPT 可以用通用型 AI 模型和我們對話。我們也可以在與 ChatGPT 聊天時，指定 ChatGPT 扮演的專家，這樣可以獲得更精準的回答。在 Prompt 裡頭設定了專家扮演，同時來談同一個主題，相較於沒有設定專家扮演，會有以下幾個不同點：

❑ **專業度和深度**

- 設定專家：回答會比較專業、深入，會用到行話，提供的是基於專業經歷或研究的見解。可能會講到業界的拿手好戲、案例分析、數據分析或是最新的流行趨勢。
- 沒設定專家：回答會比較淺白易懂，主要著重在基本概念和大家都懂的知識，不會太深入專業術語或複雜的理論。

❑ **語氣和風格**

- 設定專家：語氣可能比較正式，結構嚴謹，可能會有比較多指導性或建議性質的內容。
- 沒設定專家：語氣可能比較隨和，風格自在，用一種親切的方式來呈現資訊。

❑ **內容的針對性**

- 設定專家：回答會針對特定領域的細節，可能會考慮到業界特有的情況或小細節。
- 沒設定專家：回答可能比較泛泛，適合更多人，不會太深入任何特定領域的細節。

❑ **資訊來源和參考**

- 設定專家：可能會提供更多專業書籍、研究論文或業界報告當作參考。
- 沒設定專家：可能會引用一些比較通用的資訊來源，比如網路文章、綜合性的書或是大家都認同的基礎教材。

❏　**解決問題的方式**

● 設定專家：提供的解決問題的方法可能更實際、具體，可能會提到用專業工具或方法。

● 沒設定專家：給的建議可能比較基礎、通用，不會特別針對任何專業領域的工具或方法。

　　總結而言，設定了專家扮演的話，回答會更專業、深入，針對特定領域提供詳細的建議。沒設定專家的話，回答則更通俗易懂、基礎，比較適合一般大眾理解。

## 7-2-1　學習英文

**實例 1**：您輸入「請說明應該如何學習英文」。

> ⑤ **ChatGPT**
>
> 學習英文是一個持續的過程，涉及多種技巧和策略。以下是一些建議，幫助提高英語學習的效率和樂趣：
>
> 1. **確定學習目標：**
>    - 明確你學習英文的目的，是為了旅遊、工作、考試還是興趣？這將幫助你確定學習的重點和方向。
> 2. **建立穩固的基礎：**
>    - 從基礎語法、詞彙開始學習，並逐步擴展。使用語法書和詞彙書，或是線上資源和應用程式來鞏固基礎。
> 3. **多聽多說：**
>    - 盡量多聽英文，包括英文歌曲、電影、電視劇和播客。模仿發音和語調，提高聽力和口語能力。
>    - 勇於開口，即使一開始會犯錯。可以加入語言交換小組，或與英語母語者練習對話。
>
> ⋯

　　下列是先設定 ChatGPT 是教英文的專家的執行結果。

**實例 2**：您輸入「你是一位教英文的專家，請告訴我應該如何學習英文」。

**ChatGPT**

學習英文作為一名教學專家，我會建議採取全面且有策略的學習方法，這包括對四大語言技能——聽、說、讀、寫——的均衡發展。以下是一些具體的建議：

**1. 設定清晰的學習目標**

- 確定你學習英文的原因，是為了提升職場競爭力、準備考試、旅行還是其他？設定具體且可實現的短期和長期目標。

**2. 沉浸式學習環境**

- 盡可能讓自己處於英語環境中，無論是通過觀看英文電影、聽英文音樂、閱讀英文書籍和文章，還是參加英語討論群組。

**3. 活用語言學習資源**

- 使用語言學習應用程序如Duolingo　　bbel，或是訂閱英語學習頻道和播客。這些資源可以提供豐富的學習材料和互動式學習經驗。

　　...

當設定為「你是一位教英文的專家」時，回應通常會更專業和具體，著重於教學策略和有效的學習方法。這樣的回答可能會包含關於課程設計、教學理念、以及如何針對學生的不同需求和學習風格進行調整的建議。這位專家可能會分享一些基於教學經驗和教育心理學的見解，強調如何有效地提高英語的聽、說、讀、寫能力，並可能提供一些專業的資源推薦，如特定的教材、學習平台或是教學法。

　　相反，如果沒有設定為「你是一位教英文的專家」，回應可能會更加一般化和廣泛，不特別偏重於教學的角度。這樣的回答可能會包括一些常見的學習建議，如經常聽英文歌曲、看英文電影、使用語言學習應用程式等，而不會深入探討如何根據學習理論來優化學習過程。這種回答可能更偏向於一般大眾的學習經驗分享，而不是專業教師的教學策略。

　　總的來說，「你是一位教英文的專家」的設定使回答更專注於教育策略和學習方法的專業分析，而沒有這樣的設定則可能導致回答更加廣泛和通俗。

## 7-2-2　企業行銷

6-1-2 節有實例輸出與手機有關的關鍵字，下列用「SEO 行銷專家」角色扮演，重新詮釋該節實例。

**實例 1：**您輸入「你是精通 SEO 的行銷專家，請用台灣用語，列出 10 個手機銷售有關的關鍵字」。

> **ChatGPT**
> 身為一位精通SEO的行銷專家，針對手機銷售相關的關鍵字，以下是台灣市場可能會使用的10個關鍵字：
>
> 1. 智慧型手機推薦
> 2. 手機優惠活動
> 3. 最新手機開箱
> 4. 高CP值手機
> 5. 手機攝影技巧
> 6. 5G手機比較
> 7. 手機續航力強
> 8. 平價手機選購
> 9. 手機配件好物
> 10. 手機換機資訊
>
> 這些關鍵字不僅涵蓋了消費者對手機產品的基本需求，如推薦、優惠和開箱資訊，也包括了一些細節需求，如攝影技巧、續航力和配件選擇等，能夠幫助提升SEO效果，吸引更多潛在客戶。

上述實例列出的關鍵字主要集中於手機選購、評比、使用技巧和優惠活動等方面，這些關鍵字偏向於銷售和產品推薦，目的在於吸引尋求新手機或了解最新手機資訊的潛在買家。

相較之下，6-1-2 節實例輸出，提供的關鍵字則更加廣泛，不僅包含了手機本身的特性（例如「智慧型手機」、「觸控螢幕」、「手機相機」），也涵蓋了手機使用過程中相關的產品和服務（例如「APP 應用程式」、「行動網路」、「行動充電器」），甚至包括了手機週邊配件、遊戲、支付方式等。此外，還提到了一些特定的品牌和作業系統，以及售後服務相關的關鍵字（例如「手機維修店」、「手機險」），這些關鍵字不僅對於購買手機的消費者有用，也對於已經擁有手機並尋求更多使用相關資訊的使用者有幫助。

　　總的來說，這次的關鍵字以「SEO 行銷專家」扮演，則更偏重於銷售和推薦。

## 7-2-3　創意咖啡館

　　2-6-1 節筆者有介紹創意咖啡館的命名，這一節則是用「文學專家」、「SEO 與行銷專家」和「台灣用語」，為我的咖啡店想出五個高雅的名字。

**實例 1**：您輸入『你是「文學專家」、「SEO 與行銷專家」請以「台灣用語」，為我的咖啡店想出五個高雅的名字，這家咖啡店晚上會變成酒吧——就像「The Page Turner」那樣。並附上一個簡短的句子解釋它的意思！』。

---

**ChatGPT**

身為一位結合「文學專家」與「SEO 與行銷專家」的角色，以下是以台灣用語為您的咖啡店想出的五個高雅且具有文學氣息的名字，以及每個名字的簡短解釋：

1. **墨香夜語**
   - 「墨香」代表著文學的氣息，「夜語」則暗示了夜晚酒吧的輕鬆對話。整個名字傳達了白日閱讀、夜晚交流的獨特體驗。
2. **詩酒暮光**
   - 結合「詩」和「酒」的元素，暗示著店內白天可以享受文學的魅力，而到了傍晚則轉變為品酒的雅致時光。
3. **翰墨佳釀**
   - 「翰墨」象徵文學與書寫，「佳釀」則指美酒，這個名字融合了文學與美酒，適合一家日間為咖啡店、夜晚變身酒吧的場所。
4. **字裡行間**
   - 暗示著在書籍的字裡行間尋找故事知識的樂趣，而到了晚上，「行間」又可理解為朋友間的交流和故事分享。

5. **頁轉人生**
   - 靈感來自於「The Page Turner」，這個名字強調了每翻一頁書籍都如同人生的新篇章，而夜晚的酒吧時光則是這段旅程中的另一種享受。

這些名字不僅富含文學氣息，也適合用於行銷推廣，能夠吸引喜愛文學和尋求高品質休閒時光的顧客。

---

　　若是將上述名字與 2-6-1 節的名字相比較，雖然都旨在表達咖啡店晚上變成酒吧的特性，但在風格、語氣和文化寓意上仍是有所差異：

❑ **風格和語氣**

- 先前的回應：名字如「日夜咖啡酒館」和「晨昏酒咖間」，給人的感覺較為直接和功能性，清晰地表達了咖啡店和酒吧的雙重功能，語氣較為現代和實用。
- 當前的回應：名字如「墨香夜語」和「詩酒暮光」，則蘊含著較多的文學和藝術氛圍，風格更為優雅和有詩意，語氣帶有一定的曖昧性和想象空間。

❑ **文化寓意**

- 先前的回應：較偏向於描述時間的變化，如「日夜」、「晨昏」，強調的是時間上從早到晚的轉換，具有一定的日常性和規律性。
- 當前的回應：融入更多的文化和情感元素，如「墨香」象徵文學和書寫，「暮光」則帶有某種夢幻和浪漫的色彩，寓意更為豐富和多層次。

總之，先前回應的名字更側重於直觀地描述店鋪的功能和營業時間，而當前回應的名字則更注重於營造一種氛圍和情感連結，透過文學和藝術的元素來吸引顧客。這兩種不同的命名方式各有特色，選擇哪一種取決於店主想要為顧客創造的體驗和店鋪的整體風格定位。

# 7-3　模仿參考範本的文案

如果看到市面上有好的文案，我們也可以指示 ChatGPT 參考模仿。

## 7-3-1　創作銷售文案

ChatGPT 可以模仿給定的範本風格來介紹一款新產品。下列實例的 Prompt 要求建立一封推廣郵件，模仿給定的範本風格來介紹一款新產品。範本以熱情的語調鼓勵收件人考慮改善生活質量的產品，強調其獨特功能和限時優惠。ChatGPT 需要用類似的方式來推廣另一款產品，例如：智慧手機，包括描述其創新特點、用戶好處，以及任何特別促銷活動，同時保持範本的結構和語氣一致。

**實例 1**：請參考下列輸入畫面。

**您**

請模擬以下風格，幫我寫一篇推廣新品牌手機的郵件

--------------------------------------------------------

主旨：讓您的家變成最舒爽的呼吸空間 - 來認識EcoBreathe智能空氣清淨機

親愛的[客戶大名]，

您有沒有想過您家裡的空氣好不好呼吸？在這個忙碌又污染的時代，為自己跟家人打造一個乾淨的呼吸環境，真的超重要的！我們超興奮要來跟您介紹我們最新研發的產品 - EcoBreathe智能空氣清淨機，保證讓您的居家生活品質大升級。

EcoBreathe智能空氣清淨機的厲害之處：
頂尖清淨技術：採用最新的HEPA過濾技術，能有效過濾掉99.97%的空氣中雜質，像是灰塵、花粉、煙味還有細菌都不是問題。
智能偵測功能：內建的空氣品質感應器可以即時監測您的空氣狀況，自動調整清淨速度，確保您隨時都能享受到最乾淨的空氣。
環保節能設計：EcoBreathe不只顧著您的健康，也很在乎地球的未來。我們用可再生材質來製造這款產品，而且還特別設計成節能模式，減少對環境的負擔。

限時優惠活動：
現在到月底前下單，就能享有20%的專屬折扣喔！而且，前100位下單的朋友還會獲得一年免費更換濾心的服務！

[你的名字]

下列是輸出結果。

 **ChatGPT**

主旨：掌握未來通訊新紀元 - 揭開HorizonPhone智能手機的神秘面紗

親愛的[客戶大名]，

您是否曾夢想擁有一部能夠超越現實限制、將日常通訊轉化為一場非凡體驗的手機？那麼，這就是您翹首以盼的時刻！我們激動地向您介紹我們革命性的新產品 - HorizonPhone智能手機，這不僅是一部手機，更是您通往未來的門票。

HorizonPhone智能手機的獨特之處：

- 領先業界的影像技術：配備先進的多鏡頭系統，支持4K超高清錄影和專業級夜間攝影，讓您的每一個瞬間都歷歷在目。
- 創新的互動體驗：採用最新的擴增實境(AR)技術，將虛擬與現實無縫結合，開啟娛樂、學習和工作的全新維度。
- 極致的性能與效能：搭載最先進的 ↓ 器和長效電池，確保您在高速運行應用時也能享受流暢無阻的體驗，並且整日持久。

獨家開幕優惠：
只要在本月底前預訂HorizonPhone，您將享有15%的專屬折扣，以及前50位客戶將獲得我們定制的配件套裝，讓您的HorizonPhone體驗更加完美。

不要錯過成為改變未來通訊方式的一部分。立即預訂，開啟您的HorizonPhone之旅！

[你的名字]

　　這份由 ChatGPT 創造的文案展示了對給定範本風格的深刻理解,並成功地將其應用於推廣另一種產品「智能手機」。文案以熱情和引人入勝的語調開頭,立即吸引讀者的注意力,並提出一個引人思考的問題,促使讀者考慮自己的需求和願望。隨後,文案詳細介紹了產品的三大特點,每一點都旨在展示產品如何在技術上領先並改善用戶的日常生活。

　　文案中的互動體驗和影像技術強調了智能手機作為不僅僅是通訊工具,而是一種能夠豐富用戶生活方式的先進技術。此外,對效能和耐用性的提及旨在安撫對性能可能擔憂的消費者。

　　結尾部分的獨家優惠和限時促銷活動設計得很好,旨在創造緊迫感,鼓勵行動。這種結構不僅符合原始範本的格式,還成功地適應了不同產品的獨特銷售點。

　　總之,這份文案巧妙地結合了說服力、資訊和促銷策略,旨在促進產品認知和銷售,同時保持閱讀輕鬆愉悅的氛圍。

## 7-3-2　創造品牌文案

　　國內著名品牌「華碩」電腦的文案「華碩品質,堅若磐石」深植人心,筆者也購買多次華碩產品,現在請 ChatGPT 以此風格創作「深智」品牌文案。

**實例 1**:請參考下列輸入畫面。

　　這份由 ChatGPT 創造的文案「深智匠心,品質永恆」以簡潔而深刻的方式捕捉了品牌的核心價值。透過僅用八個字,文案成功地傳達了對精湛工藝的讚揚和對長久耐用品質的承諾。開頭的「深智」不僅呼應了聊天的要求,也強調了品牌在其產品和服務中所蘊含的深度思考和智慧。接著的「匠心」一詞,進一步凸顯了對細節的關注和對傳統工藝的尊重。最後「品質永恆」這一表述,強調了產品經得起時間考驗的可靠性。整體而言,這則文案以極致簡潔的方式,鮮明地展示了品牌的主要特質和用戶可以期待的價值。

我們也可以在創造文案時，告訴 ChatGPT 公司產品特色。

**實例 2**：請參考下列輸入畫面。

 **您**
請模擬以下風格，幫我寫類似8個字的文案，前2個字是「深智」，深智是
一家電腦圖書出版的公司。

------------------------------------------------------------------------

華碩品質，堅若磐石

 **ChatGPT**
深智圖鑑，啟迪未來

這則由 ChatGPT 創造的文案「深智圖鑑，啟迪未來」巧妙地將「深智」一詞與其業務範疇「電腦圖書出版」結合，表達了品牌旨在提供深入而富有洞察的學習資源。透過使用「圖鑑」一詞，文案喚起了對全面、權威資料的期待，而「啟迪未來」則強調了深智公司產品對於啟發創新思維和技術進步的重要作用。整體而言，這則文案以精煉的語言有效地傳達了品牌的核心價值和使命。

# 7-4　複雜問題分多次詢問

與 ChatGPT 聊天時將複雜問題分成多個階段提問，有多個優點：

- 提高準確性：逐步提問可以讓 ChatGPT 更準確地理解您的問題的每個部分，從而提供更準確的答案。

- 增強互動性：分階段提問鼓勵更多的互動，讓對話更加動態和參與感更強。

- 便於調整：如果某一階段的答案不是您期望的，您可以即時提出更改或澄清，這樣可以即時調整方向，而不是在最後才發現問題。

- 減少誤解：對於複雜問題，一次性提出所有細節可能導致資料過載，分階段提問可以減少誤解和溝通錯誤。

- 更容易管理：分階段處理複雜問題可以使每一步都更加可管理和可控，特別是當處理需要深入研究或計算的問題時。

- 促進學習：這種方法可以幫助您更好地理解問題的各個方面和解決問題的過程，從而促進學習和記憶。

透過分階段提問，您可以更有效地利用 ChatGPT 來解決複雜問題，並獲得更滿意的答案。

## 7-4-1　太陽牌衛星手機銷售

假設要將「太陽牌衛星手機」銷售到美國，如果想要一個詢問得到所有的答案，這是不可能的事物，這時可以將此詢問分成多個階段，下列僅以市場分析和目標客群定義做解說：

❑ **第一階段：市場分析**

- 問題 1：目標市場的基本概況是什麼？（人口、文化、經濟狀況等）
- 問題 2：這個市場目前的需求和趨勢是什麼？
- 問題 3：競爭對手的狀況如何？（市佔率、優勢、策略等）

❑ 第二階段：目標客群定義

- 問題 4：目標客群的特徵是什麼？（年齡、性別、收入水平、消費習慣等）
- 問題 5：他們目前面臨的主要問題或需求是什麼？
- 問題 6：他們如何獲取產品資訊和進行購買？

如果要更完整，我們可以定「第三階段：銷售策略」，限於篇幅將針對前 2 個階段做解說。

## 7-4-2　市場分析

針對「問題 1：目標市場的基本概況是什麼？（人口、文化、經濟狀況等）」，我們可以參考下列方式詢問。

**實例 1**：您輸入『我正在考慮將我的產品「太陽牌衛星手機」引進到「美國」的市場，你能幫我分析一下這個市場的基本情況嗎？我想了解的包括人口結構、主要的經濟活動、消費者行為趨勢以及任何特定的文化因素』。

**ChatGPT**

美國市場是一個高度發展且多元化的市場，具有廣泛的人口結構、多樣的經濟活動、複雜的消費者行為趨勢，以及豐富的文化因素。以下是對您提問各方面的概要分析：

## 人口結構

美國擁有超過3.3億的人口，年齡分布廣泛，從年輕的數碼原生代到老年人都有。這樣廣泛的年齡分布意味著市場上存在多樣化的需求和偏好。

## 經濟活動

美國是世界上最大的經濟體之一，擁有強大的科技、金融、製造和服務業。科技特別是在硅谷等地區非常發達，對新技術和創新產品有很高的接受度。

## 消費者行為趨勢

美國消費者越來越注重產品的品質、可持續性和創新性。在科技產品領域，消費者傾向於尋找最新技術、高性能和良好用戶體驗的產品。移動通訊和智能裝置的使用非常普及，且消費者願意為新技術支付溢價。

## 文化因素

美國文化非常重視創新和自由，這反映在對新產品的接受度上。同時，美國是一個多文化國家，不同地區和不同族裔群體可能有不同的消費習慣和偏好。

對於您的「太陽牌衛星手機」來說，如果該產品具有獨特的創新特性或能夠滿足特定消費者群體的需求（如戶外探險愛好者、頻繁旅行的商務人士等），那麼美國市場可能會提供一個良好的機會。考慮到美國消費者對新科技的高接受度，您的市場進入策略應該強調衛星手機的獨特賣點，如在偏遠地區或災害情況下的連接性能。↓

以上回應對美國市場的基本情況提供了一個全面的概述，從人口結構到經濟活動，再到消費者行為趨勢和文化因素，涵蓋了引進「太陽牌衛星手機」時需考慮的關鍵要素。特別強調了美國市場對新科技的高接受度，為衛星手機的市場進入策略提供了有價值的洞察。

　　針對「問題 2：這個市場目前的需求和趨勢是什麼？」，我們可以參考下列方式詢問。

**實例 2**：您輸入『我正在研究「美國」的市場，想深入了解當前這裡的消費者需求有哪些特點，以及市場上有什麼明顯的發展趨勢？特別是在「太陽牌衛星手機」方面，有沒有一些關鍵的洞察或新興趨勢值得關注的？』。

> **ChatGPT**
>
> 美國市場的消費者需求和發展趨勢不斷變化，特別是在科技領域。對於「太陽牌衛星手機」而言，以下是一些關鍵洞察和新興趨勢：
>
> 1. **增強連接性需求**：隨著遠程工作和戶外活動的增加，消費者對於在偏遠地區或通訊不便的地方保持連接的需求日益增加。衛星手機能夠提供這種額外的連接性，可能會吸引對此有特別需求的消費者群體。
> 2. **對於耐用性和可靠性的重視**：美國消費者越來越注重產品的耐用性和可靠性，尤其是在科技產品方面。衛星手機的堅固性和在極端條件下的可靠性可能會成為吸引消費者的一大賣點。
> 3. **科技整合趨勢**：智能手機市場正朝著更高的技術整合方向發展，如物聯網（IoT）功能、高階攝影技術、健康和健身追蹤等。衛星手機如果能夠整合這些先進功能，可能會更加受到消費者的歡迎。

> 4. **可持續性和環保意識**：美國消費者對產品的可持續性和環保影響越來越關注。如果「太陽牌衛星手機」能夠突出其環保特點或使用可持續材料，這可能會成為一個重要的市場差異化因素。
>
> 總的來說，深入了解美國市場上這些消費者需求和趨勢，並將這些洞察應用到「太陽牌衛星手機」的市場策略中，將有助於定位產品並吸引目標客戶群。

　　以上回應有效地概述了美國市場在消費者需求和發展趨勢方面的關鍵洞察，尤其是針對「太陽牌衛星手機」。提到的增強連接性需求、產品耐用性、科技整合以及可持續性趨勢都是當前市場中重要的考量因素，為產品定位和市場策略提供了有價值的指導。

　　針對「問題 3：競爭對手的狀況如何？（市佔率、優勢、策略等）」，我們可以參考下列方式詢問。

**實例 3**：您輸入『在「美國」的「太陽牌衛星手機」市場中，誰是主要的競爭對手？你能幫我分析一下他們的市場佔有率、主要優勢和採取的市場策略嗎？我尤其感興趣於了解他們是如何定位自己的產品或服務，以及他們成功的關鍵因素是什麼。』。

---

**ChatGPT**

在「美國」市場中，「太陽牌衛星手機」可能面臨來自幾個方面的競爭，包括傳統手機品牌推出的高端智能手機以及專注於衛星通信技術的公司。由於我無法獲取即時市場數據，以下是基於已有知識的一般性分析：

### 主要競爭對手

1. **傳統智能手機品牌**：如蘋果的iPhone、三星的Galaxy系列等，它們擁有強大的品牌忠誠度和市場覆蓋率。
2. **專業衛星通信公司**：如Garmin的InReach系列、Iridium的衛星手機等，它們提供專業的衛星通信解決方案。

### 市場佔有率和優勢

- **傳統智能手機品牌**：這些品牌通常在市場上佔有較大份額，主要優勢在於先進的技術、廣泛的應用生態系統和強大的品牌影響力。
- **專業衛星通信公司**：這些公司可能市場份額較小，但在特定領域（如戶外探險、遠程地區通信）具有專業優勢，提供的衛星通信服務可靠性高。

---

### 市場策略和產品定位

- **傳統智能手機品牌**：通常強調產品的高科技特性、用戶體驗和設計美學，以及強大的應用和服務生態系統。
- **專業衛星通信公司**：重點強調產品的連接性能、耐用性和在極端條件下的可靠性，吸引需要在偏遠地區保持聯繫的用戶。

### 成功關鍵因素

- 對於**傳統智能手機品牌**而言，創新技術、用戶體驗和品牌忠誠度是其成功的關鍵。
- 對於**專業衛星通信公司**而言，專業的衛星通信技術、產品的可靠性和特定用戶群的精準定位是其成功的關鍵。

對「太陽牌衛星手機」而言，了解這些競爭對手的市場表現和策略，將有助於制定有效的市場進入和競爭策略，並找到獨特的市場定位，以區分於競爭對手。

---

上述 ChatGPT 回應提供了在「美國」銷售太陽牌衛星手機市場，主要競爭對手的深入分析，包括傳統智能手機品牌和專業衛星通信公司。詳細探討了它們的市場佔有

率、主要優勢、市場策略及成功關鍵因素，為「太陽牌衛星手機」制定市場策略提供了有價值的洞察。

## 7-4-3 目標客群定義

針對「問題4：目標客群的特徵是什麼？（年齡、性別、收入水平、消費習慣等）」，我們可以參考下列方式詢問。

**實例1**：您輸入『我正在考慮將我的產品「太陽牌衛星手機」引進到「美國」的市場，你能幫我分析一下這個市場的基本情況嗎？我想了解的包括人口結構、主要的經濟活動、消費者行為趨勢以及任何特定的文化因素』。

 **ChatGPT**

對於「太陽牌衛星手機」在美國市場的推廣，理想的目標客群可能具有以下特徵：

### 人口學特徵

- **年齡範圍**：25-55歲，這個年齡段的消費者通常對新科技持開放態度，且具有一定的購買力。
- **性別比例**：可能接近均衡，但根據產品特性，可能略微偏向於男性，尤其是那些對戶外活動、探險或頻繁旅行有高需求的群體。
- **收入水平**：中上收入至高收入群體，因為衛星手機通常價格較高，需要一定的可支配收入才能購買。

### 消費習慣和偏好

- **活動興趣**：對戶外活動、探險、登山、露營、航海或頻繁從事遠程工作的人群具有較高吸引力，因為這些活動可能需要在偏遠地區保持通訊連接。
- **科技接受度**：這個群體對新科技和高端設備通常持開放態度，願意為獨特的功能和增強的性能支付溢價。
- **品質與耐用性**：重視產品的質量、耐用性和可靠性，尤其是在極端或挑戰性的環境中使用時。
- **環保意識**：對可持續性和環保有一定程度的關注，可能偏好那些展示出企業社會責任的品牌。

瞄準這樣的目標客群，「太陽牌衛星手機」的市場推廣策略應該突出其在偏遠地區提供可靠連接性的能力，以及任何針對上述消費者興趣和需求的特殊功能或服務。

上述 ChatGPT 回應有效地描繪了「太陽牌衛星手機」在美國市場的理想目標客群，詳細闡述了他們的人口學特徵、活動興趣、科技接受度等關鍵屬性。這為定位產品和制定針對性的市場策略提供了清晰的指導，特別是強調了目標客群對質量、耐用性和功能的高度重視。

針對「問題 5：他們目前面臨的主要問題或需求是什麼？」，我們可以參考下列方式詢問。

**實例 2**：您輸入『針對我在「美國」針對的目標客群，他們在使用「太陽牌衛星手機」時通常會遇到哪些問題或挑戰？他們有哪些未被滿足的核心需求？』。

---

**ChatGPT**

針對您在美國市場的目標客群，在使用「太陽牌衛星手機」時可能會遇到的問題或挑戰，以及他們的未被滿足的核心需求可能包括：

### 遇到的問題或挑戰

1. **覆蓋範圍限制**：即使是衛星手機，也可能在某些極端地區（如深山、峽谷等）面臨信號覆蓋的限制。
2. **使用複雜性**：相比傳統智能手機，衛星手機的操作可能更複雜，對於非技術型用戶來說可能是一個挑戰。
3. **成本問題**：衛星通訊的費用相對較高，無論是設備本身還是使用過程中的通訊費用。
4. **重量與體積**：為了實現高可靠性和功能性，衛星手機可能比普通智能手機更重、更大，不便攜帶。

### 未被滿足的核心需求

1. **無縫連接**：用戶可能尋求即使在最偏遠地區也能保證的無縫通訊連接。
2. **使用簡便性**：需要簡化操作界面和流程，使衛星手機易於普通消費者使用，無需專業知識。
3. **費用效益**：尋求更經濟的通訊解決方案，以降低長期使用成本。
4. **輕便耐用**：希望衛星手機在保持高耐用性的同時，也能盡可能輕便和便於攜帶。

了解這些問題和需求後，「太陽牌衛星手機」在產品開發和市場溝通策略中應考慮如何解決這些挑戰，並滿足目標客群的核心需求。

---

上述回應深入探討了「太陽牌衛星手機」用戶可能面臨的問題和挑戰，包括覆蓋範圍、使用複雜性、成本和攜帶便利性。同時，指出了未被滿足的核心需求，例如：無縫連接、使用簡便性、費用效益和輕便耐用性，為產品改進提供了明確方向。

針對「問題 6：他們如何獲取產品資訊和進行購買？」，我們可以參考下列方式詢問。

**實例 3**：您輸入『對於我在「美國」市場的目標客群，他們主要透過哪些通路了解「太陽牌衛星手機」的資訊？當他們決定購買時，通常會選擇哪些平台或商店？』。

---

**ChatGPT**

對於您在美國市場的目標客群，他們了解「太陽牌衛星手機」的資訊以及購買途徑可能包括：

### 資訊了解途徑

1. **在線平台**：包括科技產品評測網站、科技新聞網站以及社交媒體平台，這些都是消費者獲取最新科技產品資訊的重要途徑。
2. **專業論壇和社群**：針對戶外探險、登山、露營等活動的論壇和社群，成員可能分享和討論適合這些活動的裝備，包括衛星手機。
3. **產品評測和開箱視頻**：YouTube等視頻平台上的產品評測和開箱視頻，能夠提供直觀的產品介紹和使用體驗。
4. **廣告和宣傳**：透過網絡廣告、戶外廣告以及參與相關展覽會等方式進行的宣傳活動。

### 購買途徑

1. **官方網站**：許多消費者喜歡直接在產品的官方網站上購買，以確保購買的是正品並獲得完整的客戶服務。
2. **電子商務平台**：如亞馬遜、eBay等大型電商平台，用戶可以輕鬆比較不同賣家的價格和服務。
3. **專業戶外裝備店**：對於戶外探險愛好者，專業的戶外裝備店不僅提供產品，還提供專業的購買建議。
4. **電信運營商**：如果衛星手機支持某些電信服務，通過電信運營商的實體店或在線商店購買也是一個選項。

了解目標客群的資訊獲取途徑和購買偏好，對於制定有效的市場推廣策略和銷售渠道策略至關重要。

上述回應詳細介紹了「太陽牌衛星手機」在美國市場目標客群獲取產品資訊和購買途徑的多樣化方式，包括線上平台、專業論壇、產品評測影片和各種銷售通路。這些洞察有助於精準定位市場推廣活動，並選擇最有效的銷售通路來滿足目標客群的需求和偏好。

## 7-5　Markdown 格式輸出

### 7-5-1　Markdown 語法

Markdown 格式是一種輕量級的標記語言，它允許人們使用易讀易寫的純文字格式編寫文件，然後轉換成結構化的 HTML（超文本標記語言）文件。因為它的簡潔和易於閱讀寫作的特點，Markdown 在網路寫作、技術文檔和筆記記錄等方面非常受歡迎。Markdown 的基本語法包括：

- 標題：使用「#」來創建標題。'#' 的個數代表標題的級別。例如，「# 標題 1」、「## 標題 2」、「### 標題 3」等。
- 粗體：使用兩個星號「** 文字 **」或兩個底線「__ 文字 __」來加粗文字。
- 斜體：使用一個星號「* 文字 *」或一個底線「_ 文字 _」標記斜體文字。
- 超連結：使用「[ 連結文字 ]( 網址 )」來建立超連結，可以參考下列網址。[Google](http://google.com)。
- 列表：使用 '-'、'+' 或 '*' 建立無序列表，使用數字加上 '.' 建立有序列表。
- 引用：使用 '>' 來引用文字。例如：「> 這是一段引用文字」。
- 程式碼：使用單個引號「'」代碼來標記程式碼或命令，使用三個引號「'''」來建立程式碼區塊。
- 圖片：使用「![ 替代文字 ]( 圖片網址 )」來插入圖片。

Markdown 的設計初衷是希望能讓編寫者專注於內容的撰寫，而不是排版的設定，所以它的語法都盡量保持簡單和直觀。此外，許多網路平台和編輯工具都支持 Markdown，使得它非常適合用於網路內容的創建和分享。

## 7-5-2　Markdown 文章輸出

**實例 1**：您輸入「請使用 Markdown 格式撰寫一篇文章，介紹 iPhone 和 Apple Watch 的主要功能和用戶評價。文章應包括 H2 級別的子標題來分隔每個產品的介紹，每款產品下方列出三個主要功能的無序列表，並包括一條虛構的用戶正面評價作為引用。我計劃在我的臉書上發布這篇文章」。

 **ChatGPT**
以下是一篇按照您的要求撰寫的文章，介紹iPhone和Apple Watch的主要功能以及包含虛構的用戶評價：

## iPhone 的主要功能　←———　H2級別的子標題

iPhone 不僅是一款手機，它已成為我們日常生活中不可或缺的一部分。以下是iPhone的三個主要功能：　功能的無序列表

- **高效能的處理器**：iPhone 搭載的A系列晶片，讓它在處理大型應用程式和遊戲時能保持流暢不卡頓。
- **先進的攝影系統**：從廣角到長焦，iPhone 的多鏡頭系統讓每一張照片都宛如專業攝影師拍攝。
- **健全的生態系統**：藉由App Store，用戶可以輕鬆下載各式各樣的應用程式，從娛樂到生產力工具應有盡有。

正面用戶評價

> "自從我換成最新款的**iPhone**後，我的生活變得更加方便和高效。它不僅提升了我的工作效率，也讓我在攝影上有了更多的創造力。"——虛構用戶 林先生

## Apple Watch 的主要功能

Apple Watch 不僅是一款智慧手錶，它是你健康和生活方式的完美伴侶。以下是Apple Watch的三個主要功能：

- **全面的健康監測**：從心率監測到睡眠追蹤，Apple Watch 提供全方位的健康監測功能，幫助你更好地瞭解自己的身體狀況。
- **健身追蹤**：無論是跑步、游泳還是任何形式的鍛煉，Apple Watch 都能精準追蹤你的活動，幫助你達到健身目標。
- **無縫整合**：Apple Watch 與iPhone的無縫整合，讓你即使在運動或忙碌時刻，也能保持聯繫和掌控。

> "**Apple Watch** 完全改變了我對健康的看法。它不僅是我的健身教練，還是我的健康小助手，隨時提醒我保持活力和健康。"——虛構用戶 張小姐

# 7-6 試算表輸出

　　適度使用 Prompt，也可以控制以 Excel 檔案或是 CSV 格式輸出，我們只要告訴 ChatGPT 給超連結，就可以下載與輸出。

## 7-6-1 Excel 檔案輸出與下載

**實例 1**：您輸入「我想要建立一個 Excel 檔案，記錄小型圖書清單，請隨意挑選 5 本中文書籍 ( 表格式，書名，作者，出版年份，類別 ) 請先顯示此圖書清單，然後下方請同時給我下載的超連結」。

　　上述點選「下載小型圖書清單」超連結，可以下載「小型圖書清單 .xlsx」，此檔案可以在 ch7 資料夾看到。

## 7-6-2 CSV 檔案輸出與下載

**實例 1**：您輸入「我想要建立一個 CSV 檔案，記錄台灣前 5 大上市公司清單 ( 表格式，公司名稱，負責人，成立日期，產業類別 ) 請先顯示此上市公司清單，然後下方請同時給我下載的超連結。

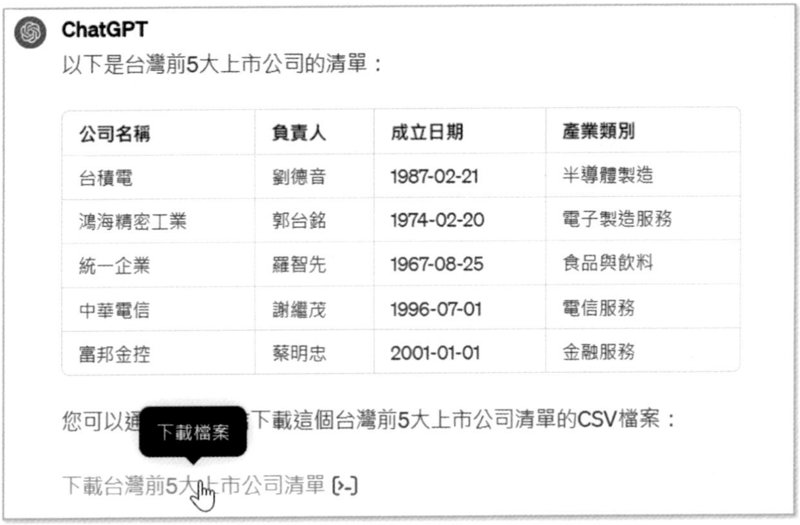
ChatGPT

以下是台灣前5大上市公司的清單：

| 公司名稱 | 負責人 | 成立日期 | 產業類別 |
|---|---|---|---|
| 台積電 | 劉德音 | 1987-02-21 | 半導體製造 |
| 鴻海精密工業 | 郭台銘 | 1974-02-20 | 電子製造服務 |
| 統一企業 | 羅智先 | 1967-08-25 | 食品與飲料 |
| 中華電信 | 謝繼茂 | 1996-07-01 | 電信服務 |
| 富邦金控 | 蔡明忠 | 2001-01-01 | 金融服務 |

您可以通 下載檔案 下載這個台灣前5大上市公司清單的CSV檔案：

下載台灣前5大上市公司清單 [>-]

上述清單是 ChatGPT 根據一般資訊和常識編制的，不完全準確。點選「下載台灣前 5 大上市公司」超連結，可以下載「台灣前 5 大上市公司 .csv」，此檔案可以在 ch7 資料夾看到。

## 7-7 Prompt 參考網頁

Prompt 的功能還有許多，以下是一些介紹 Prompt 的網頁：

- ❑ Content at Scale – AI Prompt Library

https://contentatscale.ai/ai-prompt-library/

Content at Scale 的 Prompt 為企業家、行銷人員和內容創作者等提供豐富的 AI 工具使用提問範例，以提升工作效率和創造力。這個庫涵蓋了從 3D 建模到社群媒體行銷、財務管理等多種主題，並提供了如何有效運用 AI 工具的實用指南，幫助使用者在各領域實現創新和進步。

- ❑ Promptopedia

https://promptpedia.co/

PromptPedia 提供了一個廣泛的 Prompt，專門為使用各種 AI 工具的使用者設計，包括但不限於 ChatGPT 等。這個平台旨在幫助使用者更有效地與 AI 互動，無論是用於學習、創作還是解決問題。它涵蓋了從編程、數據分析到藝術創作和學術研究等廣泛主題的提問範例，旨在提升使用者利用 AI 進行探索和創新的能力。此外，PromptPedia 鼓勵社群成員分享自己的提問，促進知識和技巧的交流，使平台持續成長並豐富其內容庫。

## ❑ Prompt Hero

https://prompthero.com/

PromptHero 是一個專注於「提示工程」的領先網站，提供數百萬個 AI 藝術圖像的搜索功能，這些圖像是由模型如 Stable Diffusion、Midjourney 等生成的。這個平台旨在幫助用戶更有效地創建和探索 AI 生成的藝術，無論是用於個人創作、學術研究還是娛樂目的。PromptHero 鼓勵社群成員分享自己的創作提示，促進創意交流，並不斷豐富其廣泛的提示庫。這個平台適合所有對 AI 藝術和創作感興趣的人士，無論是新手還是有經驗的創作者。

## ❑ Prompt Perfect

https://promptperfect.jina.ai/

PromptPerfect 提供了一個專業平台，專注於升級和完善 AI 提示工程，包括優化、除錯和託管服務。這個平台旨在幫助開發者和 AI 專業人士提高他們的 AI 模型效能，透過更精準的提示設計來達到更佳的互動和輸出結果。無論是在數據科學、機器學習項目還是創意產業中，PromptPerfect 都提供了強大的工具和資源，幫助使用者發掘 AI 技術的潛力，實現創新解決方案。此平台適合需要高度定制 AI 提示的專業人士使用，以優化他們的工作流程和產品效能。

# 第 8 章
# ChatGPT App

2023 年 5 月 OpenAI 公司發表了 ChatGPT 的 App，因此，我們已經可以在手機上使用 ChatGPT。現在是 2024 年 2 月，此 ChatGPT 的 App 功能不斷地強化中。

## 8-1　ChatGPT App

### 8-1-1　非官方 ChatGPT App 充斥整個 App Store

在 App Store 輸入關鍵字 ChatGPT 4，出現一系列號稱「官方 ChatGPT」。

上述有的號稱「ChatGPT4 – 官方」、「ChatGPT - 4」… 等，或是註冊商標 (logo) 也非常類似，上述通通是偽 OpenAI 的官方 ChatGPT App。筆者也曾經不小心下載了非官方的 ChatGPT App，這些 App 特色如下：

1：下載後不須註冊，可以立即使用。

2：找不到我們在 ChatGPT 的使用紀錄。

### 8-1-2　官方 ChatGPT App

OpenAI 公司的 ChatGPT 是用簡約風，我們可以使用 商標辨識。此外，官方的 ChatGPT App 可以用下列方式確認。

● 下載後需要有登入過程，下方右圖是登入過程。

● 登入完成後，開啟左側邊欄可以看到聊天記錄。

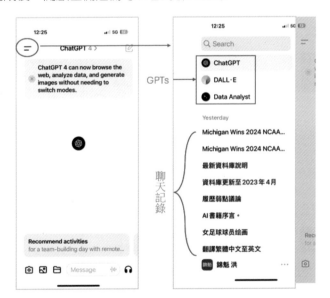

## 8-2　ChatGPT App 的演進與優缺點

早期使用 ChatGPT App 語音輸入時，出現的是簡體中文，2024 年筆者重新下載此 App，發現現在語音輸入改為繁體中文呈現了。

ChatGPT App 的優缺點 ( 功能特色 ) 如下：

● 優點：支援語音輸入，所以可以使用 iPhone 的 Siri 輸入。

● 缺點：手寫部分目前只支援英文、簡體中文。雖然看得懂繁體中文，但是不支 援繁體中文輸入。如果發音無法很準確，可能會出現輸入錯誤，解決方法是讀 者可以在「備忘錄」輸入繁體中文，修正內文，再複製和貼到 ChatGPT App 的 輸入區。

## 8-3　認識 ChatGPT App 視窗

### 8-3-1　ChatGPT App 主視窗

ChatGPT App 主視窗畫面如下：

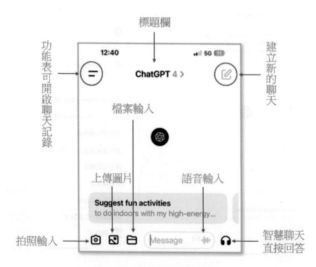

我們可以將上述視窗畫面分成下列部分：

● 功能表：可開啟我們與 ChatGPT 的聊天記錄。

● 建立新聊天：建立新的聊天。

- 語音輸入：語音輸入字句會出現在輸入框 ( 目前顯示 Message)。

- 拍照輸入：可以啟動手機的拍照功能當作輸入。

- 上傳圖片：可以上傳手機相簿的圖片當作輸入。

- 檔案輸入：可以上傳檔案。

- 智慧輸入：語音輸入字句不會出現在輸入框，而是直接顯示，ChatGPT 會針對輸入直接回答。

- 標題欄：顯示目前使用的版本，可以選擇版本。

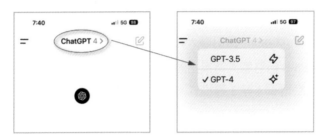

## 8-3-2　設定欄

開啟側邊欄後，可以在最下方看到自己的「帳號名字」，該列就是設定欄位，點選設定可以看到一系列屬於我們的 ChatGPT 設定訊息 (Settings)。

上述設定訊息 (Settings)，各欄位意義如下：

- Email：是登入 ChatGPT 帳號。

- Subscription：是訂閱訊息，上面顯示筆者有訂閱 ChatGPT Plus。

- Restore purcase：是用來讓使用者在更換手機或重新安裝 App 後，可以重新取得之前在 Apple App Store 購買的 ChatGPT Plus 訂閱。

- Data Controls：可用於設定是否保存聊天記錄、刪除聊天記錄 (Delete All Chats)、輸出聊天記錄 (Export Data) 或是刪除帳號 (Delete Account)。

- Archived Chats：這裡可以看到聊天的存檔記錄，同時回復或是刪除存擋記錄。

- Custom instructions：自訂聊天特色，可以參考 1-13 節。

- Color Scheme：自訂聊天背景主題，有 System( 系統這是預設 )、Dark( 深色介面 ) 和 light( 亮色介面 ) 等 3 種模式。

- Haptic Feedback：觸覺回饋功能，這是透過手機的震動馬達，在使用者與 ChatGPT 互動時，提供觸覺回饋。例如，當使用者輸入文字時，Haptic Feedback 會在文字輸入結束時震動一下，讓使用者知道文字已經送出；當 ChatGPT 回應時，Haptic Feedback 會在 ChatGPT 回應結束時震動一下，讓使用者知道 ChatGPT 已經說完了。

- Main Language：主要使用語言，預設是 Auto-Detect，表示可以自動偵測語音輸入語言。不過建議可以直接設定繁體中文，這樣可以讓語音聊天更順暢。

## 8-4 語音輸入

下方左圖是筆者語音輸入「請推薦大學生應該要學習的程式語言」，產生中文字的畫面與 ChatGPT 的回應。

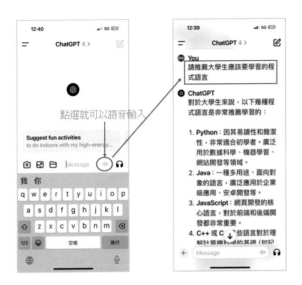

點選就可以語音輸入

## 8-5 智慧聊天

在 ChatGPT 發表前，許多人會使用 iPhone 的 Siri，與之對話取得相關訊息。由於 Siri 的智慧功能不足，因此此功能沒有普及。目前 ChatGPT App 的聊天功能，因有了 ChatGPT 的智慧，智慧聊天使用起來可以非常順暢了，下列是聊天期間，ChatGPT 除了會用語音回答我們，也會用文字輸出。首先，可以看到下列系列畫面。

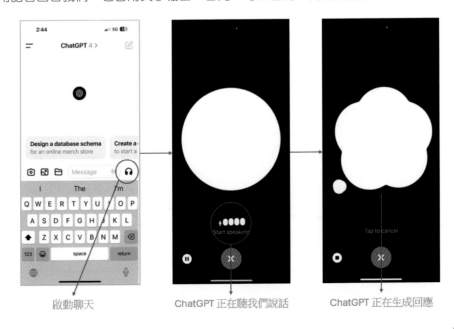

啟動聊天　　　　　　　　ChatGPT 正在聽我們說話　　　　ChatGPT 正在生成回應

下列是正在播放聲音畫面，以及語音回應我們，也會用文字輸出的結果。

語音輸出過程

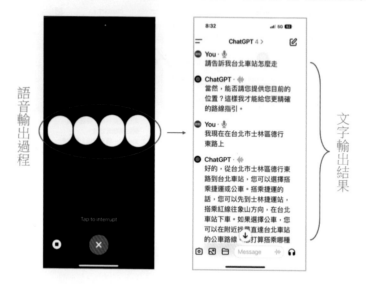

文字輸出結果

## 8-6　圖片輸入

這一節講解輸入圖片，然後讓 ChatGPT 辨識圖片，在使用此功能期間，有時候得到 ChatGPT 用英文回應，所以筆者先告訴 ChatGPT 用中文回答。

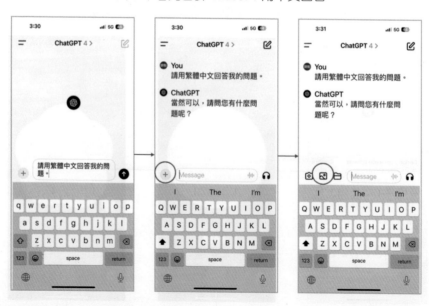

　　在上方右圖點選 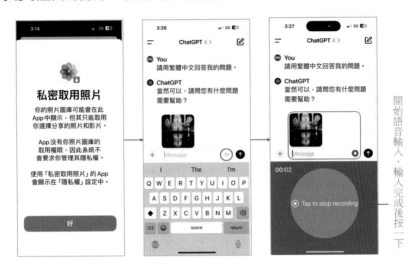 圖示，可以輸入圖片。初次使用 ChatGPT 輸入圖片功能時，會看到要求存取圖片的詢問，可以參考下方左圖。

開始語音輸入，輸入完成後按一下

　　設定取用照片完成，請按「好」鈕，此例所使用的圖片實例是 church.jpg。後請按一下 圖示，進行語音輸入，完成輸入後，請按一下上方右圖的淺藍色圓形區塊，可以在輸入框看到語音輸入的文字。然後按一下 圖示，可以將輸入傳遞給 ChatGPT，可參考下方左圖。

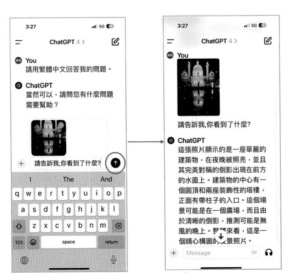

　　最後可以得到 ChatGPT 對圖片的分析結果，可以參考上方右圖。

# 8-7 iPhone 捷徑 App 啟動 ChatGPT

## 8-7-1 iPhone 捷徑 App 內的 ChatGPT

iPhone 手機內有內建捷徑 App，這個 App 內也可以自動啟動 ChatGPT App。當我們安裝 ChatGPT App 完成後，可以在捷徑 App 內，看到 ChatGPT。

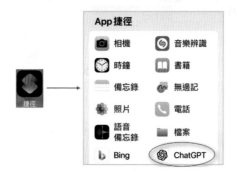

上述點選 ChatGPT 就可以進入屬於 ChatGPT 的捷徑，這時可以看到 5 個與 ChatGPT 聊天的捷徑。

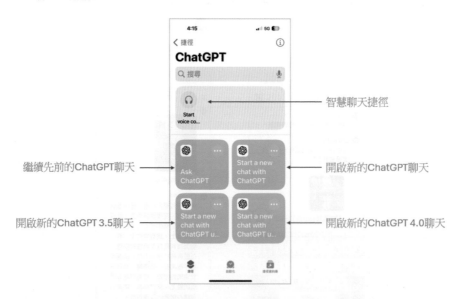

上述的聊天功能則和先前的說明相同，讀者可以自行測試。

## 8-7-2　用 Siri 啟動 Ask ChatGPT 捷徑

這一節主要是敘述用 Siri 啟動 Ask ChatGPT 捷徑，請進入 ChatGPT 的捷徑，可以看到 Ask ChatGPT 右上方有 ⋯ 圖示，請點選此圖示，可以看到功能表，請執行新增捷徑，可以參考下方左圖。

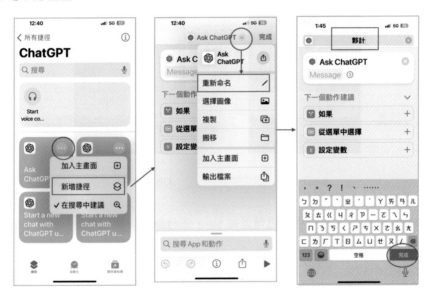

然後點選標題欄 Ask ChatGPT 右邊的 ⌄ 圖示，出現下拉式功能表請執行重新命名指令，可參考上方中間的圖。然後將「Ask ChatGPT」名稱改為「夥計」，請參考上方右圖，然後按完成鈕。上述執行後，就可以在我的「ChatGPT」捷徑看到「夥計」，可以參考下方左圖。或是「所有捷徑」看到「夥計」，可以參考下方右圖。

未來使用手機「啟動 Siri」，呼叫「夥計」就可以啟動 ChatGPT，然後就可以對 ChatGPT 說話了。

語音輸入：
我現在人在
士林請告訴
我要如何去
台北車站

Siri正在聽　　　　　　　ChatGPT處理中

　　ChatGPT 處理完成可以將訊息傳遞給 Siri，這時就可以聽到 Siri 一字一字的回答，另外，ChatGPT 也會記錄此次對話。

註　這個功能在測試過程，沒有很穩定。

### 8-7-3 Ask ChatGPT 捷徑加入主畫面

上一小節介紹的 Ask ChatGPT 或是 Start a new chat with ChatGPT 皆可以加入主畫面或是捷徑，這樣未來可以更快速的啟動 ChatGPT 的聊天功能，下列是說明將 Ask ChatGPT 加入主畫面的步驟。

請進入 ChatGPT 的捷徑，可以看到 Ask ChatGPT 右上方有 ··· 圖示，請點選此圖示，可以看到功能表，請執行加入主畫面，可以參考下方左圖。

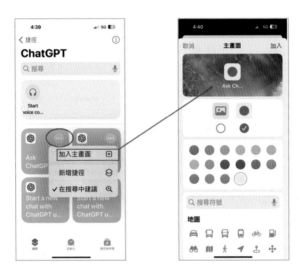

此時系統會有預設的 Ask ChatGPT 捷徑 ● 圖示，可以參考上方右圖。我們也可以更改圖示，請往下捲動畫面，可以看到下方左圖。

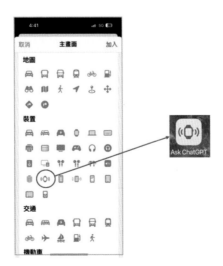

假設我們選擇上方左圖的  圖示，最後主畫面可以得到 Ask ChatGPT 捷徑與所選的圖示，可以參考上方右圖。未來如果點選 Ask ChatGPT 捷徑，將看到語音輸入提示：

會出現 EN 輸入，可參考上述流程，請點選「國」輸入。筆者語音輸入「請用 100 個字敘述小飛俠的故事」，可以參考下方左圖，然後按完成鈕。

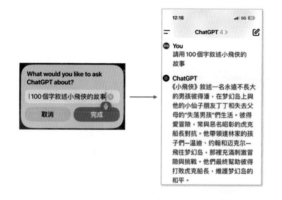

讀者可以進入 ChatGPT App 看到回應，可以參考上方右圖。

# 第 9 章
# GPT-4 官方認證的插件軟體

為了要讓使用者可以更高效率與更多功能的使用 ChatGPT，從 2023 年 5 月起 ChatGPT 擴充了官方認證的插件 (Plugins) 功能，我們可以從 ChatGPT 頁面環境進入插件商店。

> **註** 2023 年 11 月起，ChatGPT 增加了 GPTs 功能，可以想成客製化的 AI 助理，或是稱 GPTs 機器人。同時許多著名的插件也告知未來不再支援，將轉移到使用 GPTs 服務，例如：Diagrams:Show Me … 等。本書將在下一章的 GPTs 章節說明，第 11 章則是介紹設計 GPT。

# 9-1 安裝與進入插件商店

## 9-1-1 開啟插件設定

請點選側邊欄左下方名字右邊該列，可以開啟設定 & Beta 欄位。

點選 Beta 功能選項，開啟設定對話方塊，請參考上方右圖開啟插件設定。

## 9-1-2 選擇 Plugins Beta 工作環境

即使讀者安裝了 Plugins 後，在 ChatGPT 工作環境仍是使用 ChatGPT 4 模式，如果要使用 Plugins，需要選擇此工作模式。

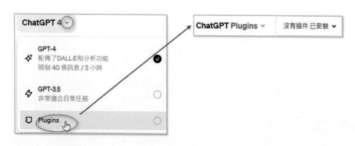

經過上述設定後，這個聊天主題就可以使用插件了。

## 9-1-3 進入插件商店

當選擇了 Plugins 工作環境後，可以在 GPT-4 標籤下方看到 No plugins enabled 選單，這表示目前我們尚未訂閱插件，所以目前沒有可以使用的插件。請點選 ∨ 圖示，可以看到 Plugins store 選項。

請點選 Plugin store，就可以正式進入插件商店 (Plugin store)。

## 9-2 訂閱插件

插件商店目前所提供的插件皆是免費的，每一個插件下方皆有簡單的使用說明。

## 9-2-1 訂閱插件示範

假設我想訂閱 WebPilot 插件，可以捲動至此插件，然後按一下安裝圖示。

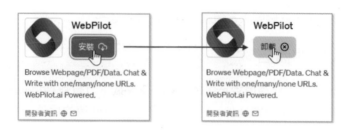

當安裝變為卸載後，表示安裝成功了。未來點選卸載可以解除安裝。訂閱插件成功後，可以看到下列畫面。

## 9-2-2　安裝多個插件的畫面

這時可以啟動 WebPilot 插件或是進入 Plugins store，繼續找尋要安裝的插件。假設筆者繼續安裝 Earth 和 Diagrams:Show Me，可以得到下列結果。

每次最多可以使用 3 個插件，即使你安裝了 4 個插件，也只有 3 個插件可以使用，筆者再安裝 Wolfram，如下所示只有 3 個插件可以使用：

我們可以安裝多個插件，因為最多只能用 3 個插件，如果要用第 4 個插件，需要先取消使用 1 個，才可以使用新的插件。使用時，只要設定該插件右邊圖示為 ☑ 即可。

# 9-3 地圖大師 – Earth 插件

Earth 插件提供的功能，主要是讓用戶在 ChatGPT 中輕鬆使用地圖和圖像。透過 Earth，我們可以根據提供的位置、傾斜角度和風格生成亮色模式、暗色模式、街道、戶外、衛星街道等，下列是系列應用。註：地圖下半部省略。

註　其實 Earch 插件也是使用了 Google 地圖當作範本。

# 9-4 文字轉語音 - Speechki

　　Speechki 是一個專門將文字內容轉換成高品質語音檔案的數位助理，主要功能是幫助您從 Speechki 的語音庫中選擇合適的人工語音，並將您想要轉換的文字內容變成語音。Speechki 提供各種不同風格和語言的語音樣本，包括台灣用語的語音選項，讓您能找到最適合您需求的語音。

　　無論您是需要將文章、報告或是任何文字資訊轉成語音，皆能提供協助。只需告知要轉換的文字和選擇一個語音，就能幫您處理剩下的工作，並提供一個高品質的語音檔案連結供您下載和使用。

註　這個插件已有 GPTs 版本。

## 9-4-1 基礎應用

這個插件可以將文字轉換為立即可使用的音訊，方法很簡單 - 下載連結、音訊播放器頁面，或嵌入式播放，請啟動此插件  。

**實例 1**：你輸入「請幫我將下列文字轉成語音

　　　　　　　我非常喜歡 Speechki 插件」

接著請點選「點擊這裡聆聽它」超連結，會看到要求註冊畫面。

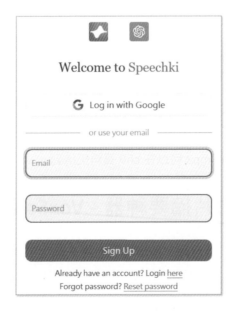

註冊帳號完成後，可以看到下列畫面。

讀者可以試聽和下載語音檔案，筆者測試含中英文的字句「我非常喜歡 Speechki 插件」，發音正確。

## 9-4-2　先轉換語言再轉成語音

在應用語言轉成語音時，我們也可以先將語言轉換，再轉換成語音。

**實例 1**：您輸入「請將下列文字翻譯成英文，再轉成語音
　　　　　我非常喜歡到美國旅遊」。

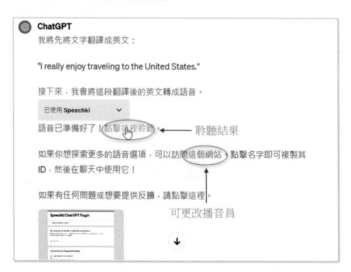

上述聲音檔案 travel.mp3 可以在 ch9 資料夾得到。

## 9-5　網頁 / 影片摘要神器 - VoxScript

可以執行 YouTube 字幕搜尋、搜索等，然後依照指示摘要整理。請開啟此插件 VoxScript ☑，下列是系列應用。

註 這個插件，也鼓勵讀者轉往使用 Vox GPT。

❏ **YouTube 字幕摘要**

有一個 YouTube 影片內容如下：

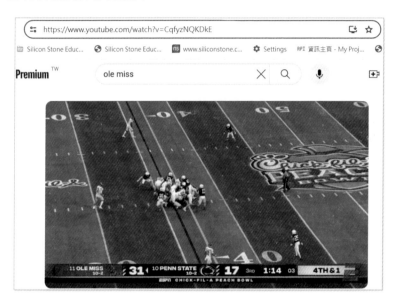

註 上述是取材自 YouTube 網頁，網址可以參考下列實例。

**實例 1**：您輸入「請瀏覽下列網頁，然後寫 100 個字的描述
https://www.youtube.com/watch?v=CqfyzNQKDkE 」。

❑　網頁搜尋

**實例 2**：您輸入「請搜尋台積電最新消息」。

ChatGPT

已使用 VoxScript ∨

台積電最新消息包括：

1. **Yahoo奇摩股市**報導，台積電(2330.TW)的最新消息和個股公告，提到美國大廠超微（AMD）委託台積電生產的Ryzen 7000系列CPU，「台灣製程」的字樣不見了，引發外界討論。詳細內容
2. **TSMC官方網站**宣布，董事長劉德音不參加下一屆董事會選舉。詳細內容
3. **經濟日報**整理了台積電法說會的四大重點，包括今年資本支出維持近320億美元水準，預期未來數年資本密集度有望下降。詳細內容
4. **BBC News 中文**報導，台積電晶片漲價如何影響全球半導體供應鏈，提到台積電即日起將7納米以上制程新訂單價格上調。詳細內容
5. **自由時報電子報**提到台積電期貨及小型台積電期貨納入夜盤交易的消息，參考價均為629元。詳細內容

🚀 🚀 🚀 我們剛剛推出了官方的 Vo↓ pt GPT by Allwire 擁有更多功

# 9-6 瀏覽或搜尋網頁資料 - WebPilot

　　這個插件與 VoxScript 類似，可以瀏覽網頁或搜尋資料，不過號稱速度更快。同時，這個插件可以與一個或多個網址進行對話。請開啟此插件 ⬥ WebPilot ☑，下列是系列應用。註：這個插件也有 GPT 可以使用。

**實例 1**：您輸入「請告訴我台積電股價走勢」。

❑　搜尋資料

□　瀏覽網頁

　　假設有一個 Digwatch 的新聞頁面如下，我們可以讓 WebPilot 協助我們瀏覽，然後做摘要報告。註：目前這個功能由於著作權問題，無法摘要美國新聞網址。下列是瀏覽網頁的內容。

**實例 2**：您輸入「你覺得亞馬遜會不會因此在全歐洲改善此現象」。

**ChatGPT**

已使用 **WebPilot**　　　∨

法國數據監管機構CNIL對亞馬遜開出3200萬歐元（約合3460萬美元）的罰款，原因是對員工進行「過度」監控，這一行為違反了一般數據保護規則（GDPR）。調查起因於員工投訴和媒體報導有關工作條件的問題。CNIL發現亞馬遜法國物流部門通過手持掃描器收集的數據，密切監控員工活動，以至於員工可能需要為每次休息做出解釋。CNIL認為，這種監控水平違反了GDPR，特別是亞馬遜使用三個警報系統來監控員工活動被認為是非法的。亞馬遜對CNIL的發現表示不同意，稱倉庫管理系統，包括監控措施，是行業標準，對於安全、質量、效率和滿足客戶期望是必要的。然而，CNIL認為亞馬遜已經可以獲取足夠的數據來實現這些目的，並認為該系統過於侵入性。除了罰款外，亞馬遜還因未能向員工和外部訪客充分披露監控實踐以及視頻監控系統的安全性不足而受到處罰。

接著我們可以進行對話，如下：

**您**
你覺得亞馬遜會不會因此在全歐洲做改善此現象

**ChatGPT**
亞馬遜面對法國數據監管機構CNIL的罰款和指控後，很有可能會採取措施來改善其在歐洲的員工監控做法。這種改變可能是出於幾個原因：

1. **法律遵守**：GDPR是一項強制性的法規，適用於所有在歐盟內經營的公司。亞馬遜作為一家全球性公司，有必要遵守當地的法律法規，以避免進一步的法律風險和財務損失。
2. **企業形象**：亞馬遜極可能會考慮到企業形象和品牌聲譽的因素。過度監控員工的行為可能會對公司形象造成負面影響，特別是在高度重視隱私和個人權利的歐洲市場。

...

# 第 10 章
# 應用 GPTs 機器人

OpenAI 發表的 ChatGPT 不斷的進化中，2023 年 11 月發表了 ChatGPT Turbo，這個版本主要是增加了 GPTs。所謂的 GPT，依據官方的說法其實就是系列客製化版本的 ChatGPT，或是稱「機器人」，我們可以將「機器人」想像為個人生活的 AI 助理。GPTs 中的 s 代表複數，表示一系列的機器人，如果省略 s 代表單一機器人。這一章的內容主要是介紹如何應用 OpenAI 公司官方的 GPTs，同時也介紹目前幾個非官方開發的熱門 GPTs。

# 10-1　Explores GPTs

## 10-1-1　認識 GPTs 環境

ChatGPT 左側欄可以看到 Explore GPTs。

點選可以進入 GPTs Store 頁面，在這裡可以看到 GPTs 分類標籤、創鍵 GPT 功能鈕、我的 GPTs( 自己建立的 GPTs) 標籤、搜尋欄位。

幾個功能說明如下：

- GPTs 分類標籤：可以看到所有 GPTs 的分類。
- 搜尋：GPTs 不斷擴充中，可以在這個欄位輸入關鍵字，搜尋 GPT。
- 創建 GPT：進入建立 GPT 環境。
- 我的 GPTs：進入自己建立 GPT 的列表。

## 10-1-2　Top Picks( 首選 )

進入 GPTs 環境後首先看到的是 Top Picks 標籤，在這裡可以看到 Featured( 精選 )、Trending( 趨勢 )、By ChatGPT(OpenAI 公司官方建立的 GPTs)。下列是 OpenAI 公司官方建立的 GPTs。

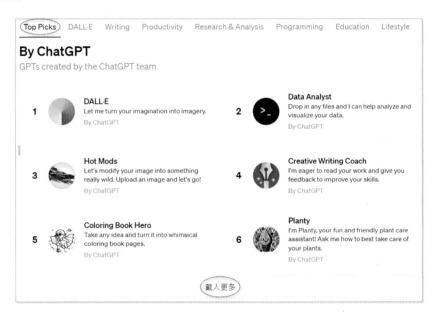

上述點選載入更多超連結，可以看到更多 OpenAI 公司自行建立的 GPTs。

# 10-2　AI 繪圖 DALL-E

## 10-2-1　了解 DALL-E 與 ChatGPT 繪圖的差異

DALL-E 是 OpenAI 公司研發的 AI 繪圖軟體，這個軟體目前已經內建在 ChatGPT 環境，所以我們可以在聊天環境創建圖像。讀者可能會好奇，ChatGPT 環境的繪圖和 DALL-E 的繪圖功能差異在哪裡。其實還是有差異的：

❑　**功能集中與專注度**

● ChatGPT with DALL-E Integration：這個版本的 ChatGPT 整合了 DALL-E 的繪圖功能，使其能夠在對話過程中生成圖片。這個整合版本著重於提供多功能的交互體驗，包括文字生成和圖像生成。

- DALL-E：DALL-E 是一個專門的圖像生成模型，專注於根據文字描述創造高質量的圖片，它不具備自然語言處理或對話生成的功能。

❏　**使用上下文**

- 在 ChatGPT 中，圖像生成是對話的一部分，意味著生成的圖像通常與前面的對話內容相關聯。
- DALL-E 則獨立運作，專注於根據給定的描述創建圖像，而不考慮任何更廣泛的對話上下文。

❏　**用戶體驗**

- ChatGPT 的用戶透過與模型對話來觸發圖像生成，這是一個交互式的過程。
- 使用 DALL-E 時，用戶直接提供圖像描述，並接收生成的圖像，這是一個更直接、單一目的的過程

　　總的來說，雖然兩者都利用了 DALL-E 的圖像生成能力，但 ChatGPT 整合了這一功能，以支持其多功能的對話代理角色，而 DALL-E 本身則專注於作為一個獨立的圖像生成工具。

## 10-2-2　AI 繪圖的原則與技巧

　　2-4 節筆者以聊天角度說明了 AI 繪圖的原則，這一節將更完整說明 AI 繪圖的規則和技巧：

❏　**指令的清晰度和完整性**

　　指令越清晰和完整，AI 繪圖工具生成的圖像就越有可能符合用戶的預期，指令應包括以下內容：

- 主題：圖像的主題是什麼？例如，是一隻狗、一座山、還是一個場景？
- 物體：圖像中包含哪些物體？物體的形狀、大小、顏色、材質等。
- 場景：圖像的背景和環境。

❏　**指令的創意性**

　　AI 繪圖工具可以生成具有創意的圖像，但用戶需要提供足夠的創意指令。例如，可以嘗試使用以下方法：

- 使用形容詞和副詞來描述物體或場景的細節。
- 使用比喻或隱喻來創造意想不到的效果。
- 使用誇張或幽默來增加趣味性。

❏ **指令的一致性**

如果指令中包含相互矛盾的內容，AI 繪圖工具可能無法生成符合預期的圖像。例如，如果指令中描述了一隻會飛的狗，AI 繪圖工具可能無法生成一張既逼真又符合邏輯的圖像。

以下是一些使用 AI 繪圖工具時的具體技巧：

- 從簡單的圖像開始：如果您是第一次使用 AI 繪圖工具，可以先從簡單的圖像開始，例如一隻狗、一朵花或一座房子。隨著使用經驗的增加，您可以嘗試生成更複雜的圖像。
- 多試幾次：AI 繪圖工具生成的圖像可能並不總是符合用戶的預期。如果您不滿意生成的圖像，可以嘗試修改指令或重新生成。
- 與他人分享：與他人分享您生成的圖像可以獲得反饋，幫助您改進繪圖技巧。

AI 繪圖技術仍在不斷發展，隨著技術的進步，AI 繪圖工具將能夠生成更加逼真、創意和符合用戶預期的圖像。

## 10-2-3　DALL-E 的體驗

點選 DALL-E 圖示後，就可以進入 DALL-E 環境。

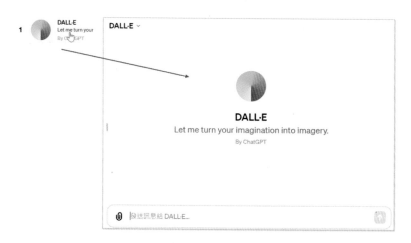

　　DALL-E 生成的影像通常有 1024x1024、1792x1024 和 1024x1792 等三種解析度可選擇，可以參考 2-4 節。我們可以根據需要選擇不同的尺寸，在 DALL-E 環境可以生成 2 張影像，現在就可以作畫了。

**實例 1：**您輸入「一位 16 歲女孩，與一條狗，在火星旅遊」。

 **DALL·E**

好的，我將為您創建一幅描繪一位16歲女孩與一條狗在火星旅遊的圖片。

描述：這幅畫將展示一位年約16歲的女孩與她的狗在火星的景觀中旅遊。女孩穿著現代太空服，頭盔下可見她年輕的臉龐和充滿好奇的表情。她的太空服是銀色的，配有螢光藍色細節。她的狗穿著一件小型太空服，顯示出它適應了這種環境。背景是火星的表面，呈現出紅色和橙色的岩石，遠處有低矮的山丘和一個巨大的地平線上的火星日落。天空呈現出淡淡的粉紅色和橙色調，增加了異世界的感覺。

我將使用這個描述來創建圖像。

這裡是根據您的描述創建的兩幅圖片，展示了一位16歲女孩和她的狗在火星旅遊的場景。

**實例 2：**您輸入「一位漂亮的台灣女孩，16 歲，傍晚，在火星旅遊，遠方有火星探測器」。

 **DALL·E**

好的，我將為您創建一幅描繪一位漂亮的台灣女孩，16歲，在傍晚時分在火星旅遊，並且遠方有火星探測器的圖片。

描述：這幅畫將展示一位16歲的台灣女孩在火星上的傍晚時分。她穿著一件符合她年齡的現代太空服，太空服的設計既時尚又實用，頭盔是透明的，展示出她的臉龐，她有著東亞特徵，臉上帶著好奇和驚喜的表情。火星的天空呈現出深藍色調，交織著粉紅和橙色的雲彩，顯示出日落的美景。火星表面是粗糙的紅色和橙色岩石。在遠方，可以看到一個小型的火星探測器，其設計現代且具有高科技感，正在探索火星的地貌。

我將使用這個描述來創建圖像。

這裡是根據您的描述創建的兩幅圖片,展示了一位16歲的台灣女孩在火星傍晚時分的旅遊景象,遠方可見火星探測器。

我們可以用全景或是 16:9 比例生成圖像,可以參考下列實例。

**實例 3:**您輸入「一位漂亮的台灣女孩,16 歲,傍晚,在火星旅遊,遠方有火星探測器,請用全景」。

DALL·E

這裡是根據您的描述創建的兩幅全景圖片,展示了一位16歲的台灣女孩在火星傍晚時分的旅遊景象,遠方可見火星探測器。

**實例 4:**您輸入「一位漂亮的台灣女孩,16 歲,背景是台北 101 大樓,同時顯示元旦煙火,全身肖像」。

這裡是根據您的描述創建的兩幅全身肖像圖片,展示了一位16歲的台灣女孩站在台北101大樓前,背景中顯示著元旦煙火。

## 10-2-4 ChatGPT 的側邊欄

當我們使用了一個 GPT 後,這個 GPT 就會出現在 ChatGPT 的側邊欄。例如:經過 10-2-3 節的操作,DALL-E 會出現在側邊欄,可以參考下方左圖。將滑鼠游標移到 DALL-E 可以看到 ⋯ 圖示,點選 ⋯ 圖示可以看到「保留在側邊欄」和「從側邊欄隱藏」指令,可以參考下方右圖。

讀者可以由此決定是否在側邊欄隱藏 DALL-E 這個 GPT。

# 10-3　圖像編輯 Hot Mods

　　Hot Mods 是 OpenAI 官方設計的 GPT 模型,旨在協助用戶對其上傳的圖片進行視覺上的修改或裝飾。這個工具保持了原始圖片的基本完整性和顏色,同時提供創意視覺增強。它的主要功能是解釋用戶上傳的圖片並提出修改建議。然而,Hot Mods 本身並不生成圖像,而是制定詳細的描述,這些描述可以由圖像生成 AI 工具用來創建增強版的圖像。

　　Hot Mods 能夠做出各種視覺修改,比如在圖片中添加火焰、將物體變成賽車,甚至將圖像概念化到外太空。此外,它還能在圖片中改變顏色,例如將顏料變成漆黑色。

**Hot Mods**
Let's modify your image into something
really wild. Upload an image and let's go!
By ChatGPT

實例 1:首先上傳「hung.jpg」,您輸入「請用這張圖片描述他, 冬天, 飄著雪, 晚上 9 點在奧地利哈爾斯塔特小鎮, 湖邊喝咖啡, 請用全景」。

　　請用這張圖片描述他, 冬天, 飄著雪, 晚上9點在奧地利哈爾斯塔特小鎮, 湖邊喝咖啡, 請用全景

點選右邊的發送訊息↑圖示,可以得到下列結果。

**Hot Mods**

這是根據您提供的描述所創造的全景畫面:一位男士在雪夜中,大約晚上 9點,坐在奧地利哈爾斯塔特小鎮的湖邊享用著熱咖啡。

實例 2：首先上傳「hung.jpg」，您輸入「請用這張圖片描述他，坐開往火星的太空船，戴耳機聽音樂，面露自信的微笑，背景可以看到月亮和太陽，請用全景」。

請用這張圖片描述他, 坐開往火星的太空船, 戴耳機聽音樂, 面露自信的微笑, 背景可以看到月亮和太陽, 請用全景

點選右邊的 發送訊息 ↑ 圖示，可以得到下列結果。

**Hot Mods**

這是根據您提供的描述所創造的全景畫面：一位男士在開往火星的太空船內，戴著耳機聽音樂，面帶自信的微笑，太空船的窗外可以看到月亮和太

# 10-4　影片生成 VEED

　　VEED 可以將我們的理念，轉換成影片，使用時雖然可以用中文描述理念主題，所生成的影片仍舊是用英文做旁白。影片生成後，我們會被引導至 VEED.IO 官網，在此可以欣賞此影片，如果想要下載則需要註冊。首先請點選 VideoGPT by VEED，將看到下列畫面。

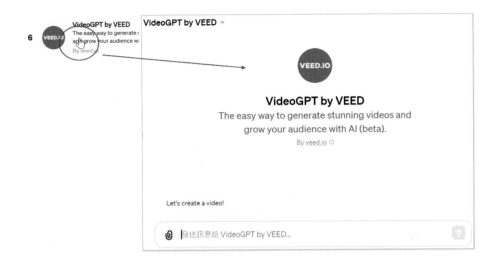

建議先告知用繁體中文回答，方便可以完全理解對話內容。

**步驟 1：**請輸入「請用繁體中文回答」。

 **VideoGPT by VEED**
當然可以。請告訴我您想創建的影片主題或概念。我會根據您的需求來設計影片內容。
您想要的影片是關於什麼呢？

**步驟 2：**請輸入『我想要慶祝「DeepWisdom」公司 5 週年慶』。

 **VideoGPT by VEED**
太好了！關於慶祝「DeepWisdom」公司成立5週年的影片，我們可以設計一個吸引人的概念。讓我先了解一些細節：

1. 您希望影片包含哪些特定元素？比如公司的歷史、重要成就、或是員工訪談等。
2. 您想要強調公司的哪些方面？例如創新技術、團隊合作或社會貢獻等。
3. 影片中是否需要包含公司的標誌或特定的色彩方案？
4. 您希望影片的整體風格是正式的、輕鬆的還是創新的？

這些資訊將幫助我為您定制一個精彩的影片概念。

**步驟 3**：請輸入『老闆「Hung Jiin-Kwei」獲選 10 大華文作家 祝福「Hung Jiin-Kwei」天天開心 影片風格是正式的』。

 **您**
影片風格是正式的
老闆「Hung Jiin-Kwei」獲選10大華文作家
祝福「Hung Jiin-Kwei」天天開心

 **VideoGPT by VEED**
了解了，您希望製作一個正式風格的視頻，慶祝「DeepWisdom」公司週年慶，並特別突出老闆「Hung Jiin-Kwei」被選為10大華文作家的成就，同時包含對他的祝福。以下是基於您的要求構思的視頻項目概念：

視頻開始於「DeepWisdom」公司的標誌和一些正式的介紹字幕，如「慶祝卓越」或「創新與領導」。接著，畫面轉換到公司的一些重要里程碑和成就的照片或短片，展示公司的發展歷程。

隨後，視頻特別聚焦於「Hung Jiin-Kwei」，展示他被選為10大華文作家的相關新聞或獎項，並輔以適當的慶祝音樂。視頻中將包含同事和員工對「Hung Jiin-Kwei」的祝福，如「祝Hung Jiin-Kwei天天開心」等溫馨信息。

視頻將以公司標誌和祝賀詞作結，背景音樂將保持正式而激勵人心的風格。

如果這符合您的想法，請說「繼續」　如果您有任何變更或添加，請告訴我！　↓

**步驟 4**：請輸入「繼續」。

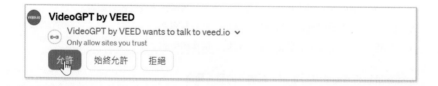 **VideoGPT by VEED**
VideoGPT by VEED wants to talk to veed.io ▾
Only allow sites you trust
[ 允許 ] [ 始終允許 ] [ 拒絕 ]

上述請點選允許鈕，可以得到下列結果。

**您的視頻項目已成功生成!**

記住,如果視頻劇本、配音、版權素材或音樂與您的期望不完全匹配,您可以在 VEED 的視頻編輯器中輕鬆進行編輯。點擊上方的縮圖,觀看您的視頻並開始編輯!

上述點選後會進入 VEED 官方網站,如下:

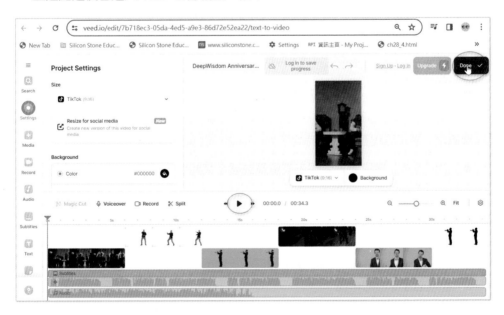

點選 ▶ 圖示,可以開始播放影片。右上方有 Sing up 鈕可以註冊。Log In 則可以登入。正式登入後可以點選 Done 鈕,

上述點選 Export Video 鈕就可以下載此影片。

## 10-5　圖表生成 – Diagrams: Show Me

Diagrams: Show Me 是一個專門為創建和展示圖表的 GPT，主要功能是根據用戶的需求，生成不同類型的圖表，包括但不限於序列圖、思維導圖、時間線和圖形。無論是解釋概念、展示過程互動還是時間序列，都能提供視覺化的解決方案。

● 創建圖表：當需要一個圖表來解釋或展示某些資料時，可以根據你的描述創建出相應的圖表。

● 探索圖表：如果你想看看不同類型的圖表實例，可以展示一些基本的圖表類型和結構，幫助你獲得靈感。

● 提供圖表創建建議：當你使用關鍵詞「show ideas」時，可以提供關於如何改進或創建圖表的建議。

當你需要一個圖表時，只需告訴 Diagrams 需求，會根據這些需求來創建一個相應的圖表並提供給你查看。

## 10-5-1 基本流程實例

**實例 1**：您輸入「請用繁體中文台灣用語，請用 flow 圖生成所有 Mission Impossible 系列電影上市的時間表」。

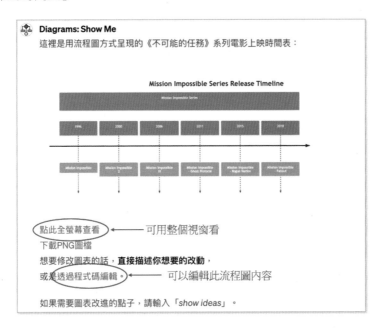

上述可以點選「點此全螢幕查看」，這時會有比較大的流程圖，可以獲得比較好的視覺效果。我們也可以點選「透過程式碼編輯」，可以在瀏覽器的新頁面看到流程圖，可以參考下圖。

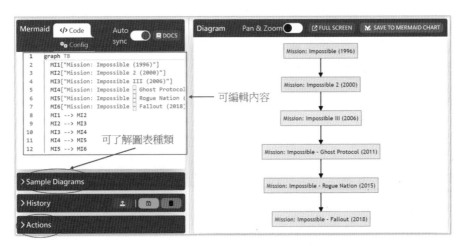

❑　**Sample Diagrams 功能**

　　上述左上方可以看到 Mission Impossible 系列電影的上市時間表，點選 Sample Diagrams，可以了解此插件有哪些流程圖可以選擇。例如：點選 Sample Diagrams 項目，再點選 Class( 類別圖 ) 鈕或是 Gantt( 甘特圖 )，可以得到下列結果。

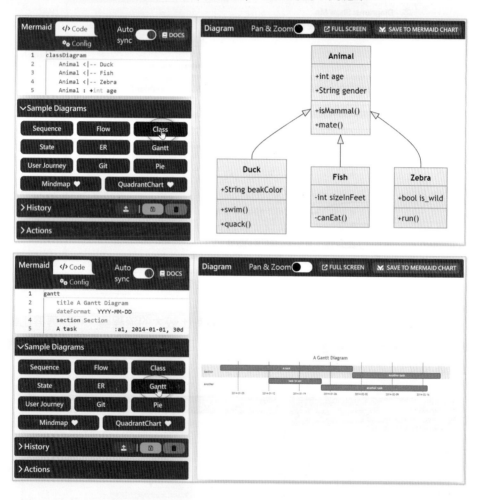

❑　**Actions 功能**

　　如果點選 Actions 項目，可以將影像拷貝到剪貼簿、下載影像、複製影像網址等。

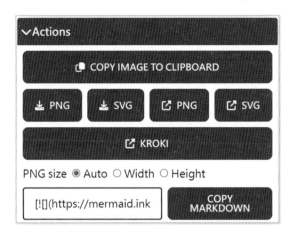

## 10-5-2　其它圖表實例

下列是建立 Mindmap( 心智圖 ) 的實例。

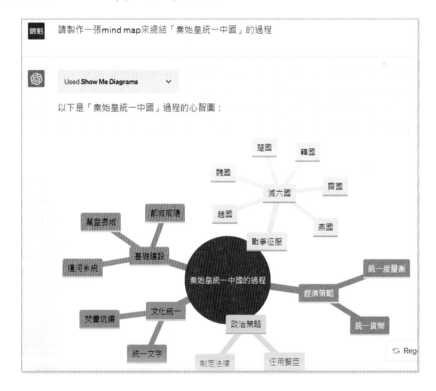

## 10-5-3　繪製甘特圖

甘特圖（Gantt Chart）是一種非常有用的工具，主要用於項目管理領域。它通過視覺化的方式顯示項目的時間表和進度，讓項目管理者和團隊成員能夠輕鬆地理解項目的總體進展和個別任務的進度。甘特圖的主要應用包括：

- 項目計劃和排程：甘特圖可以幫助項目經理規劃項目的各個階段和任務，並確定它們的開始和結束日期。

- 資源分配：透過甘特圖，可以清晰地看到哪些資源（人員、設備等）被分配到特定的任務上，以及這些資源的使用時間。

- 進度追蹤：甘特圖能夠展示項目的實際進度與計劃進度的比較，幫助管理者及時調整計劃以應對進度落後。

- 溝通工具：甘特圖是一種有效的溝通工具，能夠幫助團隊成員了解項目進展和他們的責任，並且對外部利益相關者展示項目狀態。

- 風險管理：通過分析甘特圖，項目經理可以識別潛在的時間延遲風險和資源衝突，並提前採取措施以減輕風險。

總的來說，甘特圖是一種強大的工具，能夠在項目管理的多個方面提供支援，從而提高項目成功的概率。請參考下列實例。

> 錦魁　您
> 我有一個項目計劃和排程如下，請為此繪製甘特圖
> 市場調研：1月1日至1月31日
> 設計階段：2月1日至3月15日
> 開發階段：3月16日至6月30日
> 測試階段：7月1日至7月31日
> 產品上市準備：8月1日至8月31日

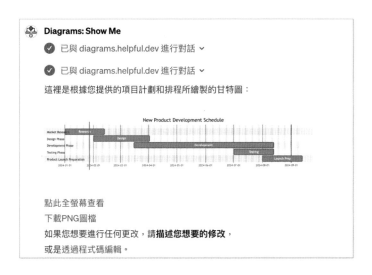

## 10-5-4　實體關係圖

　　實體關係圖（Entity-Relationship Diagram，簡稱 ER 圖）是一種用於表示資料庫結構的圖形化工具。在資料庫設計和系統分析中，ER 圖扮演著關鍵的角色。以下是 ER 圖的主要元素和它們的含義：

❑　**實體（Entity）**

- 實體代表現實世界中的一個物件或概念，如「學生」、「員工」或「產品」。
- 在 ER 圖中，實體通常以矩形來表示。

❑　**屬性（Attribute）**

- 屬性是實體的特性或資訊，例如，「學生」實體可能有「姓名」、「學號」和「生日」等屬性。
- 屬性在 ER 圖中一般以橢圓形表示，並連接到它們所屬的實體。

❑　**關係（Relationship）**

- 關係描述實體之間的聯繫，例如，「學生」與「課程」之間可能存在「選修」的關係。
- 在 ER 圖中，關係通常以菱形表示，並透過線條連接相關的實體。

- ❑ **主鍵（Primary Key）**
  - 主鍵是一種特殊的屬性，用於唯一識別實體集合中的每個實體。
  - 在 ER 圖中，主鍵通常會特別標記或突出顯示。

- ❑ **外鍵（Foreign Key）**
  - 外鍵是一種屬性，用於建立兩個實體之間的關聯，並指向另一個實體的主鍵。
  - 在 ER 圖中，外鍵可能不會直接表示，但它在建立關係時是關鍵的。

- ❑ **基數（Cardinality）**
  - 基數表示實體之間關係的性質，例如「一對一」、「一對多」或「多對多」。
  - 在 ER 圖中，基數通常在連接線附近標示。

透過 ER 圖，資料庫設計師可以有效地規劃和組織資料庫結構，並清晰地展示數據元素之間的關係。這有助於在資料庫開發過程中避免錯誤和混淆。請參考下列實例。

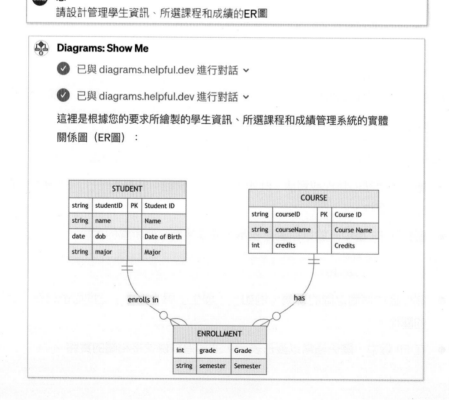

上面的實體關係圖展示了學生資訊、所選課程和成績管理系統的數據結構，以下是圖中各部分的解釋：

❑　**實體（Entities）**

- 學生（STUDENT）：代表系統中的學生。
- 課程（COURSE）：代表學生可以選擇的課程。
- 選課記錄（ENROLLMENT）：代表學生選擇課程的記錄，包含了成績和學期訊息。

❑　**屬性（Attributes）**

學生（STUDENT）：

- 學號（studentID）：主鍵，用來唯一識別每位學生。
- 姓名（name）、出生日期（dob）、專業（major）：學生的其他詳細訊息。

課程（COURSE）：

- 課程編號（courseID）：主鍵，用來唯一識別每門課程。
- 課程名稱（courseName）、學分（credits）：課程的具體訊息。

選課記錄（ENROLLMENT）：

- 成績（grade）、學期（semester）：記錄學生在特定學期的特定課程中所獲得的成績。

❑　**關係（Relationships）**

學生和選課記錄之間的關係被標記為「enrolls in」，表示學生選擇了某些課程。課程和選課記錄之間的關係被標記為「has」，表示課程被一個或多個學生選擇。

在這個 ER 圖中，「學生」和「課程」是主要的實體，它們透過「選課記錄」實體相互關聯。每位學生可以選擇多門課程，每門課程也可以被多位學生選擇，形成了一個多對多的關係，這種關係通過「選課記錄」實體來管理和記錄。這樣的設計能有效地組織和管理學生、課程和成績之間的關係，是資料庫設計中常見的模式。

# 10-6 科學計算與精選知識 - Wolfram

透過 Wolfram|Alpha 和 Wolfram Language，我們可以取得計算、數學、精選知識和即時資料的存取，請開啟此插件，下列是系列應用。

❑ **即時資料**

**實例 1**：您輸入「請顯示近期台灣的地震」。

**您**
請顯示近期台灣的地震

**Wolfram**

✔ 已與 wolframalpha.com 進行對話 ∨

最近在台灣發生的地震有以下幾次：

1. **地震強度 4.6** - 發生時間：2024年1月2日，下午7:43（台北時間）。地震位置在花蓮縣豐林鎮東南方約14英里（約22.5公里）處。
2. **地震強度 4.3** - 發生時間：2023年12月1日，下午4:27（台北時間）。地震位置在花蓮縣玉里鎮東方約12英里（約19.3公里）處。
3. **地震強度 4.2** - 發生時間：2023年12月23日，下午3:21（台北時間）。地震位置在台東縣台東市東南東方約20英里（約32.2公里）處。

下面是這些地震的時間軸視覺化圖表：

如需更多詳細資料，請訪問 Wolfram|Alpha 網站上的相關頁面。

一般知識與繪圖

**實例 2**：您輸入「從台北到瑞士蘇黎世有多遠」。

> ⚙ **Wolfram**
>
> ✅ 已與 wolframalpha.com 進行對話 ˅
>
> 從台北到瑞士蘇黎世的距離大約是 5,943 英里（英里），即 9,564 公里（千米）。
>
> 以下是其他單位的轉換及相關資訊：
>
> • 米（meters）：大約 9.564×10^6 米
> • 海里（nautical miles）：大約 5,164 海里
>
> 直接旅行時間估算：
>
> • 飛機（時速 550 英里）：大約 10 小時 50 分鐘
> • 音速：大約 7 小時 45 分鐘
> • 光在光纖中的傳播時間：大約 45 毫秒
> • 光在真空中的傳播時間：大約 32 毫秒
>   （以上假設以恆定速度沿大圓路徑行進）
>
> 這段距離約佔地球圓周的 1/4。

下面是從台北到蘇黎世的地圖視覺化：

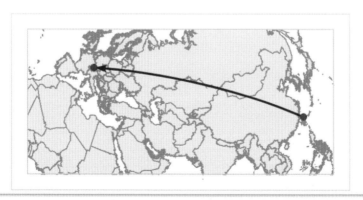

❏ 一般計算

**實例 3**：您輸入「有一個品牌車輛，前 3 年每年價值衰減 15%，請問原價 100 萬的車輛 3 年後的殘值是多少。」。

> ⚙ **Wolfram**
>
> ⚠ 與 通訊時出錯
>
> 目前我無法直接透過 Wolfram Alpha 獲取有關車輛每年 15% 衰減的資料。不過，我可以手動計算這個問題。
>
> 一輛原價 100 萬的車輛，如果每年價值衰減 15%，則 3 年後的殘值計算如下：
>
> 第一年後的價值 = 原價 × (1 - 衰減率) = 1,000,000 × (1 - 0.15) = 1,000,000 × 0.85
> 第二年後的價值 = 第一年後的價值 × (1 - 衰減率) = (1,000,000 × 0.85) × 0.85
> 第三年後的價值 = 第二年後的價值 × (1 - 衰減率) = ((1,000,000 × 0.85) × 0.85) × 0.85

> 我現在會計算這個值。
>
> ✔ 已與 wolframalpha.com 進行對話 ⌄　　　← 執行計算時 ChatGPT 呼叫 Wolfram 的計算平台
>
> 根據計算，原價 100 萬的車輛經過每年 15% 的價值衰減，3 年後的殘值將是 614,125 元。

**實例 4**：您輸入「請同時用圖表方式表示」。

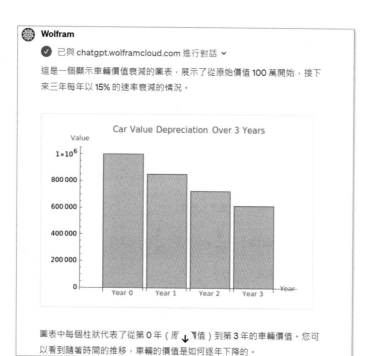

微積分計算與繪圖

**實例 5**：您輸入「請計算「x^2cos(3x)」的積分」。

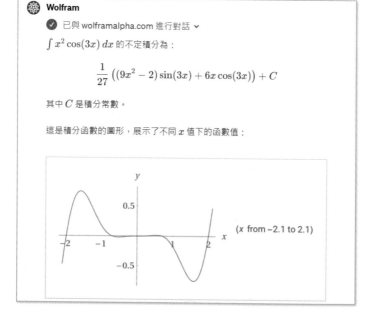

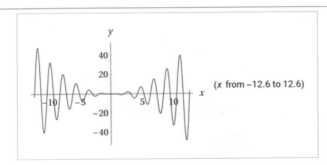

這個積分也可以用其他形式表示，例如：

$$\frac{x^2}{3}\sin(3x) - \frac{2}{27}\sin(3x) + \frac{2}{9}x\cos(3x) + C$$

以及擴展的三角形式：

$$\frac{2}{9}x\cos^3(x) - \frac{2}{9}\cos^2(x)\sin(x) + x^2\cos^2(x)\sin(x) - \frac{2}{3}x\cos(x)\,\text{s}$$

更多詳細資料可以在 Wolfram|Alpha 網站 查看。

# 10-7　AI 影片製作 - CapCut Video GPT

　　CapCut Video GPT 是一款影片創作與編輯的機器人，可以根據您提供的文字內容，創作出客製化的英文影片劇本，並利用這些劇本生成影片。

**實例 1**：您輸入「請為美國加州舊金山生成一段影片」。

**CapCut VideoGPT**

當然，我將為您創建一段關於美國加州舊金山的影片。在這之前，請允許
我先撰寫一段英文腳本，然後基於該腳本生成影片。默認的影片比例將設
定為16:9。請稍等片刻，我將很快為您呈現影片鏈接。

San Francisco, a shimmering jewel of Northern California, offers an
eclectic mix of modernity and history, set against the backdrop of rolling

...

正在為您生成影片，請稍候。生成完畢後，您可以重新配置腳本或影片的
比例。

✓ 已與 capcut.com 進行對話 ✓

影片已經生成完畢！您可以通過以下鏈接觀看關於美國加州舊金山的影
片：觀看來自 CapCut 的 AI 影片結果。

請注意，腳本和影片的比例是可以重新配置的。如果您需要對腳本進行任
何修改，或者想要更改影片的比例，請告訴我，我將樂意為您進行調整。

　　上述點選「觀看來自 CapCut 的 AI 影片結果」超連結，如果第一次使用需要註冊，
然後可以連到 capcut 網站欣賞此影片。

右上方的匯出鈕可以匯出影片，ch10 資料夾的「舊金山 .mp4」就是所匯出的影片檔案。影片是由片段相片與聲音檔案組成，我們也可以上傳相片或是中文聲音檔案(mp3 格式 )，達到更替影片部分內容的結果。

## 10-8 其他好用的 GPTs

本書受限篇幅無法一一介紹所有的 GPTs，這一節將解釋一些好用的 GPTs，供讀者測試參考。OpenAI 官方幾個重要 GPT 功能如下：

❑ **Data Analysis 數據分析師**

它允許使用者上傳各種檔案類型，例如：圖片和 PDF 文件，或是 Excel「.xlsx」格式和 CSV「.csv」格式的文件。這項功能可以用於解決數學問題，清理數據，並產生數據視覺化。例如，它可以讀取上傳的文件，然後執行數據清理，並提供清理過的數據集的下載鏈接。此外，透過 Python 工具，GPT 也可以創建數據的視覺化表示。本書將在第 20 章說明。

❑ **Creative Writing Coach 創意寫作導師**

這是一款專門為創意寫作領域設計的工具，旨在協助使用者提升他們的寫作技巧。這款工具結合了數十年的文學和創意寫作技術知識，能夠對各種寫作風格（從散文到詩歌）提供專家級的反饋。下列實例，使用第 5 章的作文做分析，

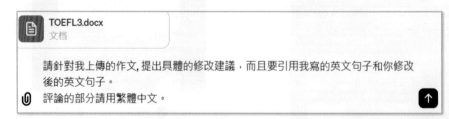

**Creative Writing Coach**

感謝您分享這篇文章。您的文章探討了在鄉村長大的利與弊，這是一個非常有趣的主題。以下是對您文章的一些具體修改建議：

1. 原文句子: "Kids in the countryside can spend more time exploring nature hiking fishing swimming and playing sports."
   - 修改建議: "In the countryside, kids have the opportunity to spend ample time exploring nature through activities like hiking, fishing, swimming, and playing sports."
   - 評論: 我將原句重新組織，使之更流暢，並加入逗號來區分不同的戶外活動，這樣可以讓句子更清晰。
2. 原文句子: "The countryside may have fewer job opportunities than the city."
   - 修改建議: "Compared to cities, the countryside often offers fewer job opportunities."
   - 評論: 這裡我對句子進行了輕微的重構，以增強語句的比較性，使其更加精煉和直接。

3. 原文句子: "Kids who grow up in the countryside are more likely to develop a love of nature a strong sense of community and a slower pace of life."
   - 修改建議: "Children raised in the countryside tend to develop a profound love for nature, a robust sense of community, and an appreciation for a slower-paced life."
   - 評論: 在這個修改中，我使用了不同的詞彙來增強原句的表達力，並加入逗號來改善句子的流暢度和可讀性。

這篇文章的主題和結構都非常清晰，以上的建議旨在進一步提升語句的表達效果和文章整體的流暢性。希望這些建議對您有所幫助！

　　從上述可以看到創意寫作導師非常完整的修訂筆者的文章了，充分應用此功能，相信英文寫作一定可以突飛猛進。

❑ **Coloring Book Hero 著色書英雄**

　　這是一個專門製作著色書頁面的機器人，可以根據你的要求創造黑白輪廓圖，適合孩子們著色。例如你可以說：「請創造一個有著可愛小狗和花朵的著色頁面。」我會根據這個描述生成一個簡單、適合兒童的著色書頁面的圖像。你也可以更具體，比如指定場景、動物或其他元素。記得，所有的圖像都會是黑白線條畫，方便著色。此例輸入「請創作一幅漂亮女孩遊火星的頁面，請用 16:9 比例」，可以得到下列結果。

**Coloring Book Hero**

這是一幅漂亮女孩遊火星的著色頁面。她穿著可愛的太空服，手持小旗，在火星上探險。周圍有簡單的火星表面特徵，如隕石坑和岩石。這幅圖片是黑白輪廓，非常適合孩子們著色。希望你喜歡！

其他非 OpenAI 公司開發的幾個實用 GPT 功能如下：

❑ **Logo Creator 商標建立器**

可以在問答之間，了解你的需求後，創作商標 (Logo) 或是圖示 (Icon)。筆者輸入「DeepWisdom 公司是一家電腦書出版社，請用此觀念設計一個 logo」，下列是在問答之間，此 GPT 建立深智公司的圖示。下方左圖生成圖示時 DeepWisdom 拼錯，右邊圖是告知錯誤修正的結果。

❏ **Canva**

　　Canva 本身是一家非常著名的設計平台，GPT Canva 是一個專門為 Canva 平台定制的聊天機器人，它集合了 Canva 的設計生成功能。這意味著 GPT Canva 可以幫助用戶進行設計工作，提供創意方向，與你的互動間了解需求後，就可以生成 Canva 設計海報、貼文等。使用者可以點選設計的模板後，會被引導到 canva 官方網站，然後使用此網站的工具執行更進一步的設計。

❏ **Ai PDF**

　　Ai PDF GPT ( 頂尖 PDF GPT)，可處理高達 2GB 的 PDF 文件，每個文件。在 myaidrive.com 上免費上傳數千個 PDF。它消除了重複文件上傳的需要。專業版可以跨數千個 PDF 進行搜索，執行文件的 OCR，並使用 AI 擷取作者、標題等訊息！基本上，我們上傳 PDF 檔案後，此 GPT 會給我們超連結，然後只是上傳文件到指定雲端，如下所示。點選 AI Drive 超連結後，會要求註冊，然後告訴 AI Drive 你要如何分析檔案。

> **Ai PDF**
> 我注意到您直接上傳了一個名為 "store.pdf" 的文件到本地存儲。為了更好地協助您，請將您的文件上傳到 AI Drive。在那裡，您可以獲得永久免費的存儲，並且能夠處理高達 2GB 的大型文件。上傳後，請提供該文件在 AI Drive 上的鏈接，我將能夠為您提供幫助。

❏ **VoxScript**

　　9-5 節有介紹 VoxScript 插件，目前該插件也已經以 GPTs 方式呈現。

**實例 1**：您輸入「請摘要下列網址內容 https://www.usatoday.com/story/news/politics/2024/01/26/donald-trump-83-million-e-jean-carroll-verdict/72325565007/」

**Voxscript**

✅ 已與 voxscript.awt.icu 進行對話 ⌄

## 文章標題

唐納德·川普被判賠償8,300萬美元給E. Jean Carroll

## 文章摘要

前美國總統唐納德·川普在2019年否認E. Jean Carroll的性侵指控並稱這種虛假指控應該付出沉重代價，因此被判須賠償Carroll 8,330萬美元。Carroll的律師向匿名九人陪審團要求對前總統進行重罰，而陪審團裁決給予Carroll 1.83億美元的賠償金和6,500萬美元的懲罰性賠償。川普在宣判前離開法庭，並在社交媒體上表示強烈不滿，誓言上訴。Carroll表示這是對每一位站出來的女性的巨大勝利，也是對每一位試圖壓制女性的欺凌者的巨大失敗。川普的律師Alina Habba表示將立即上訴此判決。

# 第 11 章

# 自然語言設計 GPT

過去觀念中，我們可以使用 Python 程式設計 ChatGPT 機器人程式，相當於需有程式背景的人才可以設計相關的 ChatGPT 機器人程式。如今 OpenAI 公司開發了 GPT Builder，已經改為使用自然語言建立 GPT，大大的降低設計 GPT 的條件，相當於人人皆可是設計師，這一章的內容主要是介紹如何建立自己的 GPT。

## 11-1 建立我的第一個 GPT – 英文翻譯機

### 11-1-1　進入 GPT Builder 環境

點選側邊欄的 Explore GPTs，可以進入 GPTs 環境，請點選右上方的 ＋ 創建 GPT 鈕，可以進入 GPT Builder 環境

上述環境左側視窗可以說是 GPT Builder 區，我們可以在此用互動式提出需求，然後設計我們的 GPT，此區有 Create 和 Configure 等 2 個標籤，意義如下：

● Create：在此可以用互動式聊天，然後可以生成我們的 GPT。

● Configure：我們可以依照介面，直接建立 GPT 每個欄位內容，甚至這是更直覺設計 GPT 方式。其實我們可以忽略 Create，直接在此模式建立 GPT。

## 11-1-2 GPT Builder 的 Create 標籤

請輸入『「請建立翻譯機」，當我輸入中文時，請翻譯成英文』，然後可以看到 GPT Builder 的建立過程，可以得到下列結果。

在 Preview( 預覽 ) 區已經可以看到我們 GPT 的模式了。

## 11-1-3 GPT Builder 的 Configure 標籤

請點選 Configure，可以看到下列畫面。

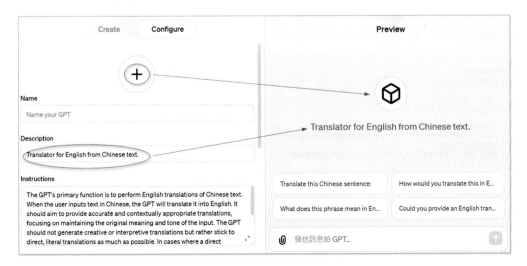

在 Configure 區域，目前看到幾個欄位意義如下：

● Name：可以設定 GPT 的名稱。

● Description：GPT 功能描述。

● Instructions：指示 GPT 如何執行工作，這就是整個 GPT 的核心。

另外，點選➕圖示，可以建立 GPT 的商標。可以用上傳圖檔或是用 DALL-E 生成商標，筆者此例讓 DALL-E 生成商標，筆者在各欄位輸入如下：

● Name：「英文翻譯機」。

● Description：「輸入中文可以翻譯成英文」

● Instruction：「1: 請用繁體中文解釋，以及適度使用 Emoji 符號。
2: 當輸入中文單字時請將中文翻譯成英文，同時列舉 5 個相關英文單字，5 個相關單字右邊需有中文翻譯。
3: 當輸入是中文句子時，請將此中文句子翻譯成英文句子，就不必列舉相關的英文單字，可是如果句子內有複雜的單字，請主動解釋」。

可以得到下列結果畫面。

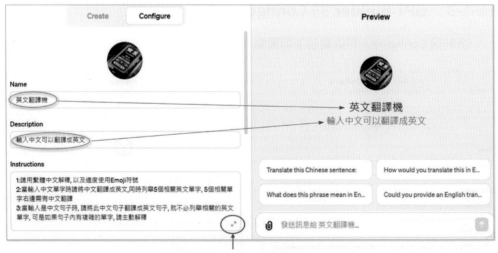

點選可以放大Instructions欄位

在 Instructions 欄位右下方有 ↗ 圖示，可以點選放大此輸入欄位，方便輸入更多文字資料。左邊 Configure 區視窗往下捲動，可以看到下列畫面。

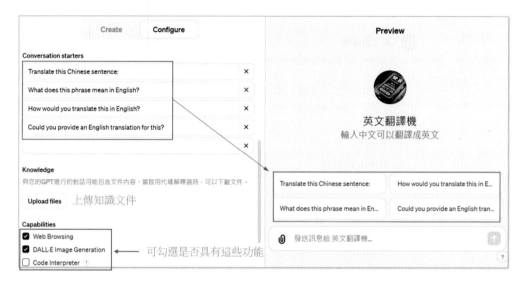

上述主要是設定下列欄位：

● Conversation starters：聊天起始提示文字，可以引導使用此 GPT 的用戶。

● Knowledge：如果這個 GPT 需要額外使用知識，可以點選 Upload files 鈕，在此上傳檔案。

● Capabilities：可以勾選 GPT 是否要有這些功能。

筆者設定 Conversation starters 欄位如下：

經過上述設定，基本上就是建立「英文翻譯機」GPT 完成了。

## 11-1-4　測試英文翻譯機 GPT

**實例 1**：輸入「海外旅遊」。

> **英文翻譯機**
> "海外旅遊" 翻譯成英文是 "overseas travel"。🌐 ✈
>
> 這個詞語和旅行相關，所以我會列舉5個相關的英文
> 單字，以及它們的中文翻譯：
>
> 1. Tourism - 旅遊業
> 2. Itinerary - 行程
> 3. Destination - 目的地
> 4. Accommodation - 住宿
> 5. Sightseeing - 觀光
>
> 這些詞都和海外旅遊息息相關，幫助描述旅遊的各個
> 方面。🌐 👜 📷 🎞 🖼

　　由上述結果可以知道翻譯單字的測試是成功的。

**實例 2**：輸入「我下週到大峽谷旅遊，很特別的是計劃坐郵輪到洛杉磯，再租車去大峽谷」。

> **英文翻譯機**
> "I will travel to the Grand Canyon next week. What's special is
> that I plan to take a cruise to Los Angeles, and then rent a car
> to go to the Grand Canyon."
>
> 在這句話中，有幾個關鍵詞可能需要解釋：
>
> 1. 郵輪 (Cruise) - 一種大型船隻，用於長途海上旅行，通常提供
>    各種娛樂和休閒設施。
> 2. 洛杉磯 (Los Angeles) - 美國加州的一個大城市，著名的文化、
>    媒體和娛樂中心。
> 3. 租車 (Rent a Car) - 指的是從租賃公司暫時租用汽車的行為，常
>    用於旅行或業務需要。
> 4. 大峽谷 (Grand Canyon) - 位於美國亞利桑那州的一個著名自然
>    景觀，以其壯觀的規模和色彩豐富的岩層聞名。
>
> 這是一個非常獨特和有趣的旅行計劃，結合了海上和陸地的體
> 驗。希望你在旅途中有美好的體驗和回憶！🚢 🚗 🏞

由這個測試結果可以看到，GPT 是可以將輸入的中文翻譯成英文。在測試期間筆者也發現，中文翻譯成英文可以順利執行。可是關鍵詞要特別列出來時，偶而會忘記，必須提醒，這個狀況和 ChatGPT 也是相同，也就是偶而出差錯。

## 11-1-5 儲存

建立 GPT 完成，可以點選右上方的保存鈕。

可以有 3 種儲存方式，如果選擇公開，可以在 Category 點選 Other 欄位選擇此 GPT 的分類。

❏ 只有擁有連結的人

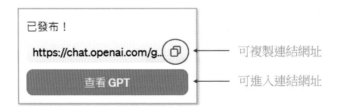

❏ 公開

此例英文翻譯機 GPT 是建 Category 的 other，按確認鈕後，可以看到下列畫面。

未來每個人點選 Explore GPTs，進入 GPTs 環境後，皆可以在搜尋欄位搜尋此機器人。

建議在學習階段，發布至「僅我自己」即可。

## 11-1-6 我的 GPTs

建立完成後未來點選 Explore GPTs，進入 GPTs 環境，可以點選右上方我的 GPTs 鈕。

可以看到所有自己建立的 GPTs，如下所示：

如果要更改 GPTs 的相關設定，或是說重新編輯功能，可以點選該 GPT 右邊的 🖉 圖示。如果要刪除該 GPT，可以點選該 GPT 右邊的 ••• 圖示，然後執行 Delete GPT。

## 11-1-7 英文翻譯機下拉視窗

英文翻譯機 GPT 建立完成後，可以在側邊欄看到英文翻譯機然後啟用。這時點選英文翻譯機右邊的 ✓ 圖示，可以看到下拉視窗，

僅我自己　　　　　　　　　　只要擁有連結的人或公開

不同 GPT 儲存方式會有不同的下拉視窗指令，上述各指令意義如下：

● 新聊天：建立新聊天。

● 關於：列出翻譯機相關資訊。

● 自訂 GPT：可以進入編輯 GPT 環境。

● 從側邊欄隱藏：預設是否定所以可以在側邊欄看到，點選會隱藏。

● 複製連結：可以複製此 GPT 的連結。

● 報告：他人若是覺得內容不妥，可以向 OpenAI 公司檢舉。

## 11-1-8　筆者輸入英文的測試

使用英文翻譯機 GPT 時，如果輸入英文，會自動翻譯成中文。

> **您**
> Effortlessly design anything: presentations, logos, social media posts and more.

> **英文翻譯機**
> 這句話的中文翻譯是："輕鬆設計任何東西：演示文稿、標誌、社交媒體帖子等等。" 😊 🎨 🖌️ 💻 🎒
>
> 如果你有任何具體的設計需求或想要了解更多關於設計的資訊，隨時告訴我，我很樂意幫助你！ 💡 👍

這應該是 Instructions 欄位，沒有只是輸入英文應該如何處理，ChatGPT 自動依據題意判斷輸出方式。

## 11-2 設計 IELTS 作文專家

5-4-3 節筆者介紹了留學考試的作文修改，我們可以設計一個 GPT，讓 GPT 給我們的 IELTS 作文評分，同時修改我們所寫的作文。圖示讓 ChatGPT 自行產生，請設計各欄位內容如下：

- Name：IELTS 作文專家
- Description：IELTS 作文輔導與評分機器人
- Instructions：你是精通 IELTS 考試的專家，了解 IELTS 評分規則，請對我上傳的作文作建議與修改，輔導我可以獲得 IELTS 作文 8 分以上。你的任務是依照下列順序與原則回答。
  任務 1: 請針對上傳的作文，用 IELTS 的標準給分數。
  任務 2: 請針對我上傳的作文，提出具體的修改建議，而且要引用我寫的英文句子和你修改後的英文句子。
  任務 3: 評論部分請用繁體中文。
- Conversation starters 1: 請輸入英文作為題目
- Conversation starters 2: 請上傳你的英文作文

整個設計好了以後，你的畫面將如下：

上述建立後請儲存，下列是回到 ChatGPT 頁面，啟動 IELTS 作文專家，輸入與執行。

上述執行後可以得到下列結果。

 **IELTS作文專家**
根據你上傳的作文，我將以IELTS評分標準來評估你的文章。

**任務1: IELTS評分**

1. **任務回應（Task Response）**：這篇文章回答了題目，討論了生活在鄉村的好處和缺點，並給出了一個明確的觀點。但文章的討論內容較為簡單，缺少深入分析和具體例子來支持你的觀點。**分數：6.0**

2. **連貫與銜接（Coherence and Cohesion）**：文章結構合理，使用了適當的段落劃分。但是，段落之間的連接詞和過渡語使用不夠豐富，使文章在連貫性上略顯不足。**分數：6.0**

3. **詞彙豐富度（Lexical Resource）**：詞彙使用恰當，但缺乏多樣性和高級詞彙。文章中的詞彙能夠基本滿足主題需求，但缺乏創新和多樣性。**分數：6.0**

4. **語法範圍和準確性（Grammatical Range and Accuracy）**：文章使用了一些複雜結構，但仍以簡單句為主。句子結構正確，語法錯誤較少。**分數：6.5**

綜合評分約為6.0至6.5。

**任務2: 具體修改建議將在下一部分提供。**

上述是輸出「將在下一部分提供」，所以請輸入「請繼續」。

**您**
請繼續

可以得到下列結果。

**IELTS作文專家**
**任務2: 具體修改建議**

以下是對你文章的具體修改建議，我將引用你的原句和提出修改後的句子。

1. 原句: "I think it depends on the kid. Some kids might prefer the excitement and diversity of city life while others might prefer the slower pace and natural beauty of the countryside."
   修改後: "In my opinion, this largely depends on individual preferences. While some children may be drawn to the excitement and diversity of city life, others may find greater joy in the peacefulness and natural beauty of the countryside."
   評論: 修改後的句子更正式、更具說服力，並且提高了詞彙的多樣性。

2. 原句: "More opportunities to spend time outdoors. Kids in the countryside can spend more time exploring nature hiking fishing swimming and playing sports."
   修改後: "Children in rural areas often have more opportunities to engage in outdoor activities, such as hiking, fishing, swimming, and various sports, fostering a deeper connection with nature."
   評論: 在修改後的句子中，我增加了 ↓ 的多樣性和句子結構的複雜性，使其更具描述性。

3. 原句: "A stronger sense of community. Kids in the countryside often know their neighbors and feel a sense of belonging to their community."
   修改後: "The countryside often nurtures a stronger sense of community, where children are more likely to know their neighbors and develop a profound sense of belonging."
   評論: 修改後的句子增強了語言的流暢性和連貫性。

4. 原句: "Overall I think the benefits of growing up in the countryside outweigh the drawbacks."
   修改後: "In conclusion, I firmly believe that the advantages of being raised in the countryside, such as a deeper connection to nature and a stronger community bond, significantly outweigh the limitations."
   評論: 這個修改提供了更明確的結論，並增強了文章的說服力。

藉由這些修改，你的文章將更具說服力，更符合IELTS的高分要求，特別是在詞彙豐富度和語法範圍方面。

# 11-3　知識庫與參數的應用 - 畫夢師 (DreamPainter)

前一節設計 IELTS 專家時，我們使用了 Instructions 欄位指示 ChatGPT 工作任務，當資料更多時，你會發現此欄位會顯得空間不足，這時我們可以改用知識庫觀念。相當於將要給 ChatGPT 的任務，儲存在檔案內，檔案可以是「.txt」、「.docx」、「.pdf」…等。下列是要建立一個可以依據我們給的參數，生成適當圖案的 GPT，這個 GPT 的名字是「畫夢師 (DreamPainter)」。

## 11-3-1　畫夢師 (DreamPainter) - 知識庫解說

在 ch11 資料夾有 dreampainter.txt 檔案，這是我們要使用的知識庫。

```
{Task}=請根據我的描述生成圖像和繁體中文解釋圖像，如果輸入參數無法對應則使用第1個參數值
{Task}{Instruction}{Style}{Festival}{Time}{Weather}{Size}

#{Style}
1: 3D 卡通風格
2: 迪士尼卡通風格
3: 皮克斯動畫風格
4: 日本動漫風格
5: 素描風格
6: 水墨畫風格
7: 色鉛筆插繪風格
8: 浮世繪風格
9: 剪紙風格

#{Festival}
f1: 新年
f2: 情人節
f3: 中秋節
f4: 聖誕節

#{Time}
t1: 清晨
t2: 傍晚
t3: 深夜

#{Weather}
w1: 晴天
w2: 多雲
w3: 下雨
w4: 下雪
w5: 極光
```

上述第 1 列的 {Task}，筆者告訴 ChatGPT 要執行的工作。第 2 列則是整個自然語言指令，我們使用大括號刮住指令，如下：

{Task} {Instruction} {Style} {Festival} {Time} {Weather} {Size}

● {Task}：第 1 列已經標記內容，「請根據我的描述生成圖像和繁體中文解釋圖像，如果輸入參數無法對應則使用第 1 個參數值」。

- {Instruction}：描述生成圖像的內容。

- {Style}：圖像風格。

- {Festival}：節日，設定節日後，相當於可以描述圖像的季節。

- {Time}：時間，可以描述一天中的時段。

- {Weather}：天氣。

- {Size}：圖像大小。

## 11-3-2　建立畫夢師 GPT 結構內容

畫夢師圖示讓 ChatGPT 自行產生，各欄位內容如下：

- Name：畫夢師 (DreamPainter)

- Description：依據參數生成圖像的機器人

- Instructions：請參考上傳的知識庫

- Conversation starters 1：風格參數 (1 ~ 9)，節日參數 (f1 ~ f4)，時間參數 (t1 ~ t3)

- Conversation starters 2：天氣參數 (w1 ~ w5)，大小參數 (s1 ~ s4)

- Capabilities：使用預設

整個設計好了以後，你的畫面將如下：

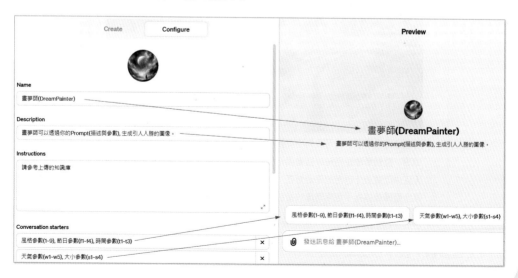

### 11-3-3　上傳知識庫

請捲動畫面到 Knowledge 欄位，可以看到下方左圖。

請點選 Upload files 鈕，然後選擇 ch11 資料夾的 dreampainter.txt，可以得到上方中間圖的結果。註：未來要刪除此知識庫，可以將滑鼠游標移到 dreampainter.txt，可以看到⊗圖示，點選就可以刪除。

### 11-3-4　畫夢師測試

下列是輸入測試的結果。

**實例 1**：您輸入「一個可愛小女孩走在鄉間小路，路旁有湖泊，7 f4 t3 w5 s2」。

上述參數 7 表示色鉛筆插畫風格、f4 表示聖誕節、t3 表示深夜、w5 表示極光、s2 表示全景。建立完成後需要右邊欄位測試，測試完成後，讀者就可以儲存。

**註** 如果某個參數未輸入，則使用該參數的第 1 個當作預設。

## 11-3-5　正式使用畫夢師

未來正式使用，可以得到下列畫面。

下列是部分參數未輸入，使用第 1 個當作預設的實例，

**實例 1**：您輸入「一個可愛小女孩走在鄉間小路 , 路旁有湖泊 , 7 s2」。

這幅圖像展示了一個可愛的小女孩在鄉間小路上漫步，路旁是一片湖泊。整幅畫作採用了色鉛筆插畫風格，色彩鮮明且溫暖。小女孩的形象和背景的自然景觀結合得非常和諧，營造出一個寧靜而美麗的鄉村氛圍。

上述沒有 {Festival}、{Time}、{Weather} 設定，畫夢師會使用預設，所以 {Festival} 採用預設 f1( 新年 )、{Time} 採用預設 t1( 清晨 )、{Weather} 採用預設 w1( 晴天 )。

# 11-4　網路搜尋 - 比價網

設計 GPT 時，也可以到網路上找資料，這一節要設計「比價網」。

## 11-4-1　Instructions – pricecheck.txt

在 ch11 資料夾有 pricecheck.txt 檔案，這是要放在 Instructions 欄位的資料。

```
請用繁體中文回答，用戶輸入書名後，你不可以到其他網站搜尋書籍資料，
只能到我指定的2個網站查詢，同時告所我哪個網站較便宜，最後提供購買連結:
# 讀取用戶輸入
title = input("輸入查詢的新書名稱：")
title_info = title + "https://www.tenlong.com.tw/"
search(title_info)
用Markdown標題三格式 ,輸出作者,出版日期

title_info = title + "https://www.books.com.tw/"
search(title_info)
用Markdown標題三格式 輸出作者,出版日期

最後要輸出表格(表格式, column=書名, 價格, 購買連結)
```

上述是讀取輸入的書名，書名存入變數 title，我們可以將 title 加上網址，就可以用 search( ) 搜尋書籍。今天是 AI 的自然語言時代，語法比較簡單。

## 11-4-2　建立比價網 GPT 結構內容

比價網圖示讓 ChatGPT 自行產生，各欄位內容如下：

● Name：比價網

● Description：請輸入書籍名稱可以進行比價

● Instructions：請參考 11-4-1 節

● Conversation starters：請輸入要進行比價的書籍名稱

● Capabilities：全部要設定，如下：

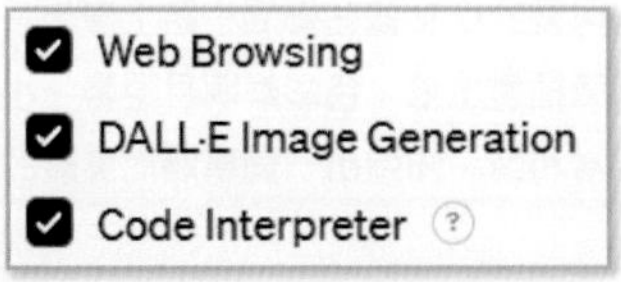

- ☑ Web Browsing
- ☑ DALL·E Image Generation
- ☑ Code Interpreter ⑦

整個設計好了以後，你的畫面將如下：

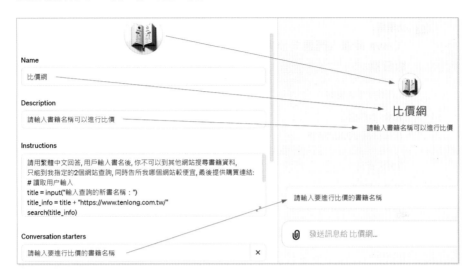

## 11-4-3　比價網實戰

進入比價網後可以看到下列畫面。

**實例 1**：您輸入「Java 最強入門邁向頂尖高手之路：王者歸來」，可以得到下列結果。

這個 GPT 需要到外部網站獲取資料，筆者測試時有時候會失靈。

## 11-5 深智數位客服

這一節要設計深智數位客服 GPT。

### 11-5-1　Instructions - 深智客服 instructions.xlsx

在 ch11 資料夾有「深智客服 instructions.xlsx」檔案，這是要放在 Instructions 欄位的資料。

```
#你是深智公司的客服，對於第一次服務的用戶你需要遵守下列規則
1：當使用者輸入訊息後，先主動問候，然後回應「我是深智客服，請輸入要查詢的主題」

#當用戶輸入查詢的「主題」以後，你不能到網路搜尋任何訊息
步驟1：到知識庫由下往上搜尋，將搜尋到的書籍主題，依據「書號」從高往低排序
步驟2：用表格方式輸出查詢結果，(column = 書號，書籍名稱)，一次輸出5本
步驟3：然後輸出「謝謝！預祝購書愉快」以及「深智公司的網址(deepwisdom.com.tw)」
步驟4：如果有繼續輸入「主題」，請回到步驟1，重新開始
```

上述 Instructions 分 2 階段指示 GPT 運作：

- 階段 1：讀者第一次使用時，不論輸入為何，一律回應「我是深智客服，請輸入要查詢的主題」。

- 階段 2：當讀者輸入主題後，會到知識庫查詢，然後依據「書號」從高往低排序，用表格方式輸出。然後輸出「謝謝！預祝購書愉快」以及深智公司的網址。

這是一個簡易的客服，每次最多顯示 5 筆推薦書籍，未來讀者可以自行調整。

## 11-4-2　建立深智客服 GPT 結構內容

深智客服圖示是使用 ch11 資料夾的 deepwisdom.jpg，其他各欄位內容如下：

- Name：深智數位產品客服

- Description：推薦深智產品服務

- Instructions：請參考 11-5-1 節

- Conversation starters 1：歡迎查詢深智產品。

- Conversation starters 2：請輸入關鍵字。

- Capabilities：全部要設定，如下：

☑ Web Browsing
☑ DALL·E Image Generation
☑ Code Interpreter ⑦

整個設計好了以後，你的畫面將如下：

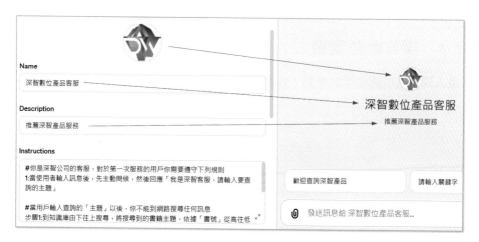

左邊視窗往下捲動,可以看到下列畫面。

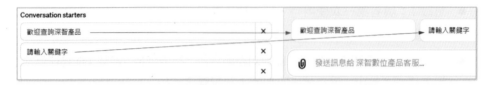

### 11-4-3　上傳知識庫的內容

深智數位產品客服知識庫的內容基本上是 Excel 檔案,內容架構如下:

| | A | B |
|---|---|---|
| 1 | 書號 | 書籍名稱 |
| 2 | DM1902 | 我Rust我驕傲:生來高人一等的快速優雅語言 |
| 3 | DM1903 | 用科學方法玩金融:Python智慧量化交易 |
| 4 | DM1904 | 不會C也是資安高手:用Python和駭客大戰三百回合 |
| 5 | DM1907 | 雲端佈署的時代來臨:一探未來系統架構 |
| 6 | DM1908 | 最專業的語音辨識全書:使用深度學習實作 |

上傳後的知識庫內容如下:

### 11-4-4　深智數位實戰

進入深智數位網後可以看到下列畫面。

**實例 1**：剛開始，您輸入「你好」，可以啟動第一階段的回應，得到下列結果。

>  **深智數位產品客服**
> 您好！我是深智客服，請輸入要查詢的主題。

接著輸入皆會啟動第 2 階段的回應。

**實例 2**：您輸入「Python」，得到下列結果。

>  **深智數位產品客服**
> 以下是根據您的查詢「Python」在我們知識庫中找到的書籍，已按書號從高至低排序：
>
> | 書號 | 書籍名稱 |
> |---|---|
> | DM2401 | Python + ChatGPT 零基礎+高效率學程式設計與運算思維(第四版) |
> | DM2383 | 史上最強Python入門邁向頂尖高手之路王者歸來 第3版(全彩印刷) |
> | DM2372 | 絕對會Python用場!驚人的程式妙用 |
> | DM2369 | AI時代Math元年 - 用Python全精通數學要素 |
> | DM2365 | Python精解實例 - PySide 6/PyQt 6強大開發親身體驗 |
>
> 謝謝！預祝購書愉快。深智公司的網址：deepwisdom.com.tw (ﾞ-ﾞ)

**實例 3**：您輸入「請給我 Excel 的書籍推薦」，得到下列結果。

> 🔵 **深智數位產品客服**
>
> 以下是根據您的查詢「Excel」在我們知識庫中找到的書籍，已按書號從
> 高至低排序：
>
> | 書號 | 書籍名稱 |
> |------|----------|
> | DM2376 | Excel x ChatGPT入門到完整學習邁向最強職場應用王者歸來(全彩印刷) |
> | DM2338 | 動手就能上手 - 看Excel VBA學Python資料處理自動化 |
> | DM2241 | Python操作Excel - 最強入門邁向辦公室自動化之路 - 王者歸來 |
> | DM2157 | Excel入門到完整學習 邁向最強職場應用 王者歸來 (全彩印刷)第二版 |
> | DM2138 | Excel VBA最強入門邁向辦公室自動化之路王者歸來下冊(全彩印刷) |
>
> 謝謝！預祝購書愉快。深智公司的網址：deepwisdom.com.tw [↗]

# 第 12 章
# Copilot with Bing

2023 年 2 月 7 日，微軟正式宣布將 OpenAI 語言模型 ChatGPT 整合進 Bing 和 Microsoft Edge 瀏覽器中。整合後的聊天機器人叫做 Bing Chat AI，簡稱 Bing Chat 或是 Bing AI，也可以直接稱 Bing，這也是微軟公司在 2023 年推出最重要的產品之一。

2024 年 Microsoft 公司將 Bing 功能整合入 Copilot 內，所以我們變成看到「Copilot 你每日的小幫手」。

## 12-1　Copilot 的功能

Copilot 的功能如下：

- 可以在搜索中直接回答您的問題，無論是關於事實、定義、計算、翻譯還是其他主題。
- 可以在側邊欄內與您對話，並根據您正在查看的網頁內容提供相關的搜索和答案。
- 可以使用生成式 AI 技術為您創造各種有趣和有用的內容，例如詩歌、故事、程式碼、歌詞、名人模仿等。
- 可以使用視覺特徵來幫助您創建和編輯圖形藝術作品，例如繪畫、漫畫、圖表等。
- 可以幫助您匯總和引用各種類型的文檔，包括 PDF、Word 文檔和較長的網站內容，讓您更輕鬆地在線使用密集內容。

是一個強大而多功能的聊天機器人，它可以幫助您在搜索和 Microsoft Edge 中更好地利用 AI 技術。讓您能享受與它交流的樂趣！

## 12-2　認識 Copilot 聊天環境

目前除了 Microsoft Edge 有支援 Copilot 聊天室功能，微軟公司從 2023 年 6 月起也支援其他瀏覽器有此功能，例如：Chrome、Avast Secure Browser 瀏覽器。

### 12-2-1　從 Edge 進入 Copilot 聊天環境

當讀者購買 Windows 作業系統的電腦，有註冊 Microsoft 帳號，開啟 Edge 瀏覽器後，可以在搜尋欄位看到 圖示，點選後就可以進入 Copilot 聊天環境。

下列是進入 Copilot 聊天環境，同時點選 Copilot 圖示，顯示側邊 Copilot 的畫面。

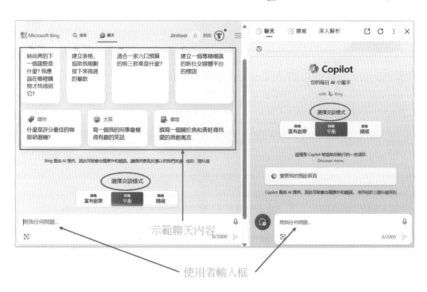

上述我們看到了 Copilot 聊天環境，另外右邊多了 Copilot 側邊欄，我們可以按瀏覽器右上方的 圖示，顯示或隱藏側邊欄。

註：Copilot 英文字義是副駕駛，目前此 Copilot 除了有本身的功能，也內含 Bing 功能，所以也可以利用此環境聊天。

## 12-2-2 其他瀏覽器進入 Copilot

如果使用其他瀏覽器進入 Copilot，可以輸入「bing ai」如下所示：

　　讀者可以搜尋「Bing AI」(大小寫均可)，當出現 bing.com 時，請點選超連結，可以看到下列畫面。

　　請點選 Copilot，就可以進入 Copilot 的聊天環境。

## 12-2-3　選擇交談模式

　　Copilot 是微軟的一項服務，可以讓您與 AI 進行對話，獲得有趣和有用的資訊。Copilot 有三種模式，分別是：

- 創意模式：Copilot 會提供更多原創、富想像力的答案，適合想要靈感或娛樂的使用者，不同模式會有專屬色調，創意模式色調是淺紫色。

- 精確模式：Copilot 會提供簡短且直截了當的回覆，適合想要快速或準確的資訊的使用者，不同模式會有專屬色調，精確模式色調是淺綠色。

● 平衡模式：Copilot 會提供創意度介在前兩者之間的答案，適合想要平衡兩種需求的使用者，不同模式會有專屬色調，平衡模式色調是淺藍色。

註 Copilot 官方是用「交談樣式」，筆者是用「交談模式」，因為以繁體中文的意義而言，「模式」還是比較適合，所以本章內容筆者不使用「樣式」，讀者只要了解此差異即可。

建議開始用 Copilot 時，選擇預設的平衡模式，未來再依照使用狀況自行調整，所以我們也可以說 Microsoft 公司一次提供 3 種聊天機器人，讓我們體驗與 Copilot 對話。

## 12-2-4 認識聊天介面

假設有一個最初的聊天如下：

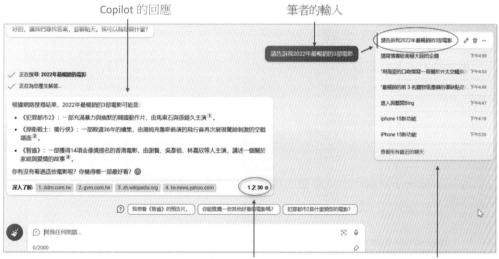

記錄這個主題對話可以有30則回應,目前是第1則回應　　聊天主題

這是筆者在這個主題的第一次聊天，此提問主題內容將是此聊天的主題，讀者可以在 Copilot 視窗右上方看到 Copilot 所有的聊天主題，放大後可以看到下方左圖的畫面。

如果將滑鼠游標移到標題，請參考上方右圖，可以看到標題右邊有 3 個功能圖示，筆者將在下面小節說明這些圖示聊天主題的用法。

## 12-2-5　編輯聊天主題

編輯聊天主題圖示如下：

你可以按一下 ∅ 圖示，此時會出現聊天主題框，請參考下圖觀念，更改主題框的內容，更改完成請按 ✓ 圖示。

## 12-2-6　刪除聊天主題

請按一下 🗑 圖示，即可刪除聊天主題，例如下列是刪除「用海盜 … 」聊天主題的實例，當按一下 🗑 圖示，即可刪除此聊天主題。

## 12-2-7　切換聊天主題

滑鼠游標指向任一主題，按一下，即可切換主題，例如：下列是將滑鼠游標指向「請寫情書給南極大陸的企鵝」。

上述若是按一下，就可以切換至「請寫情書給南極大陸的企鵝」聊天主題。

## 12-2-8　分享聊天主題

這個功能可以將聊天主題的超連結分享，這個功能適合使用簡報人員將主題分享，其他人由超連結可以獲得聊天主題的內容，下列是點選時可以看到的畫面。

從上述知道，可以用複製連結、Facebook、Twitter、電子郵件和 Pinterest 分享。

## 12-2-9　匯出聊天主題

若是點選匯出，可以看到下列畫面。

上圖若是點選 Word 或是 Text，可以選擇用該檔案類型匯出，例如：若是選擇 Word，可以看到下列畫面。

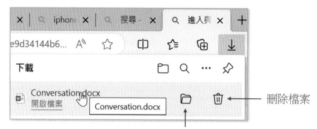

上述表示可以開啟檔案、在「下載」資料夾看到此檔案、刪除檔案。如果選擇 PDF，則是顯示 PDF 格式供列印，如下所示：

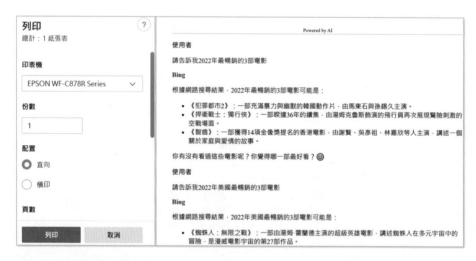

## 12-2-10　複製我們的問話

將滑鼠游標指向我們的問話，可以看到「複製」，點選可以複製我們的問話。

## 12-2-11　Copilot 回應的處理

將滑鼠游標移到 Copilot 的回應框，可以在左下方看到浮出功能圖示，每個圖示的功能如下：

# 12-3　Copilot 的交談模式 – 平衡 / 創意 / 精確

初次進入 Copilot 環境後，可以看到 3 種交談模式，這一節將分成 3 小節說明 3 種交談模式的應用，同時講解切換方式。實務上我們可以一個主題的對話，用一種交談模式，當切換主題時，如果有需要就切換交談模式。

本節第 4 小節，則是實例解說 3 種模式對相同問題回答的比較。

## 12-3-1　平衡模式與切換交談模式

每當我們進入系統後，可以看到 Copilot 首頁交談視窗，在這個視窗我們可以選擇交談模式，預設是平衡模式。假設輸入「請給我春節賀詞」：

　　讀者可以看到平衡模式色調是淺藍色。這時可以在左下方看到  圖示，將滑鼠移到此圖示，可以看到變為新主題圖示，如下所示：

　　上述若是按一下新主題圖示，表示目前主題交談結束，可以進入新主題，如下所示：

　　進入新主題後，我們同時也可以選擇新的交談模式。

## 12-3-2　創意模式

　　創意模式色調是淺紫色，下列是筆者輸入「現在月黑風高，請依此情景做一首七言絕句」。

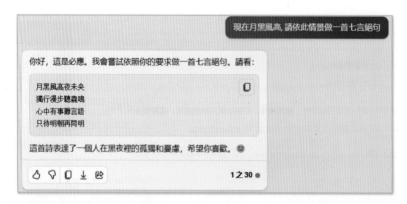

## 12-3-3　精確模式

　　精確模式色調是淺綠色，下列是筆者輸入「第一個登陸月球的人是誰」。

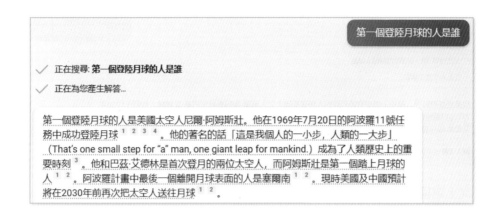

## 12-3-4　不同模式對相同問題回應的比較

前一小節可以得到對於「第一個登陸月球的人是誰」，回答的是準確，同時補充說明第二個登陸月球的人。若是使用創意模式，可以得到下列回答。

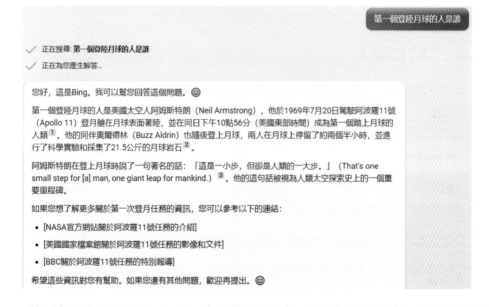

從上述回答可以看到，Copilot 會提供更多原創、富想像力的答案，所以得到上述結果。若是使用平衡模式，可以得到下列回答。

從上述回答可以看到在平衡模式下，Copilot 回答取兩者之間，多了「艾德林 19 分鐘後跟進」。

# 12-4　多模態輸入 - 文字 / 語音 / 圖片

Copilot 預設是鍵盤的文字輸入模式，此外，也有提供了多模態輸入觀念，例如：語音輸入與圖片輸入。

## 12-4-1　語音輸入

要執行語音輸入，首先要將喇叭打開，Copilot 的輸入區可以看到⬦圖示，可以參考下圖右邊。

點選⬦圖示後可以看到下列畫面，Copilot 表示「我正在聽 …」。

| 我正在聽... | |
| --- | --- |
| 🎯 | 0/2000　➤ |

然後讀者可以執行語音輸入。

## 12-4-2　圖片輸入

讓 Copilot 告訴我們圖片輸入的功能,請參考下列對話。

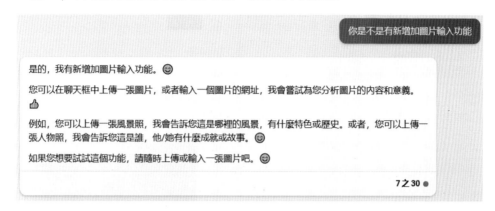

輸入圖片,讓 Copilot 告訴我們細節或故事,此功能也可以稱「AI 視覺」。

在輸入框左下方有 📷 圖示,此圖示稱新增影像圖示,可以參考下圖左邊。

下列是筆者上傳圖片分析的實例,請點選 📷 圖示,然後點選從此裝置上傳,可以看到下列畫面。

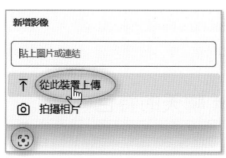

然後可以看到開啟對話方塊,請點選 ch11 資料夾的「煙火 .jpg」,請按開啟鈕,可以將此圖片上傳到輸入框。

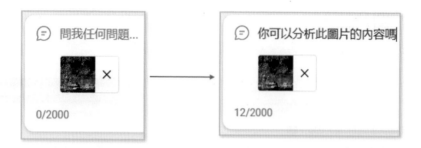

上方右圖是筆者輸入「你可以分析此圖片的內容嗎」，輸入後可以得到下列結果。

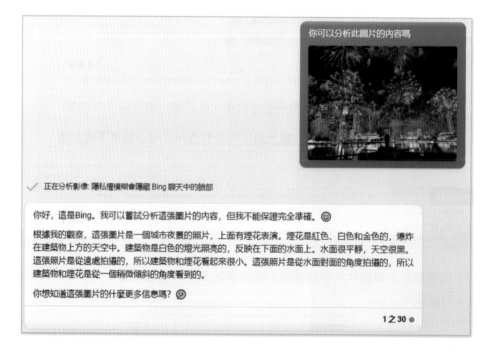

這是完全正確的答案。

## 12-5　Copilot 聊天的特色

### 12-5-1　參考連結

Copilot 的聊天資料，如果是參考特定網站，會有參考連結。

可以點選連結獲得更詳細的訊息

## 12-5-2　更進一步引導的話題

Copilot 除了回答對話，也會更進一步引導有意義的話題，下面是 2 個實例。

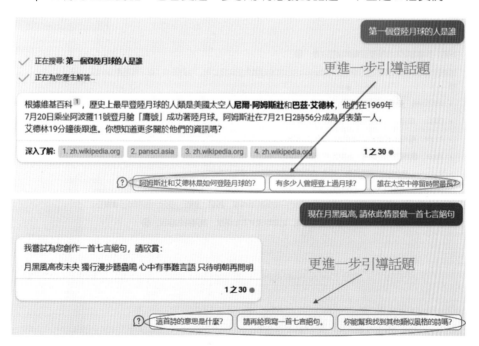

## 12-5-3　回答不受時間限制

免費的 ChatGPT 3.5 回答會有 2022 年 1 月的時間限制，Copilot 則沒有限制，因為 Copilot 可以用 Bing 的搜尋功能到網路查詢。

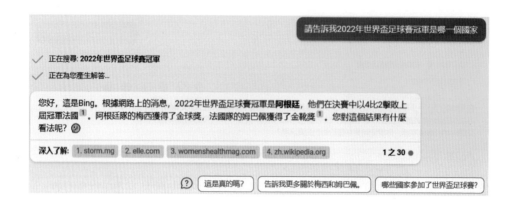

## 12-5-4　摘要網址內容

我們可以請 Copilot 摘要網址內容。

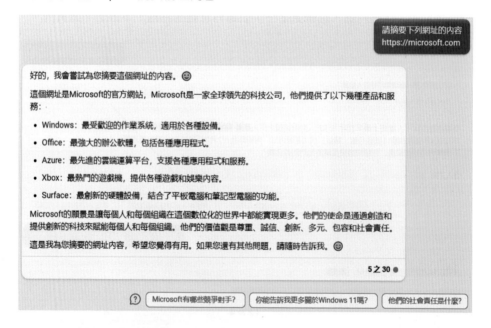

## 12-5-5　摘要與翻譯網址內容

我們可以讓 Copilot 在摘要網址內容時，同時翻譯內容，下列是取材自 USA Today 網址內容。

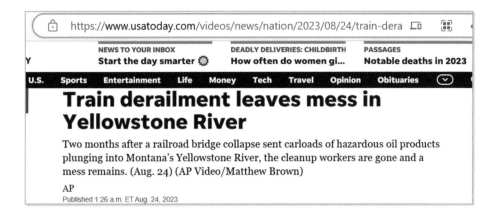

下列是摘要與翻譯內容的結果。

# 12-6　超越 ChatGPT - 圖片搜尋與生成

與 Copilot 聊天也有搜尋功能，有時候執行搜尋時，Copilot 會自動啟動 Bing Image Creator 自行生成圖片。

## 12-6-1　圖片搜尋

與 Copilot 聊天的時候，也可以讓 Copilot 搜尋圖片，下列是輸入「請搜尋明志科技大學圖片」的執行結果。

下列是輸入「請搜尋帝王企鵝圖片」的執行結果。

## 12-6-2　圖片搜尋與生成

有時候搜尋圖片時，你描述的語氣模糊，Copilot 可能會自動啟動 Designer( 早期稱 Bing Image Creator) 自動建立圖像，然後再做搜尋。例如：下列是輸入「請給我帝王企鵝的圖片」，這就是語意沒有太清楚，這時會先生成圖像，先看到下列畫面。

註　更完整的 Copilot 繪圖，將在 12-8 節說明。

往下捲動可以看到帝王企鵝的照片。

## 12-6-3　語意清晰直接生成 AI 圖像

文字生成圖像的技術涉及幾個關鍵步驟和技巧，這些可以幫助創造更準確和具有吸引力的圖像。以下是一些基本的技巧和建議：

1. 明確且具體的描述：提供清晰、具體的細節來描述你想要創造的圖像。這包括場景、物體、人物、顏色、光線和氛圍等元素。越具體的描述通常會獲得更準確的結果。

2. 視覺化思考：在構思圖像時，嘗試在你的腦海中視覺化它。想像圖像中的每個元素如何互相作用，這可以幫助你更好地描述你想要的結果。

3. 平衡細節與創意：在描述時，找到在提供足夠細節和保留一定創造空間之間的平衡。過於繁瑣的描述可能限制了創造性，而過於模糊的描述則可能導致不準確的結果。

4. 使用比喻和類比：使用比喻和類比可以幫助說明更抽象的概念，使生成的圖像更加豐富和有趣。

5. 適當的複雜度：根據使用的工具和技術的能力，調整描述的複雜度。有些工具和技術對處理複雜場景的能力有限，因此簡化描述可能更有利於獲得清晰的結果。

6. 反覆實驗：不同的描述會產生不同的結果。不要害怕實驗和修改你的描述，以找到最佳的表達方式。

7. 考慮文化和語境因素：圖像生成時應考慮文化背景和語境，這對於確保圖像的相關性和敏感性非常重要。

8. 遵守道德和法律指南：在創建圖像時，重要的是遵守相關的道德和法律指南，特別是與版權、隱私和敏感內容相關的指南。

這些技巧可以幫助你更有效地使用文字生成圖像的技術，創造出符合你想像的圖像，但是還是需要多多嘗試。下列輸入是「請生成加拿大黃刀鎮，冬天晚上，有極光，一位 20 歲的帥哥在戶外喝咖啡」。

請生成加拿大黃刀鎮, 冬天晚上, 有極光, 一位20歲的帥哥在戶外喝咖啡

✓ 正在搜尋: 加拿大黃刀鎮 冬天晚上 極光

✓ 正在為您產生解答...

這是一張描繪加拿大黃刀鎮冬天晚上極光下的20歲帥哥在戶外喝咖啡的圖片。帥哥穿著厚重的衣服，手上拿著一杯熱騰騰的咖啡，正專注地看著天空中綠色的極光 [1]。圖片中的極光呈現出綠色和紫色的色調，非常美麗。希望這張圖片能夠讓你感受到極光的美麗和神秘。

"A 20 year old handsome guy drinking coffee outdoors in Yellowk...

🖉 來自 Designer 的影像建立工具　　　　由 DALL-E 3 提供

我們用中文描述生成圖片，B實際是翻譯成英文生成圖片

　　從上方右下圖可以看到 Copilot 在生成圖像時，其實是使用 OpenAI 公司的 DALL-E 3 技術。除了可以使用上述方式由聊天生成圖像，也可以進入 Designer(Bing Image Creator) 環境，生成圖像，將在 12-8 節解說。

## 12-6-4　修訂影像

　　影像生成後，我們也可以調整更改影像內容，例如：筆者輸入「請將上述喝咖啡的人改成 15 歲，亞洲人，Hayao Miyazaki 風格」。

上述 Hayao Miyazaki 是指宮崎駿，所以我們也可以用「宮崎駿」取代「Hayao Miyazaki」。「Hayao Miyazaki 風格」的 AI 繪圖是指使用人工智慧技術來模仿日本著名動畫導演宮崎駿（Hayao Miyazaki）的獨特藝術風格。宮崎駿是吉卜力工作室（Studio Ghibli）的共同創辦人，以其富有想象力和詩意的動畫電影而聞名，如《龍貓》（My Neighbor Totoro）、《神隱少女》（Spirited Away）和《風之谷》（Nausicaä of the Valley of the Wind）。

在 AI 繪圖中模仿宮崎駿風格通常涉及以下特點：

● 豐富的色彩和細節：宮崎駿的作品以其色彩鮮豔、細節豐富的視覺風格著稱，AI 繪圖會試圖捕捉這種色彩的豐富性和細膩的紋理。

● 夢幻般的元素：宮崎駿的動畫中常常包含夢幻和奇幻元素，如飛行的機器、奇異的生物和神秘的自然景觀，AI 繪圖會嘗試融入這些元素。

- 特有的角色設計：宮崎駿的角色設計獨特，常常具有深刻的情感表達和個性化特徵。AI 繪圖會努力模仿這種風格。

- 敘事風格：宮崎駿的作品不僅在視覺上獨特，還在敘事上具有深度和多層次性。雖然 AI 繪圖主要關注視覺風格，但也可能試圖捕捉這種敘事的精髓。

- 自然和和諧：宮崎駿的許多作品強調與自然的和諧共處，這種主題也可能反映在 AI 創建的藝術作品中。

## 12-6-5　AI 影像後處理

當我們設計 AI 影像完成後，一次生成 4 張圖像，可以將滑鼠游標移到任一圖像，按一下滑鼠右鍵開啟功能表，執行另存影像、複製、編輯、新增至集錦等。

## 12-7　Copilot 加值 – 側邊欄

12-2-1 節筆者有說使用 Edge 瀏覽器時，我們可以按瀏覽器右上方的 圖示，顯示或隱藏 Copilot，下列是產生「Copilot」的畫面。

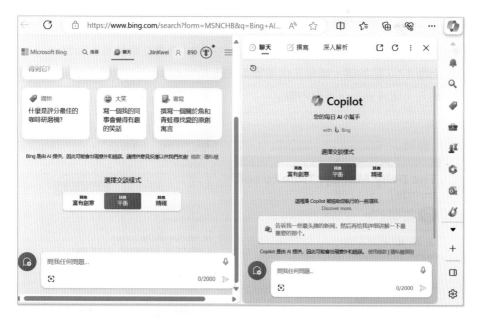

請參考上圖，現在 Edge 視窗分成 2 部分。一般我們可以用左邊視窗顯示要瀏覽的網頁內容，右邊則是顯示側邊欄，然後用右邊的側邊欄視窗摘要左側視窗的內容。

## 12-7-1　側邊欄的 Copilot 功能

側邊欄的 Copilot 窗格主要有 3 個功能，可以參考下圖：

● 聊天：這是含有聊天功能的 Copilot，也可以摘要左側瀏覽的新聞，可以參考
　上面 12-7 節的圖，或是左側瀏覽英文頁面用 Copilot 要求做用摘要。下圖筆者
　輸入「請摘要左側視窗內容」。

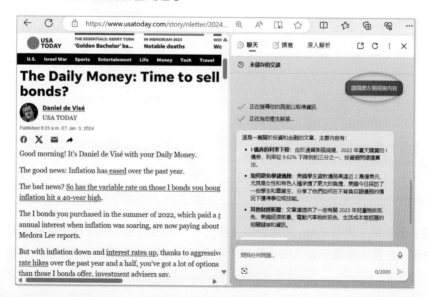

- 撰寫：可以要求 Copilot 依特定格式撰寫文章，可以參考 12-7-3 節。
- 深入解析：可以分析瀏覽器左側的網頁內容，可以參考 12-7-2 節。

## 12-7-2　深入解析

點選「深入解析」標籤，可以看到側邊欄解析左側新聞的畫面。

## 12-7-3　撰寫

點選「撰寫」標籤，可以看到下列畫面。

上圖各欄位說明如下：

● 題材：這是我們輸入撰寫的題材框。

● 語氣：可以要求 Copilot 回應的語氣，預設是「很專業」。

● 格式：可以設定回應文章的格式，預設是「段落」。

● 長度：可以設定回應文章的長度，預設是「中」。

● 產生草稿：可以生成文章內容。

● 預覽：未來回應文章內容區。

筆者輸入「請說服我帶員工去布拉格旅遊」，按產生草稿鈕，可以得到下列結果。

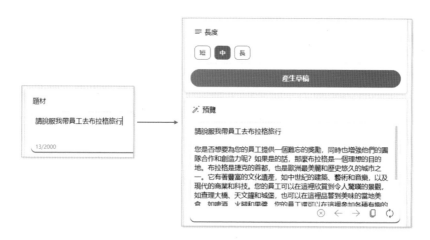

下列是筆者選擇格式「部落格文章」和長度「短」，再按產生草稿鈕，得到不一樣的文章內容結果，下方有新增至網站，如果左側有開啟 Word 網頁版，可以按下方「新增至網站」鈕，將產生的文章貼到左邊網路版的 Word。

Copilot 窗格上方有 ↻ 圖示。

這是稱 Reload 圖示，點選可以清除內容，重新撰寫內容。

# 12-8　Copilot 繪圖

Copilot 的繪圖工具全名是「Designer(Bing Image Creator)」( 影像建立者 )，這個工具基本上是應用 OpenAI 公司的 DALL-E 的技術。Copilot 繪圖工具，最大的特色是可以使用英文或是中文繪圖，每次可以產生 4 張 1024x1024 的圖片。繪圖可以在下列 2 個環境作畫：

1：Copilot 聊天區，讀者可以參考 12-6-3 節 ( 該節描述 AI 繪圖原則也可以應用在此節 )。

2：進入 Designer(Bing Image Creator)。

## 12-8-1　進入 Designer(Bing Image Creator)

讀者可以使用下列網址進入 Designer(Bing Image Creator) 環境。

https://www.bing.com/create

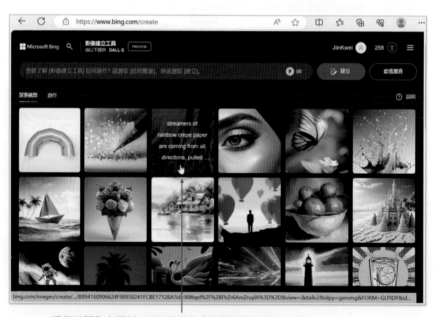

滑鼠游標指向圖片，可以得到生成此圖片的文字

進入 Copilot 視窗環境後，滑鼠游標指向展示的作品，可以看到生成此圖片的 Prompt。

## 12-8-2　作品欣賞

展示區的作品可以點選，然後看到完整的 Prompt，未來可以分享、儲存、下載等。

## 12-8-3　Designer 繪圖實戰

下列是輸入「海邊加油站的紅色跑車」，按建立鈕，可以得到下列 4 張圖片的結果。

　我們也可以繪製不同風格的圖像，下列是輸入「請用鉛筆繪畫，海邊加油站的紅色跑車」。

## 12-8-4　放大圖片與下載儲存

　　如果喜歡特定圖片，可以點選，放大該圖，筆者點選上述 4 張圖中，位於左下方的圖，可以得到下列結果。

　　上述你可以針對圖像執行分享、儲存、下載等。

## 12-8-5　其它創作實例

梵谷風格,
海邊加油站的紅色跑車

Aurora當作背景的夜晚, 從
山頂看Schwaz城市全景

Hayao Miyazaki風格, 男孩揹書包,
拿著一本書, 準備上火車

14歲男生, 明亮的眼眸, 宮崎駿風格,
《神隱少女》動畫電影, 森林中散步

# 12-9　Copilot 視覺

12-4-2 節筆者說明了圖片輸入，讓 Copilot 分析圖片內容，其實這就是 Copilot 的 AI 視覺功能。這一節將做更多測試，結果可以發現 Copilot 可以正確解讀圖像內容。

## 12-9-1　微分問題

筆者輸入「請解答數學問題」，這題圖片是 ch11 資料夾的 math.jpg。

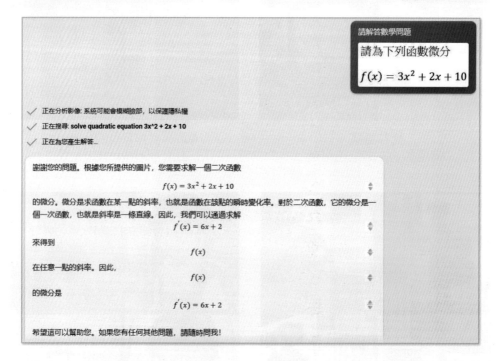

## 12-9-2　辨識運動圖片

筆者輸入「請告訴我這張圖片的內容」，這題圖片是 ch11 資料夾的 girls_football. png。

✓　正在分析影像: 系統可能會模糊臉部, 以保護隱私權

這張圖片顯示了一場足球比賽的場景。圖中有多名球員在場上奔跑, 追逐著一個足球。球員們穿著不
同顏色的球衣, 顯示他們來自兩支對抗的球隊。球員的臉部被模糊處理, 以保護他們的隱私。場地是
一個戶外足球場, 背景中可以看到球門和看台。照明效果強烈而激烈, 突出了場景的動感。

## 12-9-3　圖像生成七言絕句

筆者輸入「請為你看到的圖像做一首七言絕句」, 這題圖片是 ch11 資料夾的
fisher.png。

✓　正在分析影像: 系統可能會模糊臉部, 以保護隱私權
✓　正在搜尋: 七言絕句
✓　正在為您產生解答...

湖光山色畫中尋, 漁夫靜坐釣魚心。波光瀲灩映晚霞, 自然和諧美不言。

這幅畫中風景美, 漁夫釣魚心靜氣。湖波微漾晚霞映, 和諧自然美不語。

# 12-10　Copilot App – 手機也能用 Copilot

### 12-10-1　Copilot App 下載與安裝

Copilot 目前也有 App，讀者可以搜尋，如下方左圖：

安裝後，可以看到 Copilot 圖示，可以參考上方右圖。

### 12-10-2　登入 Microsoft 帳號

啟動後可以直接使用，或是登入帳號再使用，先前不登入帳號會有發話限制，但是系統不斷更新中，目前也沒有限制，如果不想登入帳號可以直接跳到下一小節內容。

如果進入 Copilot 後，要登入帳號，請點選登入超連結，然後輸入帳號、密碼，如下所示：

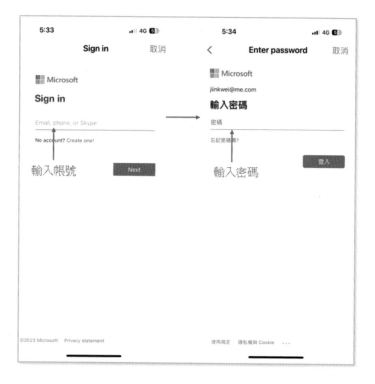

登入成功後，將看到下列畫面。

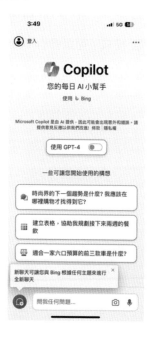

## 12-10-3　手機的 Copilot 對話

進入 Copilot 聊天環境後，可以選擇是否使用 GPT-4，若是不使用，可以用注音或語音輸入問題 ( 可以參考下方中間圖 )，Copilot 可以回應你的問題 ( 可以參考下方右圖 )。

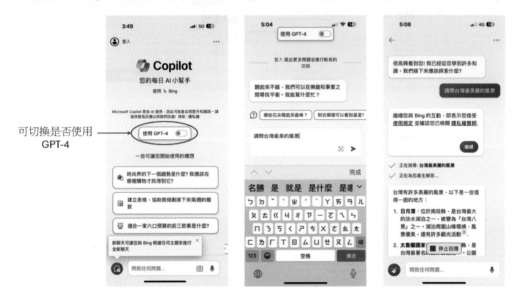

可切換是否使用 GPT-4

## 12-10-4　Copilot App 切換到 GPT-4 對話模式

我們也可以切換到 GPT-4 對話模式，可以參考下圖。

上述環境與 ChatGPT App 最大差異在於，我們可以使用注音輸入。

# 第 13 章
# AI 圖像 Midjourney

Midjourney 是一個獨立的研究實驗室，這個實驗室開發了類似 OpenAI 公司的 DALL-E 產品，使用者輸入文字，可以自動生成 AI 圖像。

## 13-1　從爭議說起

每一幅藝術品皆是藝術家的心血結晶，2022 年一幅名為 Théâtre d'Opéra Spatial( 外太空劇院 ) 的作品獲得科羅拉多博覽會數字藝術競賽第一名，作者是 Jason Allen，將此圖像印製在畫布上，其實這個圖像是由 Midjourney 生成，作品如下：

圖像作者是：Jason Allen

筆者看到這幅作品只能說，驚嘆雄偉壯觀、無與倫比、一幅真正的藝術品。然而當知道這是使用 Midjourney 只花幾秒鐘就可以生成，只能說現在 AI 技術真是令人歎為觀止。

註 美國著作財產局在 2023 年 2 月 21 日的信函表示，Midjourney 生成的圖像不在版權保護範圍。

Midjourney 可以依據我們的文字生成圖像，文字需使用英文輸入，讀者可以參考本書 2-8 節，輕易將心中的文字轉成流利的英語，創造出充滿生命力的圖像。

## 13-2　Midjourney 網站註冊

Midjourney 網站如下：

https://www.midjourney.com/home/?callbackUrl=%2Fapp%2F

　　讀者可以輸入上述 https://www.midourney.com，然後按 Enter，就會自動帶出上述右邊的藍色字串的網址細項。註：如果已有帳號，可以直接進入自己的 Midjourney 首頁。

　　讀者第一次使用會看到上述畫面，右下方有 Join the Beta 或是 Sign In，如果已有帳號可以點選 Sign In，若是沒有帳號可以點選 Join the Beta，然後將看到下方左圖建立帳號的訊息，會要求輸入電子郵件，未來會發信到你的電子郵件信箱驗證訊息，USERNAME 是未來你使用 Midjourney 的稱呼，填完資料後請按 Continue。

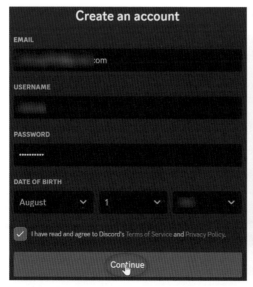

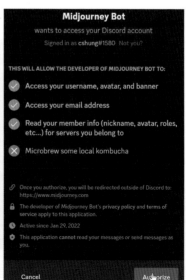

上方右圖是告知未來 Midjourney Bot 會存取你的帳號，請同意，請點選 Authorize 鈕。然後可以看到驗證使用者不是機器人的對話方塊，在驗證過程你會收到 Discord 傳給你驗證電子郵件的信件，如下所示：

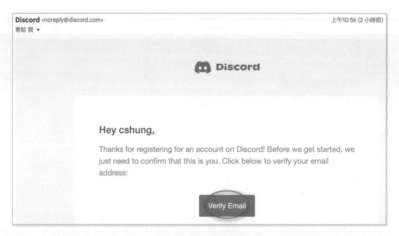

上述請按 Verify Email。

註　Discord 是一個通訊軟體，Midjourney 則是在此環境內執行。

## 13-3　進入 Midjourney 視窗

如果曾經使用 Midjourney 建立圖像，進入視窗後就可以看到自己的作品，如下所示：

如果你尚未付費，將在右上方看到 Purchase Plan 鈕，細節可參考下一節。

# 13-4 購買付費創作

因為消費者濫用，2023 年 3 月開始 Midjourney 更改付費機制，不再提供免費試用。

## 13-4-1 Purchase Plan

點選 Purchase Plan，基本上有年付費 (Yearly Billing) 與月付費 (Monthly Billing) 兩種機制，對於初學者建議購買月付費機制，有需要再依自己需求提升付費機制即可。

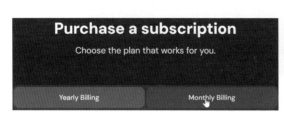 

在月付費機制下每個月 $10 美金，這是基本會員，每個月可以產生 200 張圖片。

## 13-4-2 Cancel Plan

未來若是不想使用 Midjourney，可以在進入自己的 Midjourney 首頁後，點選 Manage Sub 選項，然後可以進入 Manage Subscription 頁面。

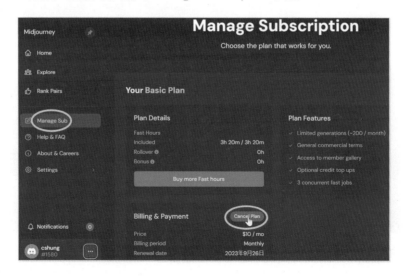

然後點選 Cancel Plan 鈕。

## 13-5　進入 Midjourney AI 創作環境

### 13-5-1　從首頁進入 Midjourney 創作環境

Midjourney 的創作環境是在 Discord，如果讀者目前在自己的 Mijourney 首頁，可以點選左下方 ■■■ 圖示，然後執行 Go to Discord 如下所示：

可以進入 Midjourney 繪圖環境，請參考 13-5-3 節。

### 13-5-2　進入 Midjourney 創作環境

請參考 13-2-1 節進入 Midjourney 首頁，然後點選 Join the Beta 字串後，會看到下列畫面，註：如果沒有帳號會被要求註冊。

若是有帳號，未購買付費機制會看到上述畫面，請點選 Accept Invite，就可以進入創作環境。

## 13-5-3　Midjourney 創作環境

Midjourney 環境坦白說畫面有一點雜，因為有非常多人使用此系統進行 AI 圖像創作，請找尋 newbies-xx，點選就可以進入 Midjourney 的創作環境。

註　如果未購買付費機制，只能欣賞別人的作品，無法創作。

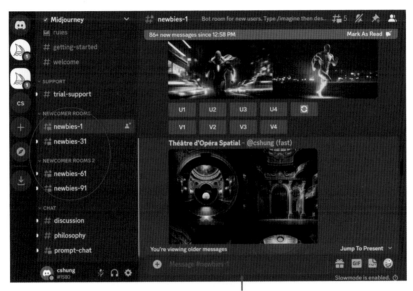

輸入創作文字

在創作環境，可以使用「/」，上方會列出常用指令的用法：

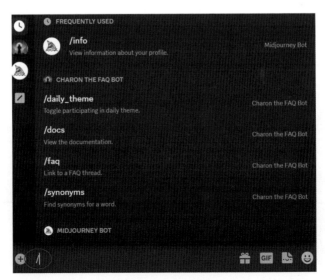

除了「/imagine」是我們繪圖需要的指令，其它幾個常見指令用法如下：

● /info：獲得個人帳號資訊。

● /settings：個人繪圖的設定。

● /describe：上傳圖讓 Midjourney 產生此圖的文字描述。

● /blend：這個指令允許您快速上傳 2-5 張圖片，然後該指令會檢視每張圖片的
概念和美學，並將它們合併成一張全新的圖片。

● /subscribe：購買 Midjourney 方案。

## 13-5-4　輸入創作指令

上述筆者選擇 newbies-1，就可以進行創作了，只要在視窗下方輸入圖像的文字，
每一次可以生成 4 張圖像。不過文字輸入還是有規則的，首先請在 ⊕ 圖示右邊的輸入
"/im"，上方可以看到 /imagine prompt ，如下方左圖所示：

在此輸入文字

滑鼠點一下 prompt，可以看到畫面如上方右圖，筆者輸入是「一個站在海邊的女
孩」(A girl standing by the seaside.)，如下所示：

第一次執行時，會看到下列畫面：

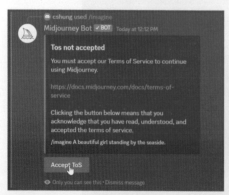
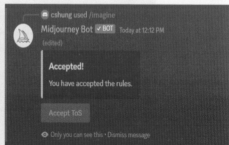

　　上述請點選 Accept ToS，然後將看到上方右邊畫面。表示你接受此條款，過約 10 ~ 30 秒，就可以看到所創建的圖像，因為同時有許多人使用此創作圖像，所以需記住自己創造圖像的時間，慢慢往上滑動作品，就可以看到自己的作品了。

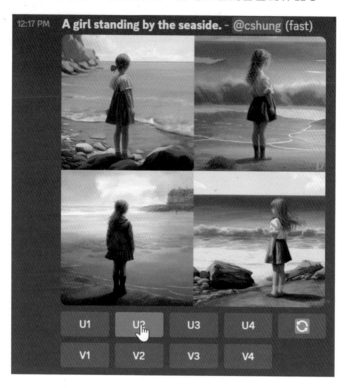

上述有幾個按鍵意義如下：

數字：1/2/3/4 表示左上 / 右上 / 左下 / 右下的圖像。

U：表示放大圖像，所以 U2 表示放大右上方的圖像。

V：表示 Variations，可以用指定的圖像，進行更近一步的變化。

🔄：可以重新產生 4 張圖像。

## 13-5-5　找尋自己的作品

　　在大眾的創作環境，輸入指令後，一下子可能頁面就被其他作品洗版，所以輸出指令時，建議記住自己創作的時間，然後捲動畫面找尋。另一種方式是點選右上方的 Inbox 圖示，然後點選 Mentions，系統會將你的作品單獨呈現。

## 13-6　編輯圖像

常用的編輯圖像有 2 種：

1： 放大圖像。

2： 特定圖像更進化。

### 13-6-1　放大圖像

下列是按 U2 鈕放大圖像。

　　當 U2 鈕背景色變為 `U2` ，放大圖就會產生，所產生的圖是獨立於原圖顯示，因為同時很多人在線上使用，所以必須往下捲動畫面就可以看到所建立的圖，如下所示：

　　上述如果想要進一步修改可以點選 Make Variations，如果想要儲存結果，可以將滑鼠游標移到圖像，按一下讓螢幕獨立顯示此圖，然後按一下滑鼠右鍵，可以得到下列畫面。

　　然後讀者可以執行另存圖片指令，儲存此圖像，點選圖像外圍區域，就可以回到 Midjourney 創作環境。

## 13-6-2　重新產生圖像

如果想要重新產生圖像，這個實例是使用 13-5-4 節的 4 張圖像，可以點選 圖示，當圖示變為 ，就表示重新產生圖像成功了，下列是示範輸出。

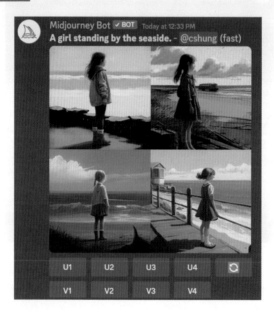

## 13-6-3　針對特定圖像建立進化

下列是筆者使用主題「一個漂亮女孩到火星旅遊」(A beautiful girl travels to Mars.) 的字串產生的圖像。

上述圖像筆者點選 U3 可以得到下方左圖，如果點選 V3 可以得到下方右圖。

# 13-7　公開的創作環境

當看到有人的作品不錯時，也可以點選 🔄 圖示，這相當於我們使用相同的文字重新產生新的作品，就可以變成自己的作品，下列是筆者發現有人使用 "A picture of a winding road into the forest." 生成了不錯的作品，筆者點選 🔄 圖示，相當於使用相同的文字生成了類似的作品。

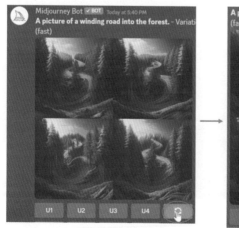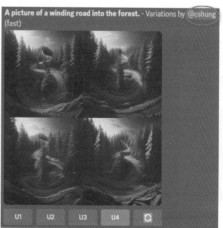

下列是另一個實例。

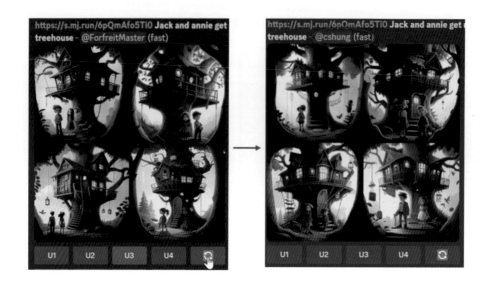

## 13-8　未來重新進入

未來重新進入自己的創作環境可以看到自己的作品。

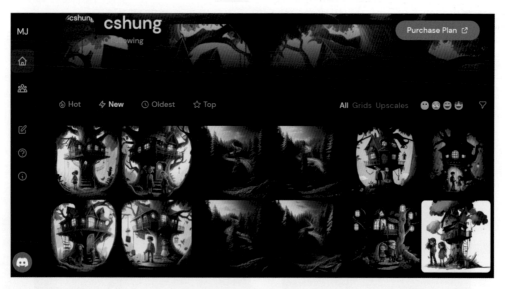

## 13-8-1 選擇圖像與儲存

若是想要儲存特定的圖像，可以將滑鼠游標移到該圖像，按一下可以放大圖像，再按滑鼠右鍵，可以看到快顯功能表，就可以選擇另存圖片，將圖像儲存。

## 13-8-2 重新編輯圖片

如果想要針對特定圖像編輯，可以將滑鼠游標移到該圖像，可以在圖像右下角看到圖示 ···，按一下，再執行 Open in …/Open in discord，如下所示：

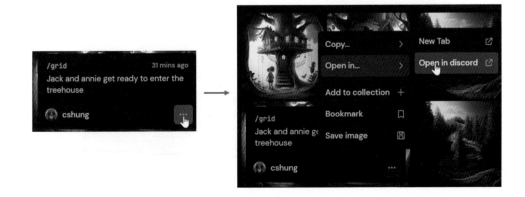

執行 Open in discord 後就可以重新進入 Midjourney 的 AI 圖像創作環境。

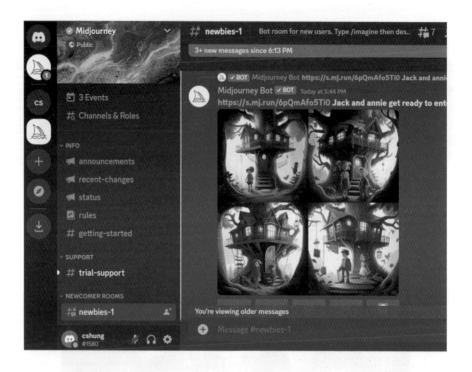

### 13-8-3　Explore

　　將滑鼠游標移到視窗左側欄位的  圖示，執行 Explore 可以欣賞 Midjourney 的精選作品，覺得哪一個作品很好，可以將滑鼠游標移到該作品，了解作品的描述文字，這表示也可以使用相同的文字產生類似的作品。

## 13-9 進階繪圖指令與實作

### 13-9-1 基礎觀念

前面章節筆者使用文字 (Text Prompt)、片語，就讓 Midjourney 生成圖像，簡單的說，我們使用的繪圖指令格式如下：

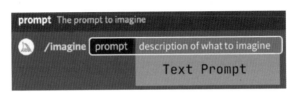

圖片取材自 Midjourney 官網

Midjourney 提醒，最適合使用簡單、簡短的句子來描述您想要看到的內容。避免長串的要求清單。例如，不要寫：「Show me a picture of lots of blooming California poppies, make them bright, vibrant orange, and draw them in an illustrated style with colored pencils」，應該寫成「Bright orange California poppies drawn with colored pencils」。

進階的繪圖指令提示 (Prompt)，可以包括一個或多個圖片網址、多個文字片語和一個或多個參數。我們可以將生成圖像指令用下圖表達：

圖片取材自 Midjourney 官網

● Image Prompts：可以將圖片網址添加到提示中，以影響最終結果的風格和內容，圖片網址始終位於提示的最前面。

● Text Prompt：要生成的圖片的文字描述。有關提示訊息和技巧，請參閱 13-9-2 和 13-9-3 節，精心撰寫的提示有助於生成驚人的圖像。

● Parameters：參數可以改變圖像生成的方式。參數可以改變長寬比、模型、放大器等等。參數放在提示的最後，可以參考 13-9-4 節。

## 13-9-2　Text Prompt 基礎原則

可以分成 4 個方面來了解 Text Prompt：

- Prompt 長度：提示可以非常簡單。單個詞語（甚至一個表情符號！）都可以生成一張圖片。非常簡短的提示會在很大程度上依賴於 Midjourney 的預設風格，因此更具描述性的提示會產生獨特的效果。然而，過於冗長的提示並不一定更好，請專注於您想要創建的主要概念。

- 語法 (Grammar)：Midjourney Bot 不像人類一樣理解語法、句子結構或單詞。詞語的選擇也很重要。在許多情況下，使用更具體的同義詞會效果更好。例如，不要使用「大」，而是嘗試使用「巨大」、「巨大的」或「極大的」。在可能的情況下刪除多餘的詞語。較少的詞語意味著每個詞語的影響更為強大。使用逗號、括號和連字符來幫助組織思維，但請注意，Midjourney Bot 並不會可靠地解釋它們，Midjourney Bot 不會區別大小寫。

- 專注於您想要的內容：最好描述您想要的內容，而不是您不想要的內容。如果您要求一個「沒有蛋糕」的派對，您的圖片可能會包含蛋糕。如果您想確保某個物體不在最終圖片中，可以嘗試使用「--no」參數進行進階提示。

- 使用集體名詞：複數詞語容易產生不確定性。嘗試使用具體的數字。「三隻貓」比「貓」更具體。集體名詞也適用，例如使用「一群鳥」而不是「鳥」。

## 13-9-3　Text Prompt 的細節

這是 AI 生成圖像，您可以根據需要具體或模糊細節，如果您未描述或是忽略的任何細節內容，這部分會採用隨機生成。模糊是獲得多樣性的好方法，但您可能無法獲得所需的具體細節。請嘗試清楚地說明對您重要的任何背景或細節，一個好的提示，可以思考以下事項：

- 主題 (Subject)：人物 (person)、動物 (animal)、角色 (character)、地點 (location)、物體 (object) 等。

- 媒介 (Medium)：照片 (photo)、繪畫 (painting)、插畫 (illustration)、雕塑 (sculpture)、塗鴉 (deedle)、織品 (tapestry) 等。

- 環境 (Environment)：室內 (indoors)、室外 (outdoors)、月球上 (on the moon)、納尼亞 (Narnia)、水下 (underwater)、祖母綠城 (Emerald City) 等。

- 照明 (Lighting)：柔和的 (soft)、環境的 (ambient)、陰天的 (overcast)、霓虹燈的 (neon)、工作室燈光 (studio lights) 等。

- 顏色 (Color)：鮮豔的 (vibrant)、柔和的 (muted)、明亮的 (bright)、單色的 (monochromatic)、多彩的 (colorful)、黑白的 (black and white)、淺色的 (pastel) 等。

- 情緒 (Mood)：安詳的 (Sedate)、平靜的 (calm)、喧囂的 (raucous)、充滿活力的 (erergetic) 等。

- 構圖 (Composition)：肖像 (Potrait)、特寫 (headshot)、全景 (panoramic view)、近景 (closeup)、遠景 (long shot view)、環景 (360 view)、細節 (detail view)、半身 (medium-full shot)、全身 (full-body shot)、正面 (front view)、背面 (shot from behind) 等。

- 取材角度：低角度 (low-angle)、特別低角度 (extreme low-angle)、高角度 (high-angle)、特別高角度 (extreme high-angle)、側視 (side-angle)、眼睛平視 (eye-level)、鳥瞰圖 (birds-eye view) 等。

另外，可以使用各種風格 (style)，即使是短小的單詞提示，也會在 Midjourney 的預設風格下產生美麗的圖片。或是透過組合藝術媒介、歷史時期、地點等概念，您可以創造出更有趣的個性化結果。

- 版畫 (Block Print style 或稱木刻印刷 )：它是一種藝術製作技巧，通常使用木頭或其他材料製成的版塊，然後將墨水塗抹在版塊上，最後壓印到紙或其他材質上。

- 浮世繪 (Ukiyo-e style)：它是一種源於日本的木刻版畫藝術形式，特別受歡迎於江戶時代（大約從 17 世紀到 19 世紀）。浮世繪通常描繪了日常生活、美女、歌舞伎演員和風景等主題。

- 鉛筆素描 (Pencil Sketch style)。

- 水彩畫 (Watercolor style)。

- 像素藝術 (Pixel Art style)。

Midjourney 可以依據著名藝術家名字產生其風格繪畫，例如：「達文西 (Leonardo da Vinci style)」、「莫內 (Oscar-Claude Monet style)」、「梵谷 (Vincent Willem van Gogh style)」、「米開朗基羅 (Michelangelo style)」、「保羅克利 (Paul klee style)」、「宮崎駿 (Hayao Miyazaki style)」「新川洋司 (yoji shinkawa style)」。

Midjourney 也可以用年代當做 AI 繪圖風格，例如：「1700s」、「1800s」、「1900s」、「1910s」、「1920s」、「1930s」、「1940s」、「1950s」、「1960s」、「1970s」、「1980s」、「1990s」。註：上述可以直接使用，後面不需加上「style」。

## 13-9-4　Parameters 參數說明

參數是添加到提示 (Prompt) 中的選項，可以改變圖像生成的方式。參數可以改變圖像的寬高比，切換不同的 Midjourney 模型版本，更改使用的放大器，以及許多其他選項。參數始終添加在提示的末尾，您可以在每個提示中添加多個參數，下列是參數語法：

/imagine　prompt　a vibrant california poppy --aspect 2:3 --stop 95 --no sky

圖片取材自 Midjourney 官網

下列是幾個常見參數用法：

- Aspect Ratios( 寬高比 )：「--aspect」或「--ar」改變生成的寬高比，預設是 1:1，例如：風景可以用「--ar 3:2」，人像可以用「--ar 2:3」。

- Chaos( 混亂度 )：--chaos <0-100 的數字 > 改變結果的變化程度，預設是 0。較高的值會產生更為不尋常和意外的生成結果。較低的--chaos 值會產生更可靠、可重複的結果。

- No( 不包含 )：這個參數告訴 Midjourney Bot 在您的圖像中不要包含什麼內容。

- Quality( 品質 )：--quality 或--q 參數可以改變生成圖像所需的時間，預設是 1。較高品質的設定需要更長的處理時間，並生成更多細節。較高的數值也意味著每個任務使用的 GPU 分鐘更多，品質設定不影響解析度。例如：可以設定0.25、0.5 或 1。

- Style( 風格 )：--style 參數可以微調某些 Midjourney 模型版本的美學風格，添加風格參數可以幫助您創建更逼真的照片、電影場景或可愛的角色。例如：可以設定「--style raw」。

- Stylize( 風格化 )：Midjourney Bot 已經訓練過，可以生成偏好藝術色彩、構圖和形式的圖像。--stylize 或--s 參數會影響這種訓練應用的強度，預設是 100，可以設定 0～1000 之間。較低的風格化值會生成更接近提示的圖像，但較不藝術。較高的風格化值會創建非常藝術的圖像，但與提示的聯繫較少。

● Tile( 平鋪 )：--tile 參數生成的圖像可用作重複平鋪的圖塊，以創建用於布料、壁紙和紋理的無縫圖案。

## 13-9-5 不同角度與比例的實作

下列左圖是使用「羅馬競技場 (colosseum)，俯視圖 (high angle view)」，右圖是「羅馬競技場，全景 (Insta 360)，寬高比是 16:9」。

colosseum Insta 360 —ar 16:9

colosseum, high angle view

下列左圖是使用「台灣美女 (beautiful Taiwanese girl)，平視圖 (eye level view)」，右圖是「台灣美女 (beautiful Taiwanese girl)，低角度圖 (low level view)」。

beautiful taiwanses girl, eye level view

beautiful taiwanses girl, low level view

## 13-9-10 圖片上傳

我們可以針對上傳的圖片做更近一步的 AI 編輯處理，在本書 ch13 資料夾有前一小節創建的 aigirl.jpg，讀者可以測試。請點選圖示，然後執行 Upload a File，請參考下方左圖。然後選擇 aigirl.jpg 上傳，接著開啟圖片的快顯功能表選擇複製圖片網址指令，可以看到下方右圖。

一樣執行 image prompt 繪圖，先貼上網址，輸入「,」，空一格，然後輸入要使用此 aigirl 圖片的指令。下列是實例。

上述「blob:」是自動產生。從上圖看，整個 aigirl.jpg 的神韻是有抓到，然後增加騎馬的結果。

## 13-10 辨識圖片可能的語法

在繪圖區輸入「/des」後會自動跳出「/describe image」，這時可以拖曳圖片到繪圖區。

然後按 Enter 就可以生成此圖片可能的 Midjourney 語法，可以參考上方右圖。

## 13-11 物件比例

### 13-11-1 人物與寵物的比例

符號「::」可以用於設定比例，比例數值建議是在 -2 與 2 之間，下列是人比例是 2，狗是 1 的實例。

## 13-11-2　全身 (full-body shot) 與正面 (front view)

若是想繪製全身的人物，可以用 full-body shot 或 full-length shot。如果要正面人像，請使用 front view。

其實要多嘗試，預祝讀者學習順利。

# 第 14 章

# AI音樂－musicLM到Suno

## 14-1　AI 音樂的起源

　　AI 音樂的起源可以追溯到 20 世紀 50 年代和 60 年代，那時計算機科學家和音樂家開始探索如何利用計算機技術創作音樂。最早的實驗之一是在 1957 年，由澳洲科學家 CSIRAC 電腦完成的音樂表演。隨著技術的發展，人們開始尋求利用人工智能和機器學習技術來創作音樂。

- 1980 年代：神經網絡技術的發展為 AI 音樂提供了更多的可能性。其中，David Cope 的「Emmy」（Experiments in Musical Intelligence）成為了最具代表性的實驗之一，該項目利用神經網絡創作出具有巴洛克和古典風格的音樂作品。

- 1990 年代至 2000 年代：機器學習和數據挖掘技術在音樂創作中得到了廣泛應用。例如，Markov 鏈、遺傳算法和其他機器學習技術被用來生成音樂。

- 2010 年代：深度學習技術的崛起引領了 AI 音樂的新時代。Google 的 Magenta 項目、IBM 的 Watson 音樂創作系統以及 OpenAI 的 MuseNet 等項目紛紛嶄露頭角，這些技術使得 AI 能夠生成更具創意和高質量的音樂作品。

- 近年來：生成對抗網絡（GANs）和變化自動編碼器（VAEs）等創新技術被引入到 AI 音樂領域，為音樂生成帶來了新的可能性。

　　AI 音樂的起源和發展歷程反映了人工智能技術的演進和發展。從最初的基於規則的創作，到後來機器學習和深度學習的應用，AI 音樂不斷地拓展著音樂創作的疆界，並為未來音樂產業的發展帶來了無限的可能。

　　AI 生成音樂的應用非常廣泛，可以用於電影配樂、電子遊戲音樂、廣告音樂等。這種技術還可以用於幫助音樂家創作新的音樂，或者提供音樂創作的靈感和啟示。然而，AI 生成的音樂也存在一些挑戰，例如如何保持音樂的創意性和情感表達，以及如何平衡人工和自動化的創作過程。

## 14-2　Google 開發的 musicLM

### 14-2-1　認識 musicLM

　　musicLM 是 Google 公司開發，一種以人工智慧為基礎的音樂生成模型，其使用的是 GPT-3.5 架構。這種模型可以依據文字描述，並生成具有一定音樂風格的新音樂。

　　musicLM 的訓練過程包括收集大量的音樂數據，例如各種類型的音樂曲目、樂器演奏等，然後將這些數據傳入模型進行訓練。透過這種方式，模型可以學習到音樂的節奏、旋律、和弦和結構等要素，並生成全新的音樂作品。

　　使用 musicLM 可以創作出豐富多樣的音樂，這些音樂作品可以應用於多種場景，例如電影、電視、廣告等。除了音樂創作之外，musicLM 還可以幫助音樂家進行作曲、編曲和改進現有的音樂作品等。

　　總體而言，musicLM 是一種非常有用的音樂生成工具，可以幫助音樂家和音樂製作人在創作和製作音樂時更加高效和創意。

**註** 可能是法律風險，目前沒有公開給大眾使用。

## 14-2-2　musicLM 展示

　　儘管沒有公開給大眾使用，不過可以進入下列網址欣賞 musicLM 的展示功能。

　　https://google-research.github.io/seanet/musiclm/examples/

　　讀者可以捲動畫面看到更多展示，下列是示範輸出。

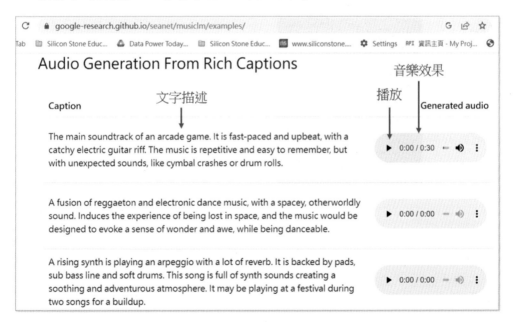

例如：上述是 3 首文字描述產生的音樂，上述描述的中文意義如下：

> 街機遊戲的主要配樂。它節奏快且樂觀，帶有朗朗上口的電吉他即興重複段。音樂是重複的，容易記住，但有意想不到的聲音，如鐃鈸撞擊聲或鼓聲。

> 雷鬼和電子舞曲的融合，帶有空曠的、超凡脫俗的聲音。引發迷失在太空中的體驗，音樂的設計旨在喚起一種驚奇和敬畏的感覺，同時又適合跳舞。

> 上升合成器正在演奏帶有大量混響的琶音。它由打擊墊、次低音線和軟鼓支持。這首歌充滿了合成器的聲音，營造出一種舒緩和冒險的氛圍。它可能會在音樂節上播放兩首歌曲以進行積累。

## ❏ 油畫描述生成 AI 音樂

一幅拿破崙騎馬跨越阿爾卑斯山脈的油畫，經過文字描述也可以產生一首 AI 音樂。

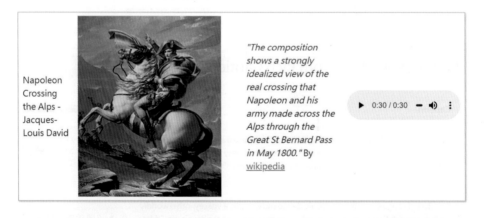

## ❏ 簡單文字描述產生的音樂

| Caption | Generated audio |
|---|---|
| acoustic guitar | ▶ 0:00 / 0:10 ━ 🔊 ⋮ |
| cello | ▶ 0:00 / 0:10 ━ 🔊 ⋮ |
| electric guitar | ▶ 0:00 / 0:10 ━ 🔊 ⋮ |
| flute | ▶ 0:00 / 0:10 ━ 🔊 ⋮ |

# 14-3　AI 音樂 - Suno

　　Suno 官網的首頁這樣描述「Suno 正在打造一個任何人都能製作出精彩音樂的未來。無論你是淋浴時的歌手還是排行榜上的藝術家，我們打破你與你夢想中的歌曲之間的障礙。不需要樂器，只需要想像力。從你的思緒到音樂。」。

　　Suno 的使用非常簡單。用戶只需輸入他們想要創建的音樂風格和歌詞，Suno 就可以幫助他們創作一首歌。此外，Suno 還提供各種創意工具，可讓用戶自定義他們的音樂。Suno 仍在開發中，但已經取得了一些令人印象深刻的成果。目前已被用來創作各種各樣的音樂作品，包括歌曲、配樂和電子音樂。

Suno 的優點包括：

● 易於使用：Suno 的使用非常簡單，即使是沒有音樂經驗的人也可以使用。
● 功能強大：Suno 能夠生成各種各樣的音樂風格，並提供各種創意工具。
● 免費：Suno 是完全免費的。

Suno 的缺點包括：

● 音質可能不如專業的音樂製作人創建的音樂。
● 生成的音樂可能具有重複性。

　　總體而言，Suno 是一款有趣而強大的工具，可以幫助任何人創作原創音樂，接下來各小節就是說明此軟體使用方式。

# 14-4　進入 Suno 網站與註冊

我們可以使用「https://suno.ai」進入網頁，進入網頁後可以看到下列畫面：

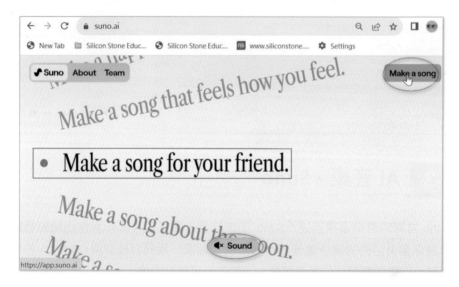

　　預設可以看到 **◀× Sound** 圖示表示目前是靜音，按一下可開啟此 **◀》 Sound** 圖示，就可以聽到歌曲音樂了。紅點所指是目前聆聽的歌曲，我們可以捲動上述歌曲頁面聆聽不同的歌曲音樂。看到與體驗這個網站首頁，可以得到這個網站強調的是可以建立各類的歌曲音樂，請點選 Make a song 鈕。

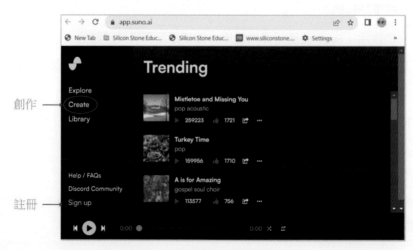

　　上述斗大的標題 Trending 是告訴你目前流行創作的歌曲，讀者可以捲動視窗了解目前的趨勢，左邊側邊欄位可以看到 Sing up，點選此可以註冊，和其他軟體一樣我們可以用 Google 帳號註冊。

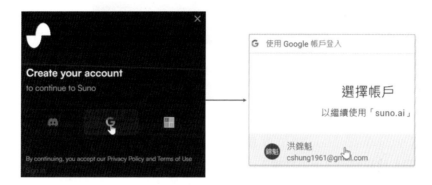

　　筆者選擇帳號後，按一下就可以進入帳號了。

　　進入帳號後，原先 Sing up 功能會被自己的帳號名稱取代，以筆者畫面而言，現在看到的是「錦魁」取代 Sign up 了。

## 14-5 用文字創作音樂

### 14-5-1 創作歌曲音樂

　　請點選左側欄位的 Create 項目。

可以看到下列畫面。

上述 Song Description 欄位就是 Prompt 輸入，AI 音樂軟體有許多，筆者選 Suno，主要是此軟體可以用中文輸入，生成中文歌曲，筆者輸入「想念遠方的女朋友」。

請點選 Create 鈕，就可以生成歌曲，如下所示：

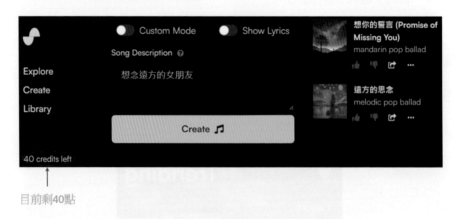

從上述可以看到生成了「想你的誓言 (Promise of Missing You)」和「遠方的思念」兩首歌曲，同時原先的點數剩下 40 點了。

> **註** 歌曲下方標註「mandarin pop ballad」，中文是「國語流行歌曲」。歌曲下方標註「melodic pop ballad」，中文是「旋律流行抒情歌曲」。

## 14-5-2　聆聽自己創作的歌曲

現在可以點選聆聽自己創作的歌曲。

點選後就可聽到用中文字描述創作的歌曲了。

播放進度/歌曲長度　目前撥放的歌曲

## 14-5-3　顯示歌詞

在 Suno 視窗上方有 Show Lyrics 欄位，點選這個欄位可以切換是否顯示歌詞，預設是沒有顯示，點選後可以顯示歌詞。

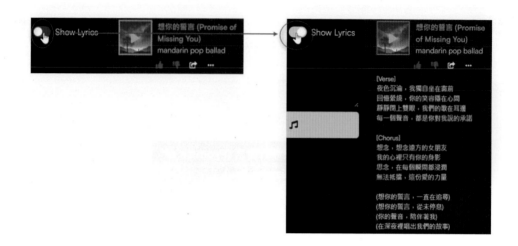

## 14-6　編輯歌曲

歌曲標題下方有 4 個圖示，功能如下：

### 14-6-1　下載儲存

前一節創作的兩首歌曲，筆者已經使用 Download Video( 用 MP4 下載與儲存 ) 和 Download Audio( 用 MP3 下載與儲存 )，分別下載到 ch14 資料夾，讀者可以參考，下列左邊是「想你的誓言」的 MP3，右邊是「想你的誓言」的 MP4，的播放畫面。

## 14-6-2 Remix

點選執行 Remix 後。

可以進入 Custom Mode 模式，在此我們可以更改歌詞 (Lyrics)、音樂類別 (Style of Music)、歌曲標題 (Title)。點選 Custom Mode 左邊的 ⬤，可以關閉 Custom Mode 模式。

更改完成可以按 Continue 鈕。

## 14-7　訂閱 Suno 計畫

目前筆者是使用免費計畫，每天可以有 50 點，相當於可以創作 10 首歌曲，不可以有商業用途。點選左側欄位的 Subscribe，可以了解免費和升級計畫，如下所示：

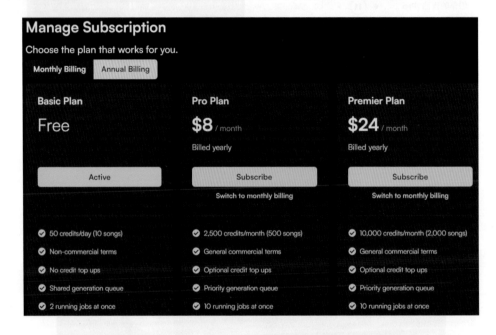

上述最大差異是，付費升級後，所創作的歌曲可以有商業用途 (General commercial terms)，創作生成歌曲有較高的優先順序，生成 10 首歌曲。

# 第 15 章
# AI 影片使用 D-ID

　　這一章介紹的是 AI 影片，影片也可以稱為視頻，這一章介紹的是 D-ID 公司的生成影片。這一章所介紹的功能主要是針對免費的部分，試用期間是 2 週，讀者有興趣可以自行延伸使用需付費的部分。

## 15-1　AI 影片的功能

AI 影片的應用不僅適合各行業，費用低廉，應用範圍很廣，下列是部分實例。

1： 公司簡報使用虛擬講師的 AI 影片，未來新進人員直接看影片即可。

2： 當產品要推廣到全球時，可以使用不同國籍的人員，建立 AI 影片，國外客戶會認為你是一家國際級的公司。

3： 社交場合使用 AI 影片，創造自己的特色。

4： 使用 AI 影片紀錄自己家族的時光。

## 15-2　D-ID 網站

請輸入下列網址，可以進入 D-ID 網站：

　https://www.d-id.com

可以看到下列網站內容。

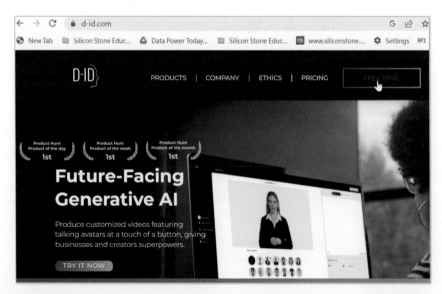

　　讀者可以從主網頁瀏覽 AI 影片相關知識，本章則直接解說，請點選 FREE TRIAL 標籤，可以進入試用 D-ID 的介面環境。

## 15-3　進入和建立 AI 影片

　　請點選 Create Video 可以進入建立 AI 影片環境。

### 15-3-1　認識建立 AI 影片的視窗環境

　　下列是建立 AI 影片的視窗環境。

## 15-3-2　建立影片的基本步驟

建立影片的基本步驟如下：

1： 選擇影片人物，如果沒有特別的選擇，則是使用預設人物，如上圖所示。

2： 選擇 AI 影片語言，預設是英文 (English)。

3： 選擇發音員。

4： 在影片內容區輸入文字。

5： 試聽，如果滿意可以進入下一步，如果不滿意可以依據情況回到先前步驟。

6： 生成 AI 影片。

7： 到影片圖書館查看生成的影片。

為了步驟清晰易懂，筆者將用不同小節一步一步實作。

## 15-3-3　選擇影片人物

筆者在 Choose a presenter 標籤下，捲動垂直捲軸選擇影片人物如下：

參考上圖點選後，可以得到下列結果。

### 15-3-4  選擇語言

從上圖 Language 欄位可以看到目前的語言是 English，可以點選右邊的 ∨ 圖示，選擇中文，如下所示：

然後可以得到下列結果。

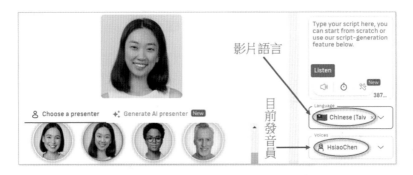

### 15-3-5  選擇發音員

當我們選擇中文發音後，預設的發音員是 HsiaoChen，如果要修改可以點選右邊的 ∨ 圖示，此例不修改。

### 15-3-6  在影片區輸入文字

在輸入文字區可以看到 ⏱ 圖示，這個圖示可以讓文字間有 0.5 秒的休息，筆者輸入如下：

所輸入的文字就是影片播出聲音語言的來源。

## 15-3-7　聲音試聽

使用滑鼠點選 🔊 圖示，可以試聽聲音效果。

## 15-3-8　生成 AI 影片

視窗右上方有 GENERATE VIDEO，點選可以生成 AI 影片。

上述可以生成影片，可以參考下一小節。

如果第一次使用會看到下列要求 Sign Up 的訊息。

　　輸入完帳號與密碼後，請點選 SIGN IN。如果尚未建立帳號，還會出現對話方塊要求建立帳號，同時會發 Email 給你，驗證你所輸入的 Email，下列是此郵件內容。

　　請點選 CONFIRM MY ACCOUNT，這樣就可以重新進入剛剛建立 AI 影片的視窗。

## 15-3-9　檢查生成的影片

AI 影片產生後，可以在 Video Library 環境看到所建立的影片。

試用期可以有20點, 這次建立AI影片使用了 1 點, 剩 19 點

## 15-3-10　欣賞影片

將滑鼠移到影片中央。

按一下可以欣賞此影片，如下所示：

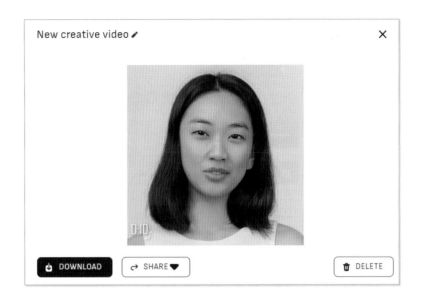

## 15-4　AI 影片下載 / 分享 / 刪除

播放影片的視窗上有 3 個鈕，功能如下：

DOWNLOAD

可以下載影片，格式是 MP4，點選此鈕可以在瀏覽器左下方的狀態列看到下載的
影片檔案。

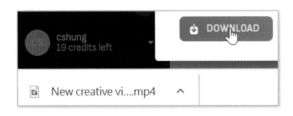

SHARE

可以選擇分享方式。

DELETE

可以刪除此影片。

## 15-5　影片大小格式與背景顏色

### 15-5-1　影片大小格式

影片有 3 種格式，分別是 Wide( 這是預設 )、Square( 正方形 ) 和 Vertical( 垂直形 )。

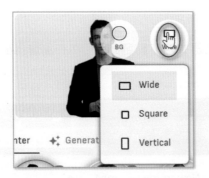

下方左圖是 Square( 正方形 )，下方右圖是 Vertical( 垂直形 )。

## 15-5-2　影片的背景顏色

在影片上可以看到 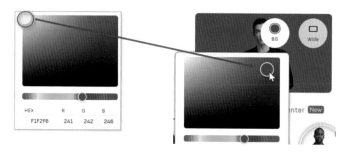 圖示，這個圖示可以建立影片的背景顏色，可以參考下圖。

建議使用預設即可。

## 15-6　AI 人物

在 Create Video 環境點選 Generate AI Presenter 標籤，可以看到內建的 AI 人物，如下所示：

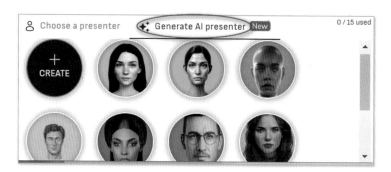

捲動垂直捲軸可以看到更多 AI 人物。

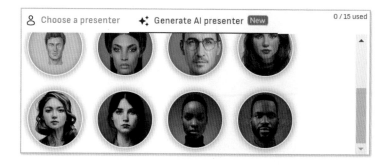

# 15-7　建立自己的 AI 播報員

15-3-3 節筆者選擇系統內建 AI 播報員,在人物選擇中第一格是 Add 圖示,你也可以使用上傳圖片當作影片人物,如下所示:

上述點選後可以按開啟鈕,就可以得到上傳的圖片在人物選單,請點選所上傳的人物,可以獲得下列結果。

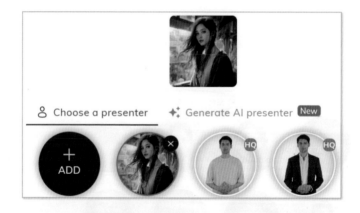

這樣就可以建立屬於自己圖片的播報員,下列是建立實例。

視窗右上方有 GENERATE VIDEO，請點選，然後可以看到下列「Generate this video?」字串，對話方塊。

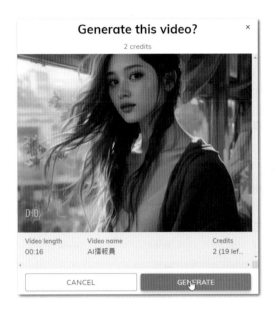

請點選 GENERATE 鈕，就可以生成此影片，這部影片存放在 ch15 資料夾，檔案名稱是「AI 播報員 .MP4」。

## 15-8　錄製聲音上傳

我們也可以使用自己的聲音上傳，請在 Create Video 環境點選右邊的 ⬆ Audio 圖示，如下所示：

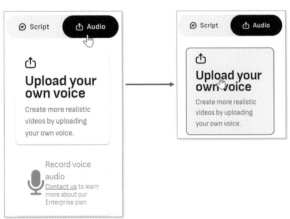

再度點選 Upload your own voice 可以看到開啟對話方塊，在此可以上傳自己的聲音檔案。

## 15-9　付費機制

點選左邊的 Pricing 標籤，可以看到付費機制如下：

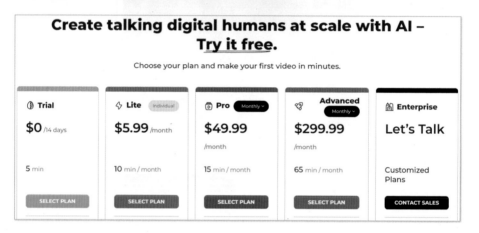

從上述可以看到價格如下：

| 項目 | 試用 Trial | 輕使用 Lite | 專業 Pro | 進階 | 企業 |
|------|-----------|------------|----------|------|------|
| 價格 | 0 元 /14 天 | 5.99/ 月 | 49.99/ 月 | 299.99/ 月 | 另外談 |
| 時間 | 5 分鐘 | 10 分鐘 | 15 分鐘 | 65 分鐘 | 專案打造 |

# 第 16 章
# AI 創意影片 - Runway

Runway 是一款 AI 創意工具，功能非常多，這一章主要是介紹這款工具下列 3 個功能。

- 文字生成影片
- 圖像生成影片
- 文字 + 圖像生成影片

# 16-1 進入 Runway 網站與註冊

## 16-1-1　進入 Runway 網站

請輸入下列網址，就可以進入 Runway 網站。

https://runwayml.com/

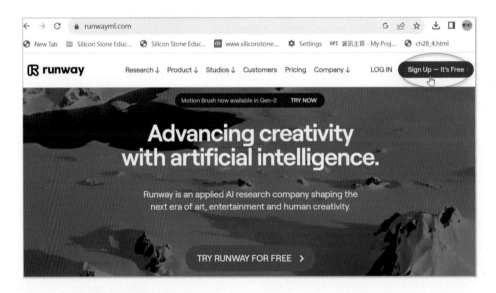

## 16-1-2　註冊

請點選右上方的 Sign Up – It's Free 鈕，可以看到下列畫面。

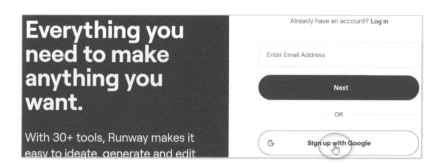

請點選 Sing up with Google 鈕。

請選擇適當的 Gmail，然後可以看到下方左圖。

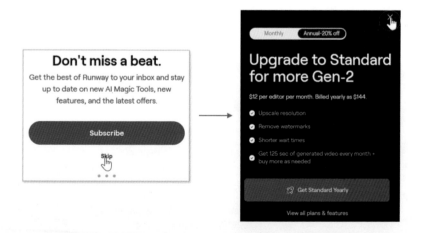

　　上述不論是選擇 Subscribe 鈕或是 Skip 鈕，進入 Runway 首頁後，皆會看到升級到 Standard 版的訊息，可以參考上方右圖。請點選右上方的關閉 ⊠ 圖示，就可以正式進入 Runway 首頁畫面。

免費計畫,工作區只能有3個專案　　從圖片開始　　從文字開始

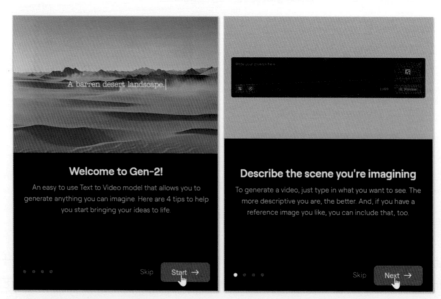

## 16-2　Runway 創作環境

### 16-2-1　說明訊息

請點選 Start with Text 鈕,然後可以看到提示訊息圖片。

**Welcome to Gen-2!**

An easy to use Text to Video model that allows you to generate anything you can imagine. Here are 4 tips to help you start bringing your ideas to life.

Skip　Start →

**Describe the scene you're imagining**

To generate a video, just type in what you want to see. The more descriptive you are, the better. And, if you have a reference image you like, you can include that, too.

Skip　Next →

「歡迎使用 Gen-2!」：一個易於使用的文字影片模型，讓您可以創造任何您能想像的東西。這裡有 4 個提示來幫助您開始實現您的想法。

「描述您想像中的場景」：要生成一個影片，只需輸入您想看到的內容。您越具描述性，效果越好。而且，如果您有一個您喜歡的參考圖片，您也可以插入進來。

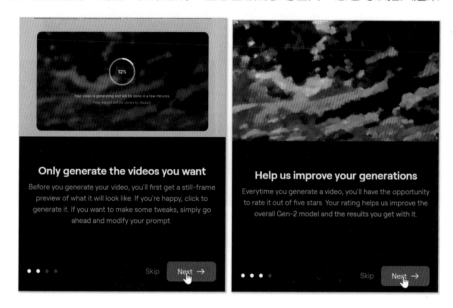

「只生成您想要的影片」：在您生成影片之前，您將先獲得一個靜態畫面預覽，展示它的外觀。如果您滿意，點擊生成它。如果您想進行一些調整，只需修改您的提示即可。

「幫助我們改善您的生成結果」：每次您生成一個視頻時，您都有機會對其進行五星級評分。您的評分有助於我們改善整體的 Gen-s 模型以及您使用它獲得的結果。

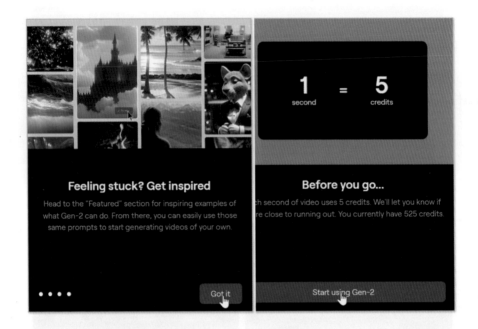

「感到困惑？尋找靈感」：前往「精選」區域，尋找 Gen-2 能做的令人啟發的範例。從那裡，您可以輕鬆地使用相同的提示開始生成您自己的影片。

「在您繼續之前 ...」：每秒視頻使用 5 個點數。如果您快用完了，我們會通知您。您目前有 525 個點數。

看完上述說明後，請點選 Start using Gen-2 鈕。

## 16-2-2　認識創意生成影片環境

進入 Runway 後，是選擇 TEXT 標籤，可以看到下列生成影片環境。

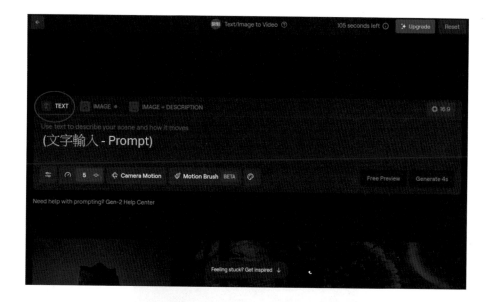

上述幾個重要欄位說明如下：

● Seed ：這是設定生成影片的種子值與生成的方法。

● General Motion 　5　：增加或減少影片中的移動強度，預設值是 5，
較高的值會導致更強的移動。

● Camera Motion **Camera Motion**：攝影機運動，指定攝影機的移動和強度，
就像您在拍攝一樣。

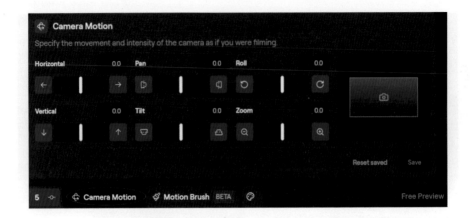

- Motion Brush 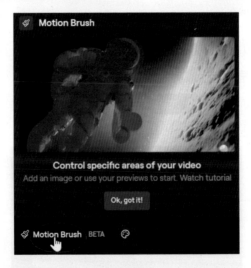 ：控制影片的特定區域，添加圖片或使用您的預覽來開始。按一下超連結 Watch tutorial，可以觀看教學說明。

- 風格 ：除了可用文字描述影片風格，也可以用此直接選擇影片風格。

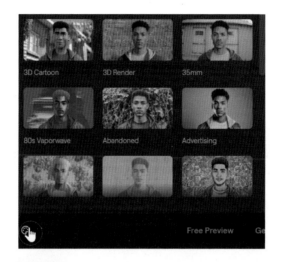

- 免費預覽 Free Preview ：如果直接正式生成影片，會耗用點數，可以用此先預覽影片。
- 影片生成 Generate 4s ：可以生成 4 秒影片。

本章所用的實例是使用上述預設，影片生成後無法用調整參數方式更改影片效果。當讀者熟悉影片規則後，需要先設定上述參數，然後生成的影片才會採用。

# 16-3　文字生成影片

## 16-3-1　輸入文字生成影片

Runway 目前只接收英文輸入，筆者輸入「漂亮女孩在火星散步」(Beautiful gril walking on Mars.)，筆者輸入如下：

對於免費的使用者而言，理論上是可以先按 Free Preview 鈕，了解內容，有時候使用的人太多時，此功能會無法用。此例，筆者直接按 Generate 4s 鈕，生成 4 秒影片，可以得到下列結果。

延長4秒　　下載 全螢幕顯示

Beautiful girl walking on Mars

## 16-3-2　影片後續處理

影片生成後，將滑鼠游標移到影片可以看到有上方出現圖示，在此影片環境可以應用下列處理功能。

● Extend 4s Extend 4s：初次完成影片的時間是 4 秒，按此鈕，可以用目前影片為基礎，繼續生成 4 秒影片，相當於影片變成 8 秒，免費版本最多可以生成 16 秒影片。

● Share Share：這個功能可以生成影片的超連結，擁有此超連結的人可以欣賞此影片。

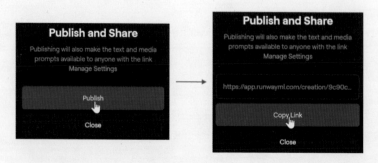

- Download ⬇️：點選可以下載此影片，ch16 資料夾內有這個影片，檔案名稱是 girl_video.mp4。
- Expand ⛶：以全螢幕播放此影片。

### 16-3-3　獲得靈感

在建立影片時，可以往下捲動螢幕獲得靈感。部分影片是用文字生成，只要將滑鼠游標指向該類影片，可以看到 Prompt 的描述。

### 16-3-4　返回主視窗

在 Runway 創作環境左上方有 ← 圖示，點選可以返回 Runway 主視窗。

## 16-4　圖像生成影片

### 16-4-1　進入與認識圖像生成影片環境

主視窗環境如下：

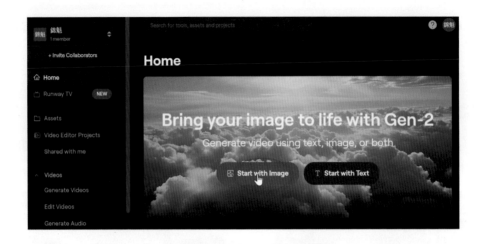

請點選 Start with Image 鈕，可以進入圖像生成影片環境。

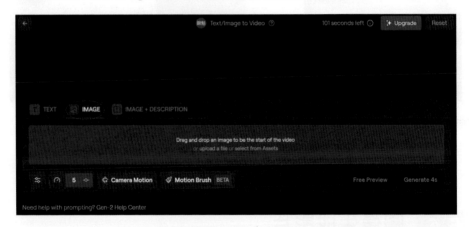

從上述可以看到與文字生成影片環境類似，但是目前是選擇 IMAGE 標籤。從上述可以知道，可以拖曳圖像到上述中間位置，或是可以用上傳圖檔方式。

## 16-4-2　上傳圖片生成影片

ch16 資料夾有 lake.jpg 檔案，上傳此檔案，可以得到下列結果。

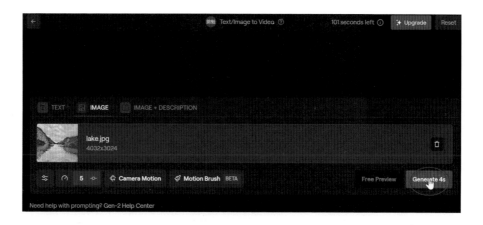

請按 Generate 4s 鈕，可以得到下列 4 秒的影片。

上述影片已經儲存在 ch16 資料夾，檔名是 lake_video.mp4。

# 16-5　文字 + 圖像生成影片

當我們進入創作環境後，可以點選 IMAGE+DESCRIPTION 標籤，進入文字 + 圖像生成影片環境。

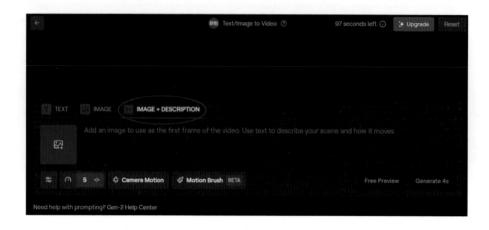

　　看到上述畫面，我們可以將圖像上傳，然後用文字描述此圖片或是說明如何移動畫面。筆者輸入 ch16 資料夾的 CoffeeShop.jpg，然後輸入「這是咖啡廳，讓背景從左到右移動，移動時鏡頭拉近」(This is a coffee shop, let the background move from left to right, and zoom in as it moves.)。

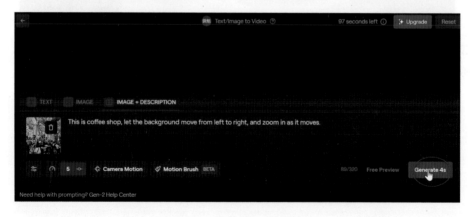

請按 Generate 4s 鈕，可以得到下列結果。

此影片已下載到 ch16 資料夾，檔案名稱是 CoffeeShop_video.mp4。

## 16-6　Assets 功能

返回主視窗點選 Assets 功能，可以看到自己所有的生成影片。

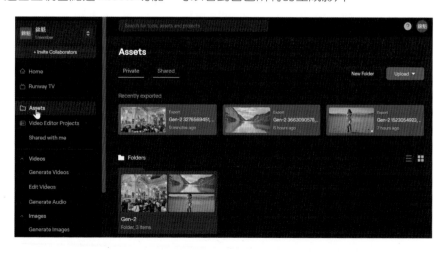

註　免費版本的 Assets 空間限制是 5G。

# 16-7　升級計畫

坦白說筆者用了 Runway，非常喜歡此產品，許多功能因為篇幅限制沒有介紹，讀者可以自己摸索測試。在主視窗左側下方有 `Upgrade to Standard` 圖示，點選可以了解付費升級的說明。

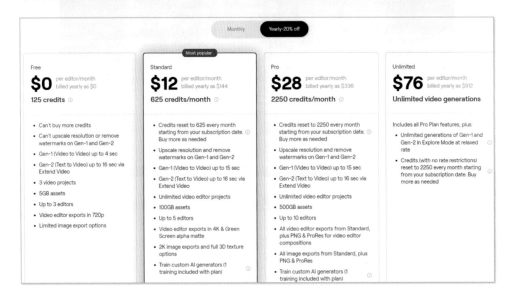

建議有興趣的讀者可以先升級到 Standard 會員，每個月是 12 美元，可以有 625 點，Assets 空間是 100G，然後依據使用情況決定是否繼續升級。

# 第 17 章
# AI 簡報 - Gamma

Gamma 是由台灣 AI 團隊領導開發的線上 AI 簡報產生器，使用它可以在最短時間，一次生成簡報、網頁和文件，這將是本章的主題。

## 17-1　認識 Gamma 與登入註冊

### 17-1-1　認識 Gamma AI 簡報的流程

AI 簡報 Gamma 是一款免費的線上 AI 簡報產生器，其主要功能和流程如下：

● 使用者註冊：使用者需先免費註冊帳號

● 主題輸入：然後輸入想要製作簡報的主題，第一次使用也可以用預設的主題體驗。

● AI 自動產生大綱：AI 會根據輸入的主題自動生成簡報的大綱。

● 選擇背景模板：用戶可以選擇不同的背景模板來自訂簡報的外觀。

● 內容生成：簡報會包含圖文、表格等，以創造一個專業的簡報內容。

● 自訂和調整：如果用戶對 AI 生成的內容不滿意，可以指示 AI 進行調整，例如更專業的措辭、增加圖片、簡化文字、加入分析圖等。此外，用戶也可以手動修改內容，如插入表格、流程圖、圖片、嵌入影片、添加文字說明等。

● 匯出和進階編輯：完成的簡報可以免費匯出為 PPT 格式，並可在 PowerPoint 中執行進階編輯，例如插入動畫、使用更多的 PPT 模板和素材。

整體來看，Gamma 提供了一個快速、簡便且靈活的方式來創建專業級的簡報，這對於需要製作高品質簡報的商業專業人士或學生等用戶來說是非常有用的工具。

### 17-1-2　進入 Gamma 網站

請輸入下列網址，可以進入 Gamma 網站。

https://gamma.app

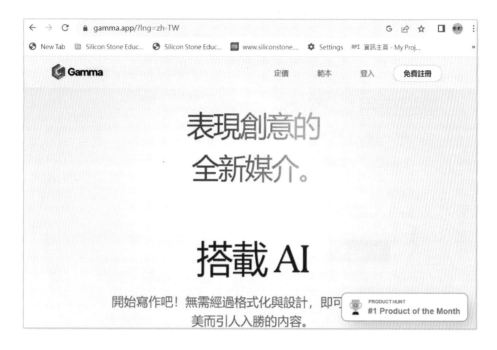

一進入網站看到親切的中文，就感受到台灣團隊的用心，同時恭喜此產品獲得 Product Hunt 月推薦第一名。

## 17-1-3　註冊

點選右上方的免費註冊，可以進入註冊，下列是筆者的註冊過程。

接著會有 2 個步驟，要求輸入個人資料的調查，請參考下列過程。

上述填寫完成，才可以進入 Gamma AI 的工作首頁。

　　從上述可以看到 Gamma 目前有提供簡報內容、文件和網頁服務，本章主要是說明簡報內容的應用。螢幕左下方有 400 點，這是我們的免費點數，使用 Gamma 內建 AI 生成的內容才會扣點數，我們自行修改的內容不會扣點數，用完後我們可以決定是否購買成為會員。註：使用 Gamma 建立一個簡報會扣 40 點。

註　升級至 Gamma Pro 費用從每個月 15 美元起跳。

# 17-2　AI 簡報的建立、匯出與分享

## 17-2-1　建立 AI 簡報

請點選簡報內容，可以看到下列畫面。

上述要求輸入主題，如果第一次使用也可以選擇 Gamma 預設的主題。此例，筆者選擇預設主題「穿越雨林之旅」。

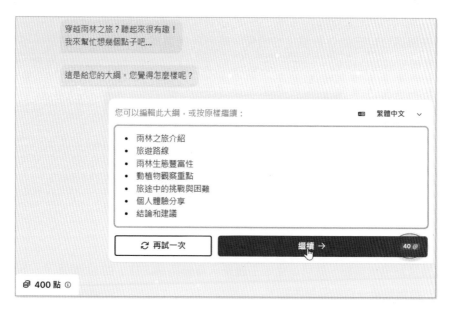

　　主題完成後，Gamma 就協助你設定大綱，我們可以更改此大綱，這些大綱就是未來簡報頁面的標題。如果你滿意此大綱可以點選繼續，下一步是挑選簡報的風格外觀設計，或是稱選擇簡報模版。註：上述繼續鈕右邊有 40，這是告訴你此動作會花費 40 點。

　　請選擇適合自己的外觀風格的模板，筆者此例選擇 Icebreaker，點選後可以在左邊看到簡報外觀風格模板。

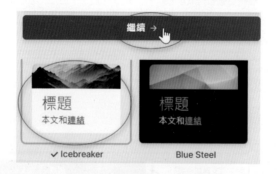

　　然後請點選繼續鈕，就可以生成主題是「穿越雨林之旅」的 AI 簡報了，下列分別顯示第一頁與最後一頁的簡報內容。

...

## 17-2-2　匯出成 PDF 與 PowerPoint

Gamma 簡報視窗右上方有 ⋯ 圖示，點選可以看到匯出指令。

執行匯出後，可以選擇匯出至 PDF 或是匯出至 PowerPoint，如下所示：

本書 ch17 資料夾內有 2 個檔案，「穿越雨林之旅 PDF」和「穿越雨林之旅 PPT」是匯出，然後筆者更改檔案名稱的結果。下列是 PDF 與 PPT 的輸出，可以正常顯示。

## 17-2-3　簡報分享

簡報視窗上方有 <u>⊘ 分享</u> 圖示，點選此分享圖示，可以參考下圖。

點選分享圖示後，可以看到下列畫面：

　　從上圖可以知道主要是有邀請其他人與公開分享方式等，我們可以複製此簡報的連結給需要的人。例如：如果是學校老師，可以複製此連結給學生。上述右下方有檢視選項，檢視是一個使用權限，點選檢視可以選擇有此連結用戶的使用權限，可以參考下圖。

　　參考上述說明，可以知道有簡報連結者目前使用權限是檢視，簡報製作者可以設定簡報的使用權限。

## 17-3　復原與版本功能

### 17-3-1　復原功能

在簡報編輯過程，如果執行錯誤，我們可以復原到前一個步驟的版本。點選 Gamma 右上方的 ⋯ 圖示後，可以看到復原指令。

### 17-3-2　版本歷程紀錄

有時候我們執行太多次復原功能，這時可以用版本歷程記錄指令回復到想要的版本，此指令在復原指令下方，可以參考下方左圖。

執行後可以看到這個簡報版本的歷程記錄，可以參考上方右圖的左半部，我們可以在此選擇適合的版本，然後點選右下方的復原鈕執行恢復該版本的簡報。

## 17-4 展示與結束

我們可以使用簡報視窗上方的展示鈕 ▶ 展示 ，開始簡報，預設是在這個瀏覽器的標籤頁面展示簡報。展示鈕右邊有 ∨ 圖示，點選後可以選擇使用瀏覽器標籤頁面或是全螢幕展示簡報。

正式展示簡報過程，如果將滑鼠游標移到簡報上方，會出現結束鈕。

點選結束鈕或是按 Esc 鍵，可以結束播放簡報。

## 17-5 簡報風格模版主題

17-2-1 節建立簡報時，我們需要選擇簡報風格模板主題，當時選擇是 Icebreaker，我們也可以在建立簡報完成後，點選主題圖示 ✿ 主題 ，更改簡報模板主題，點選後可以看到下列畫面。

上述點選後，可以直接更改簡報外觀主題風格。

## 17-6 Gamma 主功能表 – 建立與匯入簡報

### 17-6-1 Gamma 主功能表

簡報視窗左上方有⌂圖示，點選這個圖示可以進入 Gamma 主功能表。

## 17-6-2　新建 (AI) 與從頭開始建立

在 Gamma 主功能表環境，可以選擇 2 種方式建立新的簡報：

❑　新建 (AI) ＋ 新建 AI

點選後可以看到下列畫面。

此例選擇產生，可以看到下列畫面。

現在點選簡報內容，就可以看到 17-2-1 節開始建立簡報的畫面了。

❏ 從頭開始建立 ＋ 從頭開始建立

如果你不想使用 AI 協助，可以點選從頭開始建立，這時的畫面將如下：

這時就需要一步一步建立簡報了。

## 17-6-3 匯入簡報

點選匯入圖示 ⊕ 匯入 ∨ ，有 AI 匯入與普通匯入等，2 種匯入簡報方式：

如果使用 AI 匯入，可以有許多驚喜，ch17 資料夾有「星座入門 .pptx」簡報，內容幾乎是空白，筆者嘗試用 AI 匯入，了解 Gamma 可以為我們如何處理這個簡報。此簡報內容如下：

請執行「匯入 \AI 匯入」指令。

請執行上傳檔案。

請選擇簡報內容，再點選繼續。

上述繼續鈕右邊有 40，這是告訴你將花費 40 點，請點選繼續。

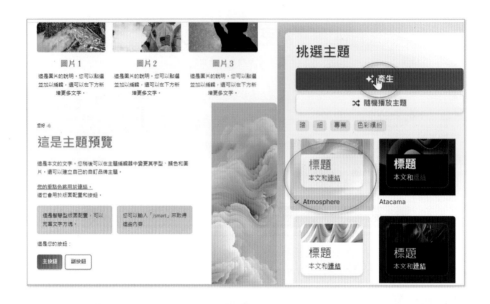

這是選擇簡報樣式的模板主題，筆者選擇 Atmosphere，然後點選產生鈕。

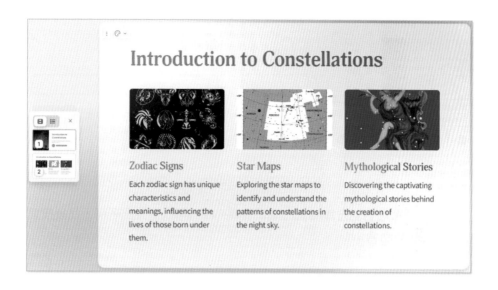

坦白說，非常有創意的結果，可惜筆者原先的簡報是中文，Gamma 卻用英文匯入結果。筆者已經將此回報給研發單位，也許讀者閱讀這本書時，已經改為中文 AI 簡報的結果了。

## 17-6-4 刪除簡報

在 Gamma 功能表內，如果將滑鼠游標移到簡報右下方，可以看到 [⋯] 圖示，按一下可以開啟隱藏的功能表，這個功能表有操作該簡報的系列功能，其中傳送至垃圾桶指令，可以刪除簡報。

## 17-6-5 更改簡報名稱

參考前一小節，點選 [⋯] 圖示，按一下可以開啟隱藏的功能表，請執行重新命名指令。

簡報名稱　請輸入新的名稱

會出現重新命名對話方塊和舊的簡報名稱，我們可以更改此名稱，然後按重新命名鈕，就可以重新命名。

# 17-7　簡報的編輯

首先讀者需知道，在 Gamma 中每一頁簡報被稱為是一張卡片 (card)，簡報編輯環境頁面內容如下：

上述部分功能鈕筆者已經在先前章節解說，所以不再標註，下列將分成 5 個小節解說。

### 17-7-1　幻燈片區

可以選擇影片條視圖 (Filmstrip view) 或是列表視圖 (List view)，預設是影片條視圖。

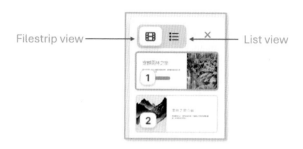

### 17-7-2　選單

點選 ⫶ 圖示，可以看到選單。

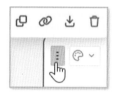

上述從左到右的功能分別是，「複製卡片」、「複製卡片連結」、「匯出卡片」、「刪除卡片」。

### 17-7-3　卡片樣式

可以設定單頁卡片的圖片與文字之間的關係。

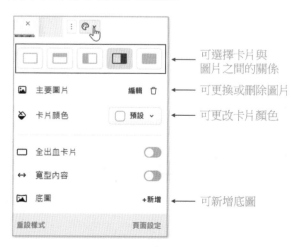

## 17-7-4　新增卡片

你必須將滑鼠游標放在投影片內，才可以看到新增卡片圖示，有 2 種新增卡片方式：

新增空白卡片 ————  ———— 新增AI卡片

❑　新增空白卡片

這個功能會在目前卡片下方新增空白卡片，然後你可以輸入卡片內容，再選擇卡片版面樣式。

❑　新增 AI 卡片

新增 AI 卡片點選之後，可以在右邊看到輸入新增卡片標題的輸入框。

筆者想依賴 AI，不做輸入，直接按 ▶ 鈕，可以得到下列結果。

## 17-7-5　編輯工具

❑　　卡片範本

　　點選卡片範本後，可以選擇適合的範本拖曳到卡片內部，例如下列是執行結果的實例，圈起來的就是卡片範本。

❑　文字格式 Aa

我們拖曳適當的標題或清單到卡片內，可參考下方左圖。

❑　圖說文字區塊 💬

我們可以用拖曳方式，將適當的文字方塊拖曳到卡片內，可參考上方右圖。

❑　版面配置選項 ▣

我們可以選擇版面配置，用拖曳方式插入卡片內，可參考下方左圖。

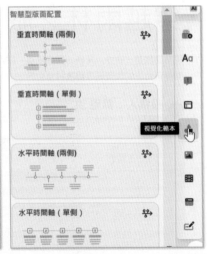

❑　視覺化範本 ▲

我們可以用拖曳方式將視覺化智慧版型拖曳到卡片內，可參考上方右圖。

❑ 新增圖片

我們可以拖曳新增圖片功能到卡片內，可參考下方左圖。

❑ 將影片嵌入

我們可以用拖曳方式將影片嵌入卡片內，可參考上方右圖。

❑ 將應用程式和網頁嵌入

可以選擇將適當的應用程式和網頁拖曳到卡片內，可參考下方左圖。

❑ 表格和按鈕

表格或是按鈕拖曳就可以插入卡片內，可參考上方右圖。

# 17-8　認識 Gamma 會員方案

點選 Gamma 功能表下方的檢視方案，可以看到 Gamma 的會員方案。

　　如果讀者喜歡 Gamma 這個 AI 簡報，可以用每個月 8 美元升級至 Plus 方案。如果支付每個月 15 美元，則可升級至 Pro 方案，這個方案可以無限制使用 AI。我們更應該以行動支持努力研發的公司。

# 第 18 章

# ChatGPT 輔助 Python 程式設計

　　許多資訊科系的學生夢想是可以到一流的公司擔任軟體工程師，網路流傳 ChatGPT 若是去應徵 Google 工程師，已經可以錄取初級工程師，這一章將一步一步用實例帶領讀者了解 ChatGPT 的程式設計能力。在測試 ChatGPT 的過程，有時候 ChatGPT 生成的程式是適用 Google Colab 上執行的「.ipynb」程式，有時候生成的是在 Python Shell 環境執行的「.py」程式，所有程式皆可以在 ch18 資料夾內找到。

# 18-1　語言模型和程式設計的交集

## ❑　ChatGPT 語言模型的基本概念

　　語言模型是一種人工智慧技術，專門用於理解和生成自然語言本文。這些模型是以大量的數據進行訓練為基礎，以學習語言的結構和語意。本章所要介紹的，語言模型如 ChatGPT-4( 生成預訓練變換器 ) 已經達到了令人驚嘆的準確性和多功能性。

## ❑　程式設計的核心

　　程式設計是一種創造性的過程，涉及使用程式語言來解決問題或實現特定功能。儘管這看似與自然語言無關，但實際上，程式設計也需要一種「語言」來表達邏輯和指令。

## ❑　交集的出現

　　傳統上，語言模型和程式設計被視為兩個相對獨立的領域。然而，隨著語言模型的進步，這兩個領域開始出現交集。以下是一些主要的交集點：

1. 程式碼生成：先進的語言模型如 ChatGPT 能夠生成程式語言的程式碼，這不僅可以加速開發過程，還可以作為一種創新的解決方案生成工具。
2. 程式碼檢查：語言模型可以用於自動審查程式碼，識別出可能的錯誤或不良實作。
3. 自然語言查詢：開發者可以使用自然語言查詢來獲取片段程式碼或解決方案，而不需要進行繁瑣的搜索。
4. 文檔生成：自動生成程式碼註解或用戶手冊，減少手動文案撰寫的需求。

## ❑　結論

語言模型和程式設計的這種交集開啟了一個全新的可能性空間，它允許我們以更

高效、更智慧的方式進行軟體開發。隨著技術的不斷發展，我們可以預見這種交集將帶來更多創新和機會。

## 18-2 輔助學習 Python 的變數與資料類型

筆者請求 ChatGPT 輔助學習 Python 的變數與資料類型獲得下列結果。

**實例 1**：您輸入「請用程式說明 Python 的變數與資料型態」。

> **ChatGPT**
>
> 當然，我將透過一個簡單的Python程式來說明Python中的變數和資料型態。
>
> Python支援多種資料型態，包括但不限於：
>
> 1. 整數（Integers）- 用於表示整數值。
> 2. 浮點數（Floats）- 用於表示有小數點的數字。
> 3. 字串（Strings）- 用於表示文本。
> 4. 布林值（Booleans）- 表示真（True）或假（False）。
> 5. 列表（Lists）- 用於儲存一系列的元素。
> 6. 元組（Tuples）- 與列表類似，但一旦創建就不能修改。
> 7. 字典（Dictionaries）- 存儲鍵值對。
>
> 我將撰寫一個簡短的程式來展示這些基本的資料型態。這個程式將創建各種資料型態的實例，並列印它們的值和型態。讓我們開始吧。

> 這裡是一個Python程式的輸出，展示了不同資料型態的變數和它們的值：
>
> 1. 整數（Integers）：數值 `5`，型態為 `int`。
> 2. 浮點數（Floats）：數值 `3.14`，型態為 `float`。
> 3. 字串（Strings）：文本 `"Hello, Python!"`，型態為 `str`。
> 4. 布林值（Booleans）：值 `True`，型態為 `bool`。
> 5. 列表（Lists）：列表 `[1, 2, 3, 4, 5]`，型態為 `list`。
> 6. 元組（Tuples）：元組 `(1, 2, 3)`，型態為 `tuple`。
> 7. 字典（Dictionaries）：字典 `{'name': 'Alice', 'age': 30}`，型態為 `dict`。
>
> 點選可以看到程式
>
> 每一種資料型態在Python中都有其特定的用途和特性。例如，列表和元組都可以儲存一系列元素，但列表可以修改而元組不可以。字典則用於儲存鍵值對，非常適合用來表示具有標籤的資料。 `[>_]`

　　點選 [>-] 圖示，可以看到程式，程式基本上是 ipynb 格式，需要複製到 Google Colab 上執行，下列是實例與執行結果。

```
1   # ch18_1.ipynb 示例程式：展示Python中的基本資料型態
2
3   # 整數
4   integer_example = 5
5
6   # 浮點數
7   float_example = 3.14
8
9   # 字串
10  string_example = "Hello, Python!"
11
12  # 布林值
13  boolean_example = True
14
15  # 列表
16  list_example = [1, 2, 3, 4, 5]
17
18  # 元組
19  tuple_example = (1, 2, 3)
20
21  # 字典
22  dictionary_example = {"name": "Alice", "age": 30}
23
24  # 列印各個變數的值和型態
25  variables = [integer_example, float_example, string_example,
26  variable_types = [type(var) for var in variables]
27
28  (variables, variable_types)
```

執行結果

```
([5,
  3.14,
  'Hello, Python!',
  True,
  [1, 2, 3, 4, 5],
  (1, 2, 3),
  {'name': 'Alice', 'age': 30}],
 [int, float, str, bool, list, tuple, dict])
```

　　程式列號與編號 ch18_1.ipynb 是筆者另外加上去，方便閱讀。本書 ch18 資料夾有附「.ipynb」和「.py」兩種格式的檔案。如果讀者要進一步學習基礎語法，可以輸入下列 Prompt：

　　「請用 Python 程式實例說明運算符號」

　　「請用 Python 程式實例說明函數的用法」

# 18-3 專案題目協助與流程圖繪製

## 18-3-1 一般題目協助

我們可以描述問題，讓 ChatGPT 專案協助設計此程式。

**實例 1**：您輸入「有一個品牌車輛，前 3 年每年價值衰減 15%，請問原價 100 萬的車輛 3 年後的殘值是多少。」。

> **ChatGPT**
>
> 要計算一輛車在經過前三年每年價值衰減15%後的殘值，我們可以使用下面的公式：
>
> $$殘值 = 原價 \times (1 - 衰減率)^{年數}$$
>
> 在這個例子中，原價是100萬，衰減率是15%（或0.15），年數是3年。將這些數值代入公式中，我們可以計算出3年後的殘值。讓我來計算一下。
>
> ⚠ 分析出錯 ⌄
>
> 經過三年，每年價值衰減15%之後，原價100萬的車輛殘值約為614,125元。 [>-]

```
1  # ch18_2.ipynb 重新計算車輛殘值
2
3  # 初始參數
4  original_price = 1000000    # 原價100萬
5  depreciation_rate = 0.15    # 每年衰減15%
6  years = 3   # 3年
7
8  # 計算殘值
9  residual_value = original_price * ((1 - depreciation_rate) ** years)
10 residual_value
```

執行結果　　　614124.9999999999

## 18-3-2 程式設計

我們也可以在請求協助設計程式時，另外再引用 10-5 節的 Diagrams:Show Me，增加繪製流程圖。

**實例 1**：您輸入「假設成績計算的標準是「採用 A, B, C, D, F 等級」，90～100 分是 A，80～89 是 B，70～79 是 C，60～69 是 D，60 以下是 F，請設計程式讀取輸入分數，然後可以輸出成績」。

**ChatGPT**

當然，我可以為您提供一個簡單的 Python 程式來實現這個成績計算的功能。這個程式會根據您提供的分數範圍（A, B, C, D, F）來判定成績等級。

程式碼如下：

```
1   # ch18_3.py
2   def calculate_grade(score):
3       if 90 <= score <= 100:
4           return 'A'
5       elif 80 <= score <= 89:
6           return 'B'
7       elif 70 <= score <= 79:
8           return 'C'
9       elif 60 <= score <= 69:
10          return 'D'
11      else:
12          return 'F'
13
14  # 使用範例
15  score = int(input("請輸入分數: "))
16  grade = calculate_grade(score)
17  print(f"分數為 {score} 的成績等級是: {grade}")
```

**執行結果**

```
請輸入分數: 85
分數為 85 的成績等級是: B
```

下列是參考 10-5 節進入 Diagrams:Show Me，輸入「假設成績計算的標準是「採用 A, B, C, D, F 等級」，90 ～ 100 分是 A，80 ～ 89 是 B，70 ～ 79 是 C，60 ～ 69 是 D，60 以下是 F，請設計程式讀取輸入分數，然後可以輸出成績，請同時用 Diagrams:Show Me 繪製繁體中文的流程圖」所產生的流程圖。

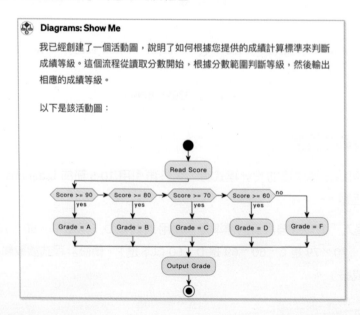

**Diagrams: Show Me**

我已經創建了一個活動圖，說明了如何根據您提供的成績計算標準來判斷成績等級。這個流程從讀取分數開始，根據分數範圍判斷等級，然後輸出相應的成績等級。

以下是該活動圖：

# 18-4 閱讀程式與增加註解

## 18-4-1 ChatGPT 具有閱讀程式與修正錯誤的能力

有一個程式 ch18_4.py，內容如下：

```
1  # ch18_4.py
2  def division(x, y):
3      return x / y
4
5  print(division(10, 2))
6  print(division(5, 0))
7  print(division(6, 3))
```

**執行結果**

```
5.0
-------------------------------------------------------------------
ZeroDivisionError                          Traceback (most recent call last)
<ipython-input-1-f4815e18dad2> in <cell line: 6>()
      4
      5 print(division(10, 2))
----> 6 print(division(5, 0))
      7 print(division(6, 3))

<ipython-input-1-f4815e18dad2> in division(x, y)
      1 # ch18_4.ipynb
      2 def division(x, y):
----> 3     return x / y
      4
      5 print(division(10, 2))

ZeroDivisionError: division by zero
```

下列是將此程式上傳當作輸入的畫面，ChatGPT 回應的結果。

您

　ch18_4.ipynb
　檔案

請說明ch18_4.ipynb程式的功能以及問題點

**ChatGPT**

這個 Jupyter 筆記本 `ch18_4.ipynb` 包含了一個 Python 程式，該程序定義了一個 `division` 函數，用於計算兩個數字的除法結果，並測試了這個函數。

1. **程式功能**：
   * `division(x, y)` 函數接受兩個參數 `x` 和 `y`，並返回它們的除法結果 `x / y`。
   * 程式使用三個 `print` 語句來測試這個函數，分別是 `division(10, 2)`、`division(5, 0)` 和 `division(6, 3)`。

2. **潛在問題點**：
   * **除以零的錯誤**：當 `y` 為0時，試圖執行 `x / y` 會導致除以零的錯誤。在程式中，`division(5, 0)` 這行代碼會導致這個錯誤。
   * **缺乏錯誤處理**：函數中沒有錯誤處理來處理可能的除以零錯誤。理想情況下，應該有一個機制來處理這種情況，例如使用 `try-except` 語句。

   * **函數設計**：函數目前只適用於除法運算，並且沒有考慮到非數值輸入或其他異常情況。

3. **改進建議**：
   * 在 `division` 函數中添加錯誤處理，尤其是處理除以零的情況。
   * 可以擴展函數功能，使其能夠更好地處理非數字輸入和其他異常情況。
   * 提供更明確的用戶反饋，例如當除以零時提供一個友好的錯誤消息而不是讓程式崩潰。

   如 **查看分析** 我可以協助您修改這個程式，以解決這些問題並增強其健壯性。

讀者可以點選 ⊡ 圖示查看分析，下列是輸入「請修改這個程式，以解決這些問題並增強其健壯性」，所獲得的結果

**ChatGPT**

我已經修改了原先的程式，增加了錯誤處理來解決除以零和輸入類型不正確的問題。這個修改後的版本現在更健壯，能夠妥善處理各種異常情況。

修改後的程式已經被保存為一個新的 Jupyter 筆記本，您可以透過以下連結下 **下載檔案**

下載修改後的筆記本

這個筆記本包含了新的 `safe_division` 函數，並且對幾個不同的測試案例進行了測試，包括除以零和非數字輸入的情況。您可以執行這個筆記本來查看這些測試案例的結果。⊡

```
1   # ch18_4.py - revised version
2   def safe_division(x, y):
3       try:
4           result = x / y
5       except ZeroDivisionError:
6           return "錯誤：除數不能為0"
7       except TypeError:
8           return "錯誤：輸入必須是數字"
9       else:
10          return result
11
12  test_cases = [(10, 2), (5, 0), (6, 3), ('a', 2), (7, 'b')]
13
14  for x, y in test_cases:
15      print(f'{x} / {y} = {safe_division(x, y)}')
```

**執行結果**

```
10 / 2 = 5.0
5 / 0 = 錯誤：除數不能為0
6 / 3 = 2.0
a / 2 = 錯誤：輸入必須是數字
7 / b = 錯誤：輸入必須是數字
```

從上述執行結果可以看到，ChatGPT 的確可以看得懂程式，同時協助我們修訂了錯誤。

## 18-4-2 增加程式註解

我們可以請 ChatGPT 為程式增加註解，可以參考下列畫面。

您

ch18_4_revised.ipynb
檔案

請為ch18_4_revised.ipynb增加程式註解

ChatGPT

我已經為 `ch18_4_revised.ipynb` 筆記本增加了程式註解，以幫助更好地理解程式的各個部分和功能。

您可以通過以下連結下載帶有註解的筆記本：

下載帶註解的筆記本

這個筆記本包含對 `safe_division` 函數及其測試案例的詳細解釋，這將有助於您了解每個部分是如何工作的 ↓ 以及為什麼要這樣寫。 [>_]

下列是含註解的程式內容。

```
1   # ch18_4.py - revised version with comments
2   # 定義一個安全進行除法的函數，包含錯誤處理
3   def safe_division(x, y):
4       try:
5           # 嘗試進行除法
6           result = x / y
7       except ZeroDivisionError:
8           # 處理除數為零的情況
9           return "錯誤：除數不能為0"
10      except TypeError:
11          # 處理輸入非數字的情況
12          return "錯誤：輸入必須是數字"
13      else:
14          # 正常情況下返回除法結果
15          return result
16
17  # 測試案例
18  test_cases = [(10, 2), (5, 0), (6, 3), ('a', 2), (7, 'b')]
19
20  # 遍歷並打印測試案例的結果
21  for x, y in test_cases:
22      print(f'{x} / {y} = {safe_division(x, y)}')
```

當然 Python 程式設計時，也可以使用 Docstring 觀念註解函數，讀者可以使用下列的 Prompt：

「請增加為函數 safe_division( ) 增加 Docstring 文件字串。」

# 18-5　重構程式

有時候我們寫的程式效率不好或是可讀性不好，這時可以請求 ChatGPT 協助我們重構程式，重構之後的程式，除了可以增加效率，也可以讓程式更加模組化，未來可以易於理解和維護。同時由 ChatGPT 修改的結果，可以看到矽谷高手的設計風格。有一個程式 ch18_5.py 與執行結果如下：

```
1   # ch18_5.py
2   for i in range(1, 10):
3       for j in range(1, 10):
4           if j <= i:
5               print("aa", end="")
6       print()                    # 換列輸出
```

執行結果

```
==================== RESTART: D:\ChatGPT_Turbo\ch18\ch18_5.py ====================
aa
aaaa
aaaaaa
aaaaaaaa
aaaaaaaaaa
aaaaaaaaaaaa
aaaaaaaaaaaaaa
aaaaaaaaaaaaaaaa
aaaaaaaaaaaaaaaaaa
```

下列是要求重構程式的實例。

```
1  # ch18_5.py - Refactored Version
2  # This script prints a pattern of 'aa' in a specific format using nc
3
4  for i in range(1, 10):
5      # Using list comprehension and join to simplify the inner loop
6      line = "".join(["aa" for j in range(1, i + 1)])
7      print(line)
```

> 這個版本利用了列表推導式和字符串的 join 方法來產生每一行的內容，並
> 且包含了註解以便於理解。如果您有其他的問題或需要進一步的幫助，請
> 告訴我！[>-]

註　原先程式使用雙層迴圈處理，ChatGPT 改為使用一個迴圈處理。

## 18-6　重寫程式

有時候看別人設計的程式，如果程式比較複雜，我們可能一時無法了解程式設計
的邏輯，這時可以借助 ChatGPT 幫我們分析與解說程式。甚至我們也可以讓 ChatGPT
協助我們擴充功能。

### 18-6-1　解說程式同時加上註解

下列 ch18_6.py 是一個八皇后的程式設計。

```
1   # ch18_6.py
2   class Queens:
3       def __init__(self):
4           self.queens = size * [-1]
5           self.solve(0)
6           for i in range(size):
7               for j in range(size):
8                   if self.queens[i] == j:
9                       print('Q ', end='')
10                  else:
11                      print('. ',end='')
12              print()
13      def is_OK(self, row, col):
```

```
14              for i in range(1, row + 1):
15                  if (self.queens[row - i] == col
16                      or self.queens[row - i] == col - i
17                      or self.queens[row - i] == col + i):
18                      return False
19          return True
20
21      def solve(self, row):
22          if row == size:
23              return True
24          for col in range(size):
25              self.queens[row] = col
26              if self.is_OK(row, col) and self.solve(row + 1):
27                  return True
28          return False
29
30  size = 8
31  Queens()
```

執行結果

```
==================== RESTART: D:\ChatGPT_Turbo\ch18\ch18_6.py ====================
Q . . . . . . .
. . . . Q . . .
. . . . . . . Q
. . . . . Q . .
. . Q . . . . .
. . . . . . Q .
. Q . . . . . .
. . . Q . . . .
```

下列是請求 ChatGPT 閱讀與分析程式的執行過程，同時加上註解。

請說明ch18_6.py的執行過程,同時為這個程式加上註解

這個 `ch18_6.py` 程式碼定義了一個解決八皇后問題的類 `Queens`。現在我來解釋這個程式的執行過程，並為其加上註解。

### 執行過程說明

1. 初始化(`__init__` 方法):
   • 初始化一個名為 `queens` 的列表，用於儲存每一行皇后的位置。列表的大小是 `size`（在這個案例中是 8，代表棋盤的大小）。
   • 調用 `solve` 方法從第 0 行開始尋找皇后的安排。
   • 打印棋盤上的皇后位置，`Q` 代表皇后，`.` 代表空格。

2. 檢查是否安全(`is_OK` 方法):
   • 檢查在某一行和列放置皇后是否安全。它檢查該列、左對角線和右對角線上是否已經有皇后。

3. **解決問題(`solve` 方法)**:
   - 遞歸方法，用於在每一行放置一個皇后，並確保不會攻擊到其他皇后。
   - 如果在當前行找到安全的列，則在該列放置皇后並進入下一行。
   - 如果在所有列都無法安全放置皇后，則返回 False。
   - 如果成功在所有行放置了皇后，則返回 True。

### 加上註解的程式碼

現在我將為這段程式碼加上註解以便於理解。[>_]

我已為 `ch18_6.py` 程式碼加上了註解，以便於理解其運作過程:

```
1  # ch18_6_with_comment.py
2  # 這個程式解決了經典的八皇后問題，即在 8x8 的棋盤上放置八個皇后，
3  # 使得它們互不攻擊。
4  class Queens:
5      def __init__(self):
6          # 初始化皇后的位置列表，-1 表示沒有放置皇后
7          self.queens = size * [-1]
8          # 從第一行開始解決問題
9          self.solve(0)
10         # 打印解決方案
11         for i in range(size):
12             for j in range(size):
13                 if self.queens[i] == j:
14                     print('Q ', end='')  # 打印皇后
15                 else:
16                     print('. ',end='')  # 打印空格
17             print()
18
19     def is_OK(self, row, col):
20         # 檢查在指定位置放置皇后是否安全
21         for i in range(1, row + 1):
22             if (self.queens[row - i] == col
23                 or self.queens[row - i] == col - i
24                 or self.queens[row - i] == col + i):
25                 return False
26         return True
27
28     def solve(self, row):
29         # 遞歸方法解決問題
30         if row == size:
31             return True
32         for col in range(size):
33             self.queens[row] = col
34             if self.is_OK(row, col) and self.solve(row + 1):
35                 return True
36         return False
37
38 # 棋盤大小設置為 8
39 size = 8
40 # 創建 Queens 類的實例並開始解決問題
41 Queens()
```

上述 ChatGPT 不僅為程式增加註解，同時也解說了整個程式的流程。

## 18-6-2　重構此程式

這一節請 ChatGPT 重構此程式。

**實例 1**：您輸入「請依據你增加註解後的程式，執行重構此程式」。

> **ChatGPT**
>
> 根據 `ch18_6.py` 程式碼，我將進行重構以提高其可讀性和效率。重構的重點包括：
>
> 1. **分離責任**：將不同的功能（例如初始化、解決問題、檢查安全性、打印棋盤）分開為不同的方法，使程式更容易理解和維護。
> 2. **增加參數和返回值**：在方法中使用參數和返回值，而非僅依賴類屬性，以提高方法的靈活性和可測試性。
> 3. **改善方法命名**：使方法名稱更加直觀和描述性。
>
> 以下是重構後的程式碼：
>
> 我已經重構了 `ch18_6.py` 的程式碼，使其更加清晰和高效。以下是重構後的版本：

```python
1   # ch18_6_refactored.py - Corrected Refactored Version
2   # 這個程式解決了經典的八皇后問題。
3
4   class Queens:
5       def __init__(self, size):
6           self.size = size
7           self.queens = [-1] * size
8           self.solve_queens()
9
10      def solve_queens(self, row=0):
11          # 遞歸方法解決問題
12          if row == self.size:
13              self.print_board()
14              return True  # 添加返回值 True 表示成功找到解決方案
15          for col in range(self.size):
16              if self.is_safe(row, col):
17                  self.queens[row] = col
18                  if self.solve_queens(row + 1):  # 如果找到解決方案，則返回 True
19                      return True
20                  # 如果當前列不可行，則重置當前行的皇后位置並嘗試下一列
21                  self.queens[row] = -1
22          return False  # 所有列都不可行，返回 False
23
24      def is_safe(self, row, col):
25          # 檢查在指定位置放置皇后是否安全
26          for i in range(row):
27              if (self.queens[i] == col or
28                  self.queens[i] == col - (row - i) or
29                  self.queens[i] == col + (row - i)):
30                  return False
31          return True
32
```

```
33      def print_board(self):
34          # 打印棋盤上的皇后位置
35          for row in range(self.size):
36              line = '. ' * self.queens[row] + 'Q ' + '. ' * (self.size - self.queens[row] - 1)
37              print(line)
38
39  # 棋盤大小設置為 8
40  size = 8
41  # 創建 Queens 類的實例並開始解決問題
42  queens = Queens(size)
```

> 在這個重構版本中，我將 `solve_queens` 和 `is_safe` 方法的責任分離
> 開來，並加上了更多註解以提高可讀性。`print_board` 方法現在負責顯
> 示棋盤上皇后的位置。如果您對重構後的程式有任何疑問或需要進一步的
> 說明，請隨時告訴我！ [›-]

　　儘管是 ChatGPT 處理過的程式，建議讀者需執行檢查，因為有時候 ChatGPT 也會
錯誤。

## 18-6-3 重寫擴充程式功能

　　上述八皇后問題只能找到一個解，現在要求 ChatGPT 擴充此程式找出所有 12 個獨
立的解。

**實例 1**：您輸入「請改寫上述程式，可以找出 12 個獨立的解，同時需要增加程式註解」。

---

🅖 **ChatGPT**

為了修改 `ch18_6.py` 程式碼，使其能找到 12 個獨立的解決方案，我會
進行以下更改：

1. **增加一個屬性來儲存所有解決方案**：我將增加一個列表屬性來儲存找到
   的所有解決方案。
2. **修改 `solve_queens` 方法**：修改這個方法，使其能繼續尋找新的解決方
   案，而不是在找到第一個解決方案後就停止。
3. **限制解決方案數量**：當找到 12 個獨立的解決方案時停止搜索。

以下是修改後的程式碼，並增加了註解以便於理解：

我已經修改了 `ch18_6.py` 的程式碼，使其能找到 12 個獨立的解決方
案，並增加了註解。以下是修改後的版本：

---

```
1   # ch18_6_modify.py - Modified Version to Find 12 Unique Solutions
2   # 這個程式解決了經典的八皇后問題，並找到 12 個獨立的解決方案。
3
4   class Queens:
5       def __init__(self, size):
6           self.size = size
7           self.queens = [-1] * size
8           self.solutions = []   # 儲存所有找到的解決方案
9           self.solve_queens()
10
11      def solve_queens(self, row=0):
12          # 遞歸方法解決問題，並收集多個解決方案
13          if row == self.size:
14              self.solutions.append(self.queens[:])  # 找到一個解決方案，加入列表
15              if len(self.solutions) == 12:  # 如果找到 12 個解決方案，則停止搜索
16                  return True
17              return False
18          for col in range(self.size):
19              if self.is_safe(row, col):
20                  self.queens[row] = col
21                  if self.solve_queens(row + 1):
22                      return True
23                  self.queens[row] = -1
24          return False
25
26      def is_safe(self, row, col):
27          # 檢查在指定位置放置皇后是否安全
28          for i in range(row):
29              if (self.queens[i] == col or
30                  self.queens[i] == col - (row - i) or
31                  self.queens[i] == col + (row - i)):
32                  return False
33          return True
34
35      def print_solutions(self):
36          # 打印所有找到的解決方案
37          for i, solution in enumerate(self.solutions, 1):
38              print(f"Solution {i}:")
39              for row in solution:
40                  line = '. ' * row + 'Q ' + '. ' * (self.size - row - 1)
41                  print(line)
42              print()
43
44  # 棋盤大小設置為 8
45  size = 8
46  # 創建 Queens 類的實例並開始解決問題
47  queens = Queens(size)
48  queens.print_solutions()  # 打印所有解決方案
```

執行結果：下列只列出部分結果。

```
================ RESTART: D:\ChatGPT_Turbo\ch18\ch18_6_modify.py ==============
Solution 1:
Q . . . . . . .
. . . . Q . . .
. . . . . . . Q
. . . . . Q . .
. . Q . . . . .
. . . . . . Q .
. Q . . . . . .
. . . Q . . . .

Solution 2:
Q . . . . . . .
. . . . . . Q .
. . . . Q . . .
. . . . . . . Q
. Q . . . . . .
. . . Q . . . .
. . . . . Q . .
. . Q . . . . .
```

這個版本中，我添加了一個 `solutions` 屬性來儲存所有找到的解決方案，並修改了 `solve_queens` 方法以繼續搜索直到找到 12 個解決方案。最後，我添加了一個 `print_solutions` 方法來打印所有解決方案。如您有任何問題或需要進一步的幫助，請隨時告訴我！ [>-]

# 18-7 程式除錯 (Debug)

程式除錯分為語法錯誤和語意錯誤，我們也可以借助 ChatGPT 協助分析。此外，我們也可以將編譯的錯誤訊息提供給 ChatGPT，讓他分析同時提出解決的方法。

## 18-7-1 分析語法錯誤

有一個程式 ch18_7.py 功能是列出串列 scores[ ] 的前 5 名成績，此程式內容有語法錯誤，如下：

```
1  # ch18_7.py
2  scores = [94, 82, 60, 91, 88, 79, 61, 93, 99, 77]
3  scores.sort(reverse = True)           # 從大到小排列
4  count = 0
5  for sc in scores
6      count += 1
7      print(sc, end=" ")
8      if count == 5                     # 取前5名成績
9          break                         # 離開for迴圈
```

下列是請求 ChatGPT 除錯此程式。

 您

 ch18_7.py
Python

請Debug ch18_7.py程式

 ChatGPT
程式 `ch18_7.py` 的目的是將一個分數列表從高到低排序，然後打印前五
名的分數。在檢查程式碼後，我發現了一些錯誤需要修正：

1. **for 迴圈語法錯誤**：`for sc in scores` 後面缺少冒號。
2. **if 語句語法錯誤**：`if count == 5` 後面缺少冒號。

我將進行這些修正並展示修改後的程式碼。 [>_]

我已經修正了 `ch18_7.py` 程式碼中的錯誤。以下是修改後的版本：

```python
1  # ch18_7_debug.py
2  scores = [94, 82, 60, 91, 88, 79, 61, 93, 99, 77]
3  scores.sort(reverse=True)  # 從大到小排列
4  count = 0
5  for sc in scores:  # 添加遺漏的冒號
6      count += 1
7      print(sc, end=" ")
8      if count == 5:  # 添加遺漏的冒號
9          break  # 離開for迴圈
```

**執行結果**

```
=============== RESTART: D:/ChatGPT_Turbo/ch18/ch18_7_debug.py ===============
99 94 93 91 88
```

這個程式將分數列表從高到低排序，並打印前五名的分數。我添加了遺漏
的冒號，以解決原先的語法錯誤。如果您需要進一步的幫助，請隨時告訴
我！ [>_]

## 18-7-2　分析錯誤訊息

ChatGPT 也可以從錯誤訊息分析程式，然後找出錯誤。有一個程式 ch18_8.py，功
能是要輸出 0～9 的費氏數列 (Fibonacci)，內容如下：

```
1  # ch18_8.py
2  fib = []
3  n = 9
4  fib.append(0)
5  fib.append(1)
6  for i in range(2,n+1):
7      f = fib[i] + fib[i-1]
8      fib.append(f)
9  for i in range(n+1):
10     print(fib[i], end=', ')
```

**執行結果**

```
================== RESTART: D:\ChatGPT_Turbo\ch18\ch18_8.py ==================
Traceback (most recent call last):
  File "D:\ChatGPT_Turbo\ch18\ch18_8.py", line 7, in <module>
    f = fib[i] + fib[i-1]
IndexError: list index out of range
```

下列是將上述錯誤訊息給 ChatGPT 分析的過程和執行結果。

 **您**

有一個錯誤訊息如下,請問應該如何處理

Traceback (most recent call last):
　File "D:\ChatGPT_Turbo\ch18\ch18_8.py", line 7, in <module>
　　f = fib[i] + fib[i-1]
IndexError: list index out of range

 **ChatGPT**

您提供的錯誤訊息表明在 `ch18_8.py` 程式中,當嘗試訪問列表 `fib` 的某個索引時,發生了「索引超出範圍」的錯誤。這通常發生在嘗試訪問一個不存在的列表元素時。錯誤訊息中的 `f = fib[i] + fib[i-1]` 表示在計算斐波那契數列的某一項,但可能超出了列表的當前範圍。

為了修正這個錯誤,您應該確保在訪問 `fib` 列表的索引之前,列表已經有足夠的元素。以下是一些可能的解決方案:

1. **初始化列表**:在迴圈開始之前,確保 `fib` 列表至少有兩個元素(通常是 [0, 1] 或 [1, 1],視您計算斐波那契數列的方式而定)。
2. **檢查索引**:在計算新元素之前,檢查索引 `i` 和 `i-1` 是否在列表的範圍內。
3. **迴圈條件**:確保迴圈的執行條件正確,避免超出列表的範圍。

由於我沒有 `ch18_8.py` 的完整程式碼,所以無法提供一個確切的解決方案。不過,如果您能提供更多的程式 ↓ 細節或整個程式碼,我將能更精確地幫助您解決這個問題。

下列是將 ch18_8.py 上傳，請 ChatGPT 修訂的過程。

👤 **您**

> `< >` ch18_8.py
> Python

上述是ch18_8.py, 請依上述說明修正

🌀 **ChatGPT**

從 `ch18_8.py` 的程式碼來看，這個程式旨在計算斐波那契數列並打印出來。錯誤發生在計算新的斐波那契數時。在這行程式碼 `f = fib[i] + fib[i-1]` 中，程式嘗試訪問還沒被計算並加入列表的索引 `i`，這導致了「索引超出範圍」的錯誤。

為了修正這個錯誤，我們應該在添加新元素到列表前計算斐波那契數。以下是修正後的程式碼：[>_]

我已經修正了 `ch18_8.py` 程式碼中的錯誤。以下是修改後的版本：

```
1   # ch18_8_modify.py
2   fib = []
3   n = 9
4   fib.append(0)
5   fib.append(1)
6   for i in range(2, n + 1):
7       f = fib[i - 1] + fib[i - 2]      # 正確計算斐波那契數
8       fib.append(f)
9   for i in range(n + 1):
10      print(fib[i], end=', ')
```

**執行結果**

```
================ RESTART: D:/ChatGPT_Turbo/ch18/ch18_8_modify.py ==============
0, 1, 1, 2, 3, 5, 8, 13, 21, 34,
```

> 這個修正確保了在計算每個新的斐波那契數之前，前兩個數已經存在於列表中。這樣就解決了「索引超出範圍」的錯誤。如您有任何問題或需要進一步的幫助，請隨時告訴我！[>_] ↓

從上述可以看到，ChatGPT 不僅指出錯誤，同時用程式實例講解正確的用法。

## 18-7-3 分析語意錯誤

設計程式時，常會發生語意的錯誤，例如：程式實例 ch18_9.py 是要輸出 1 ~ 10 之間的偶數，結果程式語意錯，輸出奇數同時輸出了 11，如下所示：

```
1  # ch18_9.py
2  index = 0
3  while index <= 10:
4      index += 1
5      if index % 2:
6          print(index)
```

執行結果

```
=============== RESTART: D:\ChatGPT_Turbo\ch18\ch18_9.py ===============
1
3
5
7
9
11
```

下列是讓 ChatGPT 協助我們修正程式錯誤。

 您

 ch18_9.py
Python

ch18_9.py是要輸出1~10之間的偶數, 可是輸出結果是奇數, 請修正此程式

ChatGPT
從 `ch18_9.py` 的程式碼來看, 這段程式的目的是要輸出1到10之間的偶數, 但實際上它輸出的是奇數。這是因為程式中的條件判斷錯誤。在 Python 中, `if index % 2:` 這行程式碼實際上是在檢查 `index` 是否為奇數, 因為當 `index` 為奇數時, `index % 2` 的結果為1, 這在布林上下文中被解釋為 True。

要修正這個問題, 我們應該改變條件判斷, 以檢查 `index` 是否為偶數。以下是修正後的程式碼：[>-]

我已經修正了 `ch18_9.py` 程式碼中的錯誤。以下是修改後的版本：

```
1  # ch18_9_modify.py
2  index = 0
3  while index <= 10:
4      index += 1
5      if index % 2 == 0:    # 修正條件以檢查偶數
6          print(index)
```

執行結果

```
=============== RESTART: D:/ChatGPT_Turbo/ch18/ch18_9_modify.py ===============
2
4
6
8
10
```

這個修正將確保程式正確地輸出1到10之間的所有偶數。我將 `if index % 2:` 改為 `if index % 2 == 0:`, 這樣只有當 `index` 是偶數時, 程式才會輸出。如您有任何問題或需要進一步的幫助, 請隨時告訴我！[>-]

## 18-8　生成 Markdown 格式文件

我們設計一個大型專案後，為了要讓其他人可以閱讀，建議是撰寫此程式的使用說明，這個說明文件通常有輸入、輸出、類別、函數 ( 方法 ) 的使用說明。有了 ChatGPT 我們可以將這項工作交給 ChatGPT，可以參考下列實例。

您

ch18_6_modify.py
Python

請為ch18_6_modify生成Markdown說明文件

---

ChatGPT

基於 `ch18_6_modify.py` 程式碼，我將為它創建一個 Markdown 說明文件。這個文件將概述程式的功能、類結構和方法，以及如何使用程式。

---

# ch18_6_modify.py 說明文件

### 功能概述

這個 Python 程式解決了經典的八皇后問題。它不僅找出一種解決方案，而且能找到 12 個獨立的解決方案。八皇后問題是一個著名的棋盤問題，其中需要在 8x8 的棋盤上放置八個皇后，並且確保沒有任何一個皇后能攻擊到其他皇后。

↓

### 類結構

程式中定義了一個名為 `Queens` 的類，用於找出所有可能的解決方案。

### 方法

- `__init__(self, size)`：初始化方法，設定棋盤大小和解決方案的存儲。
- `solve_queens(self, row=0)`：遞歸方法，用於找出所有解決方案。
- `is_safe(self, row, col)`：檢查在特定位置放置皇后是否安全。
- `print_solutions(self)`：打印找到的所有解決方案。

### 使用方法

1. 創建 `Queens` 類的實例，並傳入棋盤大小。
2. 調用 `print_solutions` 方法來顯示所有找到的解決方案。

```python
size = 8   # 棋盤大小
queens = Queens(size)
queens.print_solutions()
```

這將會輸出 8x8 棋盤上的 12 個獨立的八皇后解決方案。

這個說明文件提供了對 `ch18_6_modify.py` 程式的基本理解和使用方法。如果需要進一步的細節或示例，請告知。[>_]

## 18-9 ChatGPT 的多語言能力

　　當下最熱門的程式語言是 Python，所以前面筆者先介紹 Python，ChatGPT 其實精通各類程式語言，同時也可以執行各語言間的轉換。

## 18-9-1　C 語言

下列是用 C 語言設計判斷輸入年份是否閏年。

**實例 1**：您輸入「請用 C 語言設計程式，輸入是年份，然後回應這一年是不是閏年」。

 **ChatGPT**

當然，我可以為您提供一個 C 語言程式，用於判斷給定的年份是否是閏年。閏年的判斷規則如下：

- 年份應該能夠被 4 整除。
- 如果年份可以被 100 整除，那麼它應該也能被 400 整除才算是閏年。

根據這些規則，以下是 C 語言程式的示例代碼：

```c
1   /* ch18_10.c */
2   #include <stdio.h>
3
4   int isLeapYear(int year);
5
6   int main() {
7       int year;
8       printf("請輸入年份：");
9       scanf("%d", &year);
10
11      if (isLeapYear(year)) {
12          printf("%d是閏年。\n", year);
13      } else {
14          printf("%d不是閏年。\n", year);
15      }
16
17      return 0;
18  }
19
20  int isLeapYear(int year) {
21      if ((year % 4 == 0 && year % 100 != 0) || (year % 400 == 0)) {
22          return 1;
23      } else {
24          return 0;
25      }
26  }
```

**執行結果**

在這個程式中，`isLeapYear` 函數用於判斷年份是否是閏年。`main` 函數則從使用者那裡讀取一個年份，並使用 `isLeapYear` 函數來判斷這個年份是否為閏年，然後打印出相應的結果。您可以在任何支持 C 語言的環境中編譯和運行這段程式。

## 18-9-2 C 語言轉 Python

ChatGPT 也可以執行程式語言間的轉換。

**實例 1**：您輸入「請將上述程式語言轉換成 Python」。

 **ChatGPT**
當然可以。將上述 C 語言程式轉換為 Python 語言相對簡單，因為 Python 內置了許多便利的功能，可以簡化代碼。下面是轉換後的 Python 程式代碼：

```python
1  # ch18_11.py
2  def is_leap_year(year):
3      if (year % 4 == 0 and year % 100 != 0) or (year % 400 == 0):
4          return True
5      else:
6          return False
7
8  year = int(input("請輸入年份："))
9
10 if is_leap_year(year):
11     print(f"{year}是閏年。")
12 else:
13     print(f"{year}不是閏年。")
```

**執行結果**
```
================== RESTART: D:\ChatGPT_Turbo\ch18\ch18_11.py ==================
請輸入年份：2020
2020是閏年。

================== RESTART: D:\ChatGPT_Turbo\ch18\ch18_11.py ==================
請輸入年份：2025
2025不是閏年。
```

這個 Python 程式同樣包含一個用於判斷年份是否是閏年的函數 is_leap_year( )。

## 18-9-3 Python 轉 Java

**實例 1**：您輸入「請將上述程式轉成 Java」。

 **ChatGPT**
當然可以。下面是將上述 Python 程式轉換為 Java 語言的示例代碼。Java 與 Python 在語法上有所不同，但基本邏輯是一致的。

```
1   import java.util.Scanner;
2
3   public class Main {
4       public static void main(String[] args) {
5           Scanner scanner = new Scanner(System.in);
6           System.out.print("請輸入年份：");
7           int year = scanner.nextInt();
8
9           if (isLeapYear(year)) {
10              System.out.println(year + "是閏年。");
11          } else {
12              System.out.println(year + "不是閏年。");
13          }
14      }
15
16      public static boolean isLeapYear(int year) {
17          if ((year % 4 == 0 && year % 100 != 0) || (year % 400 == 0)) {
18              return true;
19          } else {
20              return false;
21          }
22      }
23  }
```

在這段 Java 代碼中：

- `LeapYearChecker` 類包含了主方法 `main` 和一個靜態方法 `isLeapYear`。

- `main` 方法使用 `Scanner` 類來讀取用戶輸入的年份。

- `isLeapYear` 方法包含了判斷閏年的邏輯。

- 程式打印出年份是否為閏年的結果。

您可以在任何支持 Java 的開發環境中運行此代碼。

# 18-10　網路爬蟲

我們可以讓 ChatGPT 協助設計網路爬蟲程式，下列是筆者的輸入。

錦魁　你會不會設計一個網路爬蟲程式

我可以幫助您設計簡單的網路爬蟲程式碼範例，但在實際運行之前，請確保您已經仔細閱讀並遵守目標網站的使用條款或爬蟲政策。

以下是一個基本的 Python 網路爬蟲範例，使用 `requests` 庫來發送 HTTP 請求和 `BeautifulSoup` 庫來解析 HTML。

```
1   # ch18_12.py
2   # 引入必要的庫
3   import requests
4   from bs4 import BeautifulSoup
5
6   # 目標網址
7   url = 'https://www.example.com'
8
9   # 使用requests庫發送GET請求
10  response = requests.get(url)
11
12  # 確認請求成功（HTTP狀態碼為200）
13  if response.status_code == 200:
14      # 使用BeautifulSoup解析網頁內容
15      soup = BeautifulSoup(response.text, 'html.parser')
16
17      # 假設我們要找的是所有標題為<h2>的標籤
18      h2_tags = soup.find_all('h2')
19
20      for tag in h2_tags:
21          print(tag.text)  # 輸出每個<h2>標籤的文本內容
```

這是一個非常基礎的範例，實際的網頁結構和需求會更為複雜。例如，如果網頁使用 JavaScript動態加載內容，您可能需要使用如`Selenium`這類的工具。

繪製數據圖表通常使用的是`matplotlib`或`seaborn`等Python庫。具體的繪圖代碼取決於您具體要呈現什麼類型的信息。

請注意，未經許可的網頁抓取可能違反法律或規定，所以在進行爬蟲操作之前，請確保您遵守了所有相關的使用條款和政策。

上述程式無法執行，因為網址是虛構的「https://www.example.com」。下列筆者要求 ChatGPT 用美國簡單的網頁，做實例說明。

目前美國網站有沒有很簡單的網頁,可以使用上述方法爬取內容

在美國和其他地區，有很多網站可能適用於上述簡單的爬蟲方法，特別是那些主要以HTML來顯示內容而不是使用JavaScript動態加載內容的網站。然而，在嘗試爬取任何網站之前，您應該首先查看網站的`robots.txt`文件和使用條款，以確保您的爬蟲行為是合法和合規的。

一些常見的可以考慮爬取的公開資料來源可能包括：

1. 政府統計網站：像美國人口普查局（U.S. Census Bureau）或疾病控制與預防中心（CDC）這樣的網站通常會有大量的公開數據。
2. 新聞網站：像是BBC，CNN等，但請注意版權問題。
3. 天氣網站：像是Weather.com或National Weather Service。
4. 網站項目的範例頁面：一些網站會提供簡單的HTML頁面作為教學範例，這些頁面通常是為了學習而設計的，所以爬取這些頁面通常是被允許的。

例如，HTTP Bin（`https://httpbin.org`）就提供了一個單純用於測試HTTP請求的網站，您可以用它來練習基礎的爬蟲技巧，不過它主要是用來測試HTTP請求，並不是用來練習HTML解析。

請注意，即使網站的數據是公開的，您也應該遵循該網站的使用條款和爬蟲政策，並確保您的爬蟲不會對網站服務造成過度負擔。另外，未經許可的網頁抓取可能違反法律或規定，特別是如果您打算用於商業用途。請務必謹慎行事。

從上述可以看到 ChatGPT 可以協助我們實際測試設計網路爬蟲程式，下列是筆者要求爬取 BBC 的新聞標題。

> 錦魁　請設計程式爬取BBC的新聞標題

> 　　在爬取任何網站（包括BBC）之前，您應該仔細查看該網站的使用條款和 `robots.txt` 文件，以確保您的爬取行為符合其規定和法律要求。
>
> 　　以下是一個使用Python、`requests` 和 `BeautifulSoup` 來爬取BBC新聞首頁上的新聞標題的簡單範例。
>
> 　　首先，請確保您已安裝了 `requests` 和 `BeautifulSoup`。如果還未安裝，可以使用以下指令安裝：

```bash
pip install requests
pip install beautifulsoup4
```

> 　　然後，您可以試試以下程式碼：

```python
1  # ch18_13.py
2  import requests
3  from bs4 import BeautifulSoup
4
5  # BBC新聞首頁網址
6  url = 'https://www.bbc.com/news'
7
8  # 使用requests發送GET請求
9  response = requests.get(url)
10
11 # 檢查請求是否成功
12 if response.status_code == 200:
13     # 解析HTML內容
14     soup = BeautifulSoup(response.text, 'html.parser')
15
16     # 尋找新聞標題，這部分取決於BBC網站的HTML結構
17     # 假設新聞標題都在'h3'標籤內
18     for headline in soup.find_all('h3'):
19         print(headline.text.strip())
20 else:
21     print('Failed to retrieve the webpage')
```

執行結果

```
================= RESTART: D:\ChatGPT_Turbo\ch18\ch18_13.py =================
Crisis-hit China Evergrande ordered to liquidate
Iran denies involvement in drone strike that killed three US troops
Gaza's largest aid agency 'desperate' after funds paused
Japan Moon lander wakes up and resumes mission
The Sufi shrine caught up in a religious row in India
Nicole Kidman Hong Kong drama not shown in city
                              ...
```

> 請注意，這個程式碼僅作為一個基本示例。BBC網站的HTML結構可能會改變，這會影響程式碼的有效性。
>
> 此外，這個簡單的例子並未處理可能發生的多種問題，例如網絡錯誤、速率限制或者其他反爬蟲機制。在實際應用中，您可能需要實現更多高級功能。

# 18-11　Python 生成 – GIF 動畫 / 計時器

程式設計時，我們也可以指定 Python 設計特定功能。

實例 1：您輸入「請用 Python 設計一個很高興的 gif 動畫」，ChatGPT 自身經過幾次測試，終於也得到了正確的結果。

 您
請用Python設計一個很高興的gif動畫

ChatGPT
我非常抱歉再次發生了同樣的問題。看來我的方法可能不適合創建這種類型的 GIF 動畫。為了解決這個問題，我將改變方法，使用 Python 的 `Pillow` 庫直接創建和保存 GIF 動畫，而不是通過 `matplotlib`。這應該能夠有效地生成一個簡單的笑臉動畫。讓我再次嘗試。

這次我使用了不同的方法直接通過 `Pillow` 庫來創建和保存 GIF 動畫。您現在可以通過以下鏈接下載和查看這個新創建的笑臉 GIF 動畫：

點擊此處下載笑臉 GIF 動畫。　◀────── 可下載GIF動畫

希望這次能夠正常顯示。如果您仍然遇到問題，請告知我，我會繼續尋找解決方案。[>-]　◀────── 可檢視Python程式碼

smiley_animation.gif

**實例 2**：您輸入「請用 Python 設計 5 秒的倒數計時器 gif 動畫」，初期設計的數字比較小，逐步要求字放大，終於也得到了完美的結果。

 **您**
請用Python設計5秒的倒數計時器gif動畫

**ChatGPT**
要創建一個顯示 5 秒倒數的 GIF 動畫，我將使用 Python 的 `Pillow` 庫。這個動畫將包含每秒更新一次的數字，從 5 倒數到 0。讓我開始設計並生成這個動畫。

我已經創建了一個顯示 5 秒倒數的 GIF 動畫。您可以通過以下鏈接下載和查看這個倒數計時器動畫：

點擊此處下載 5 秒倒數計時器 GIF 動畫。

每個數字顯示一秒，從 5 倒數到 0。如果您需要進行任何調整或添加其他功能，請告訴我！ [>-]

# 5

5_second_countdown.gif

**實例 3**：您輸入「請用 Python 設計生成 "deepwisdom.com.tw" 的 QRCode」。

 **您**
請用Python設計生成"deepwisdom.com.tw"的QRCode

 **ChatGPT**
要使用 Python 生成 "deepwisdom.com.tw" 的 QR 碼，我將使用 `qrcode` 庫。這個庫可以方便地生成 QR 碼圖像。首先，我將生成包含該網址的 QR 碼，然後將其保存為圖像文件。如果您準備好了，我將開始這個過程。

我已經成功生成了包含 "deepwisdom.com.tw" 網址的 QR 碼，並將其保存為圖像文件。您可以通過以下鏈接下載和查看這個 QR 碼：

點擊此處下載 QR 碼圖像。

如果您需要進一步的幫助或其他功能，請隨時告知！ [>-]

deepwisdom_qrcode.png

**實例 4**：您輸入「請用 Python 設計生成 "deepwisdom.com.tw" 的 QRCode, 此 QRCode 中間需要嵌入此上傳的圖示」。

請用Python設計生成"deepwisdom.com.tw"的QRCode, 此QRCode中間需要嵌入此上傳的圖示

ChatGPT

⚠ 分析出錯 ∨

看来在生成 QR 码的过程中出现了一个错误，因为 URL 变量未被定义。我将修复这个错误，并重新生成带有嵌入图标的 QR 码。让我们再试一次。
[>-]

现在我已成功生成了带有嵌入圖標的 "deepwisdom.com.tw" QR 码。您可以通過以下鏈接下載和查看這個帶有公司標誌的 QR 碼：

點擊此處下載帶有公司標誌的 QR 碼圖像。

deepwisdom_qrcode_with_logo.png

# 第 19 章
# 提升 Excel 效率到數據分析

Excel 是辦公室最常用的軟體，有時候我們忘記如何操作、如何使用函數，這時可以將 ChatGPT 當作工作助理，將情況描述，讓 ChatGPT 告訴你執行方式或步驟。ChatGPT Turbo 則多了讀取文件與分析文件的功能，這讓使用 ChatGPT 處理工作表變得更強大。

儘管 ChatGPT Turbo 的分析功能比以前強大，OpenAI 公司仍推出了最強的數據分析「Data Analyst」，建議讀者未來可以直接使用此 GPT，這將是下一章的主題。

## 19-1　詢問 Excel 基本操作

**實例 1**：您輸入「我想將 B2 儲存格的內容可以在 B2:G2 間置中對齊，同時前景顏色設為藍色，背景顏色設為淺黃色，應該如何操作」，可以得到下列結果。

> **ChatGPT**
>
> 要在Excel中將B2單元格的內容置中並跨越從B2到G2的範圍，同時將前景顏色設為藍色，背景顏色設為淺黃色，您可以按照以下步驟操作：
>
> 1. **合併並置中單元格：**
>    - 首先選擇從B2到G2的範圍。
>    - 然後在"開始"選項卡上找到"合併與置中"功能。
>    - 點擊"合併與置中"，這會將所選範圍內的單元格合併為一個單元格，並將其中的文本置中。
> 2. **設置前景顏色（即字體顏色）為藍色：**
>    - 確保B2單元格（現在已經擴展到G2）被選中。
>    - 在"開始"選項卡中找到"字體顏色"選項，它通常顯示為一個帶有字母"A"的圖標。
>    - 點擊該圖標，從顏色選擇器中選擇藍色。
>
> 3. **設置背景顏色為淺黃色：**
>    - 仍然保持B2單元格選中。
>    - 在"開始"選項卡中找到"填充顏色"選項，這通常顯示為一個油漆桶的圖標。
>    - 點擊油漆桶圖標，然後從顏色選擇器中選擇淺黃色。
>
> 完成以上步驟後，您的B2單元格（現在擴展到G2）應該會將內容置中顯示，字體為藍色，背景為淺黃色。

從上述答案，筆者確定 ChatGPT 可以勝任辦公室助手，協助我們處理 Excel 基礎操作事宜。

# 19-2　詢問特定函數的語法

　　函數有幾百個，坦白說即便是每天使用 Excel 辦公室的人，也很難常常記住應該如何使用。

**實例 1**：您輸入「請說明 Excel 的 DMAX( ) 函數的用法」，可以得到下列結果。

**ChatGPT**

Excel中的 `DMAX( )` 函數是一個數據庫函數，用於從指定範圍或"數據庫"中找出符合特定條件的最大值。這個函數對於從大量數據中基於一定條件提取信息特別有用。

`DMAX( )` 函數的語法如下：

```excel
DMAX(database, field, criteria)
```

* **database**: 這是一個包含您要檢查的數據的範圍。這個範圍應該包括列標題。
* **field**: 指定您想要找出最大值的列。這可以是列標題（用引號括起來的文本）或列的索引號（一個數字，其中1是第一列）。
* **criteria**: 這是一個包含特定條件的範圍。基於這些條件，函數會從指定的列中尋找最大值。條件範圍應至少有一行用於列標題，以及一行用於條件值。

舉例來說，假設您有一個包含員工銷售數據的工作表，您想要找出特定部門中銷售額的最大值。您的"database"範圍可能包括員工姓名、部門和銷售額等列。"field"可能是"銷售額"這一列，而"criteria"範圍則會包含部門名稱作為條件。

如果我們假設部門名稱位於A列，銷售額位於B列，而您要查找的部門是"市場部"，則函數可能會像這樣：

```excel
=DMAX(A1:B10, "銷售額", E1:F2)
```

在這個例子中，A1:B10是包含員工銷售數據的數據庫，"銷售額"是要評估的字段，而E1:F2包含了用於確定哪些行應被考慮的標準（例如，E1中可能是"部門"，而E2中是"市場部"）。

　　從上述實例，我們可以確認 ChatGPT 的確可以當作我們 Excel 函數庫的活字典。

## 19-3　業績加總

### 19-3-1　ChatGPT 主動計算業績加總

有一個 Excel 檔案「業績表 .xlsx」內容如下，假設我要計算業績加總，然後將結果存入 G4:G6。

| | A | B | C | D | E | F | G |
|---|---|---|---|---|---|---|---|
| 1 | | | | | | | |
| 2 | | | | 深智業務業績表 | | | |
| 3 | | 姓名 | 第一季 | 第二季 | 第三季 | 第四季 | 總計 |
| 4 | | 許家禎 | 88000 | 68000 | 88560 | 58000 | |
| 5 | | 黃清元 | 98010 | 77000 | 88900 | 90000 | |
| 6 | | 葉家家 | 78000 | 56000 | 75400 | 48000 | |

下列是請 ChatGPT 告訴我們步驟。

**您**

業績表.xlsx
試算表

請告訴我應該如何寫函數，可以完成上傳工作表的業務員業績加總

**ChatGPT**

為了協助您完成業務員業績加總的功能，我將首先查看您提供的工作表「業績表.xlsx」來了解其結構。接著，我會撰寫一個Python函數來讀取該工作表並計算每位業務員的總業績。讓我先開啟文件並檢視其內容。

從「業績表.xlsx」的內容來看，這份工作表包含了業務員的名字以及他們在一年四個季度的業績。這些資料從第二行開始，第一行是標題。為了計算每位業務員的年度總業績，我將撰寫一個Python函數來讀取這個工作表，將每位業務員在四個季度的業績相加，並將結果儲存到一個新的 DataFrame中。讓我來做這個操作。 [>_]

根據您提供的「業績表.xlsx」，我已經計算出了每位業務員一年四個季度的總業績。例如，許家禎的年度總業績為302,560，黃清元的年度總業績為353,910，葉家家的年度總業績為257,400。

如果您需要這些數據進行進一步的分析或需要將它們輸出到一個新的 Excel文件，請告訴我，我將樂意協助 ↓ [>_]

現在的 ChatGPT 已經有強大的分析能力,因此我們已經主動完成業務員業績加總了,上述段落文字間也輸出了加總結果。若是點選 ⟨-⟩ 圖示,可以看到程式內容 ( 下圖沒有列印 ) 與表格的結果。

| | 姓名 | 第一季 | 第二季 | 第三季 | 第四季 | 總計 |
|---|---|---|---|---|---|---|
| 1 | | | | | | |
| 2 | 許家禎 | 88000 | 68000 | 88560 | 58000 | 302560.0 |
| 3 | 黃清元 | 98010 | 77000 | 88900 | 90000 | 353910.0 |
| 4 | 葉家家 | 78000 | 56000 | 75400 | 48000 | 257400.0 |

## 19-3-2 說明加總步驟

如果我們還需要 ChatGPT 告訴我們輸入公式計算過程,可以參考下列實例。

錦魁 您
請用「業績表.xlsx」為實例說明,計算每個業務員業績加總的步驟

ChatGPT
當然可以。根據您的「業績表.xlsx」檔案,如果業務員的業績數據從第4行的C、D、E、F列開始,我們可以按照以下步驟在Excel中計算每位業務員的年度業績總和:

1. **打開業績表格**:打開您的Excel工作表「業績表.xlsx」。
2. **定位數據**:找到業務員的業績數據。在這個例子中,業績數據位於從第4行開始的C、D、E、F列。
3. **選擇計算總和的單元格**:在每位業務員的業績數據旁,選擇一個單元格來放置其年度總和。例如,對於第一位業務員,您可以在G4單元格放置總和。
4. **輸入計算總和的公式**:在G4單元格中,輸入以下公式來計算第一位業務員的年度業績總和:

```scss
=SUM(C4:F4)
```

此公式會加總C4、D4、E4和F4單元格中的數值。

5. **拖動公式**:將鼠標放置在G4單元格的右下角,直到鼠標變成一個小十字。然後拖動此小十字向下,將公式應用於其他業務員所在的行。
6. **檢查結果**:確認每位業務員的年度總績計算無誤。

這些步驟將幫助您在Excel中計算出每位業務員的年度業績總和。請注意根據您的具體文件結構進行相應的調整。

我們可以參考上述步驟完成下列業績加總工作。

| G4 | | $f_x$ | =SUM(C4:F4) | | | |
|---|---|---|---|---|---|---|

| | A | B | C | D | E | F | G |
|---|---|---|---|---|---|---|---|
| 1 | | | | | | | |
| 2 | | | | 深智業務業績表 | | | |
| 3 | | 姓名 | 第一季 | 第二季 | 第三季 | 第四季 | 總計 |
| 4 | | 許家禎 | 88000 | 68000 | 88560 | 58000 | 302560 |
| 5 | | 黃清元 | 98010 | 77000 | 88900 | 90000 | 353910 |
| 6 | | 葉家家 | 78000 | 56000 | 75400 | 48000 | 257400 |

# 19-4　業績排名

有一個 Excel 檔案 sales.xlsx 工作表內容如下，請 ChatGPT 分析業績前 3 名的業務員和業績。

| | A | B | C | D | E | F | G |
|---|---|---|---|---|---|---|---|
| 1 | | | | | | | |
| 2 | | 深智業績表 | | | | 前3名 | |
| 3 | | 姓名 | 業績 | | 名次 | 業績 | 姓名 |
| 4 | | 王德勝 | 89200 | | 1 | | |
| 5 | | 陳新興 | 91000 | | 2 | | |
| 6 | | 許嘉容 | 88300 | | 3 | | |
| 7 | | 李家家 | 79200 | | | | |
| 8 | | 王浩 | 99800 | | | | |

**實例 1**：您輸入「請分析上傳的 sales.xlsx 檔案, 然後請告訴我前三名業績最高的業務員及其業績」。

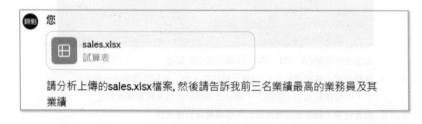

下列是 ChatGPT 分析過程，中間可能出現告知出現的問題，我們了解即可。

**ChatGPT**

⚠ 分析出錯 ⌄

在分析「sales.xlsx」檔案時，我遇到了一個問題：試圖將數據表的欄位重新命名為兩個欄位（'Name' 和 'Sales'）時發現，原始數據表中實際上包含超過兩個欄位。為了更準確地分析數據並找出前三名業績最高的業務員，我需要先查看數據表的結構。讓我先展示原始數據的前幾行，以便確定正確的數據結構。〔›_〕

根據「sales.xlsx」文件的內容，我們可以看到：

• 工作表包含多个未命名的列（Unnamed: 0, Unnamed: 1, 等）。
• 第一行是标题行，第二行包含列标题。
• 業務員的姓名和業績分別在第二列（Unnamed: 1）和第三列（Unnamed: 2）。

根據這些資訊，我將計算業績最高的前三名業務員及其業績。讓我來進行這個分析。〔›_〕

是否可以得到下列結果最重要。

根據「sales.xlsx」檔案的分析，前三名業績最高的業務員及其業績如下：

1. 王浩 - 業績為 99,800
2. 陳新興 - 業績為 91,000
3. 王德勝 - 業績為 89,200

這三位業務員在檔案中的業績表現最為突出。〔›_〕

從上述我們得到 ChatGPT 的確可以讀懂 sales.xlsx，然後得到正確的分析結果。此外，上述檔案也可以請 ChatGPT 告訴我們正確的函數，將前 3 名業績填入 F4:F6，前 3 名業務員名字填入 G4:G6。

# 19-5　PDF 研討會轉 Excel 表格

有一個 PDF 文件「AI 研討會 .pdf」內容如下：

| AI 研討會 | | | |
|---|---|---|---|
| 時間 | 主題 | 講師 | 備註 |
| 09:10~10:00 | AI 文字生成 | 洪錦魁 | Mac |
| 10:10~11:00 | AI 簡報 | 陳文驥 | Windows |
| 11:10~12:00 | AI 繪圖 | 李文俊 | Mac |
| 12:00~14:00 | 中午休息 | | |
| 14:10~15:00 | AI 音樂 | 張家人 | Mac |

我們可以使用下列方式，將此 PDF 檔案轉成 Excel 檔案。

下載表格後，可以得到轉換結果如下：

經上述測試可以得到幾乎一樣的結果，不過需要格式化此表格。

## 19-6 　數據文件分析

### 19-6-1 　數據文件分析功能

ChatGPT Turbo 最大的改進是可以讀取數據文件，然後做分析，當上傳 Excel 文件後，ChatGPT 可以進行以下幾種分析：

❑ **數據清洗和格式化**

- 格式化和組織數據，使其適合分析。
- 清洗數據，包括處理遺失值、重複條目、錯誤數據等。

❑ **統計分析**

- 基本的統計分析，如平均值、中位數、標準差等。
- 更進階的統計技術，如回歸分析、假設檢驗等。

❑ **數據視覺化**

- 創建圖表和圖形，如柱狀圖、折線圖、散點圖等，以幫助理解和展示數據。
- 生成熱力圖、地圖視覺化（如果數據包含地理訊息）等。

❑ **趨勢和模式識別**

- 分析數據中的趨勢、模式和異常。
- 進行時間序列分析，識別數據隨時間的變化規律。

❑ **預測建模**

- 使用數據建立預測模型，如銷售預測、用戶行為預測等。
- 利用機器學習算法進行數據挖掘和預測分析。

❑ **業務智能和報告**

- 提供業務分析，如銷售分析、市場趨勢、客戶行為等。
- 創建數據驅動的報告和見解。

❑ **數據整合和比較**

- 合併多個數據源，進行綜合分析。
- 比較和對照不同數據集，識別關聯和差異。

此外，根據您的具體需求和數據的性質，ChatGPT 可以進行更專業性的分析。

## 19-6-2　缺失值分析

有一個 missing.xlsx 檔案內容如下：

| | 姓名 | 第一季 | 第二季 | 第三季 | 第四季 | 總計 |
|---|---|---|---|---|---|---|
| | | | 深智業務業績表 | | | |
| | 許家禎 | 88000 | | 88560 | 58000 | |
| | 黃清元 | 98010 | 77000 | 88900 | 90000 | |
| | 葉家家 | 78000 | 56000 | | 48000 | |

**實例 1**：您輸入「請分析上傳的「missing.xlsx」文件, 缺失值部分填 0, 請告訴我每一個業務員的業績, 以及深智公司的全部業績」。

若是點選 ⟨·⟩ 圖示，可以看到程式內容 ( 下圖沒有列印 ) 與表格的結果。

```
結果
(   Name        Q1       Q2       Q3       Q4     Total
0  許家禎   88000.0      0.0   88560.0  58000.0  234560.0
1  黃清元   98010.0  77000.0   88900.0  90000.0  353910.0
2  葉家家   78000.0  56000.0      0.0   48000.0  182000.0,
770470.0)
```

## 19-6-3 庫存計算

有一個 inventory.xlsx 內容如下：

| | A | B | C | D | E | F |
|---|---|---|---|---|---|---|
| 1 | | | | | | |
| 2 | | iPhone庫存表 | | | | |
| 3 | | | 黃金色 | 寶藍色 | 銀白色 | |
| 4 | | iPhone 14 | 5 | 3 | 1 | |
| 5 | | iPhone 15 | 8 | 9 | 2 | |
| 6 | | iPhone 16 | 4 | 6 | 7 | |

筆者先上傳文件，然後詢問不同類型 iPhone 的庫存。

**實例 1**：您輸入「請參考上傳的 inventory.xlsx 文件，告訴我銀白色 iPhone 15 庫存有多少」。

**實例 2**：您輸入「請參考上傳的 inventory.xlsx 文件，告訴我黃金色 iPhone 14 庫存有多少」。

# 第 20 章

# Data Analyst

## 20-1　認識分析功能

### 20-1-1　ChatGPT 4 的分析功能

每次啟動 ChatGPT 4 的新聊天，點選 ChatGPT 4 右邊的 ⌄ 圖示，可以看到 GPT-4 特別強調它有分析功能，前一章已經簡單的探索這方面的功能。

上面敘述可以知道，ChatGPT 的通用型功能可以協助我們做數據分析。

### 20-1-2　GPTs 的 Data Analyst

OpenAI 公司也針對分析功能特別開發了 Data Analyst，可以讓我們對一般資料，甚至機器學習的資料做數據分析，這一章會做實例解說。

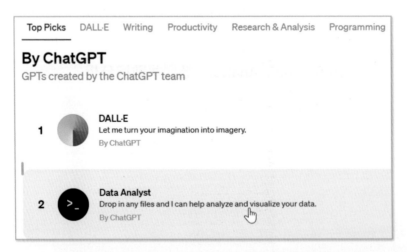

上述 Data Analyst 說明，我們可以上傳檔案，讓 ChatGPT 做分析與視覺化資料。

### 20-1-3　ChatGPT 與 Data Analyst 分析資料的差異

ChatGPT 和 GPTs 的 Data Analyst 都是大型語言模型，可以用於分析資料，但兩者之間存在一些重要的差異。

❑　訓練資料

ChatGPT 的訓練資料是來自網絡的文字和程式碼，而 Data Analyst 的訓練資料是來自各種資料來源，包括財務數據、醫療數據和市場研究數據等。這意味著 Data Analyst 對特定領域的資料具有更深入的了解，可以生成更準確的分析結果。

❑　分析能力

ChatGPT 可以用於基本的資料分析任務，例如數據收集、清理和可視化。但 Data Analyst 可以用於更複雜的分析任務，例如機器學習和深度學習。這意味著 Data Analyst 可以生成更深入的見解。

❑　**使用難度**

ChatGPT 的使用相對簡單，只需要提供資料和要求即可。但 Data Analyst 的使用相對複雜，需要對特定領域的資料和分析方法有一定的了解。這意味著 ChatGPT 更適合初學者，而 Data Analyst 更適合有經驗的數據分析師。

總體而言，ChatGPT 和 GPTs 的 Data Analyst 都是用於分析資料的有效工具。但兩者之間存在一些重要的差異，需要根據具體的情況進行選擇。以下是 ChatGPT 和 Data Analyst 的具體比較：

| 特徵 | ChatGPT | Data Analyst |
|------|---------|--------------|
| 訓練資料 | 網絡文字和程式碼 | 各種資料來源，包括財務數據、醫療數據和市場研究數據等 |
| 分析能力 | 基本資料分析 | 複雜資料分析，包括機器學習和深度學習 |
| 使用難度 | 簡單 | 複雜 |
| 適合人群 | 初學者 | 有經驗的數據分析師 |

以下是 ChatGPT 和 Data Analyst 的具體實例：

● ChatGPT：使用 ChatGPT 可以快速收集和清理資料，並生成簡單的圖表和圖形。例如，一個業務經理可以使用 ChatGPT 來收集銷售數據，並生成銷售趨勢的圖表。

● Data Analyst：Data Analyst 可以進行更複雜的資料分析，例如預測分析和異常檢測。例如，一個財務分析師可以使用 Data Analyst 來預測公司未來的財務狀況。

## 20-1-4　筆者使用心得

筆者用了兩者做資料分析，使用 ChatGPT 時常會有讀取資料錯誤或是分析錯誤回應，因此，碰上資料分析問題，建議讓 Data Analyst 處理。

同時做資料分析時，偶而換看到下列錯誤：

> ⚠️　分析出錯 ⌄

有時候 ChatGPT 或是 Data Analyst 大部分情況會重新分析，對於 ChatGPT 有時候會停止分析。這時請重新上傳檔案，再做嘗試。

## 20-2　分析使用的檔案

目前企業員工分析資料大都是使用 Excel 檔案，但是數據科學家分析資料更常用的是 CSV 格式的檔案，這一節會說明這 2 類檔案的差異，然後了解是否 ChatGPT 支援閱讀 CSV 檔案。

## 20-2-1　Excel 檔案與 CSV 檔案的差異

這一節將從幾個方面說明 Excel 檔案與 CSV 檔案的差異。

❑　資料格式

Excel 檔案可以儲存各種資料格式，包括文字、數字、日期和時間等。CSV 檔案只能儲存文字和數字，日期和時間需要使用字串的格式。

❑　資料結構

Excel 檔案可以儲存多個工作表，每個工作表可以包含多個資料表。CSV 檔案只能儲存一個資料表。

❑　優缺點

Excel 檔案具有以下優點：

● 可以儲存各種資料格式。

● 可以使用 Excel 或其他支援 Excel 格式的軟體進行複雜的資料分析和操作。

Excel 檔案也有一些缺點：

● 檔案大小可能很大。

● 難以與其他軟體共用。

CSV 檔案具有以下優點：

● 檔案大小比較小，因為這個特性，在機器學習領域的公用資料檔案大都使用 CSV 格式。

● 易於與其他軟體共用。

CSV 檔案也有一些缺點：

● 只能儲存文字和數字

● 不能儲存日期和時間

❏ 用途

Excel 檔案通常用於儲存和分析大型資料集。CSV 檔案通常用於儲存和共用資料，例如產品清單、客戶資料或財務資料。

結論

Excel 檔案和 CSV 檔案都是用來儲存資料的有效工具。Excel 檔案更適合需要進行複雜的資料分析和操作的情況，而 CSV 檔案更適合需要儲存和共用資料的情況。

## 20-2-2　ChatGPT 分析資料適用的檔案說明

從下列實例我們可以知道，ChatGPT 可以看懂 Excel 和 CSV 格式的檔案。

**您**
你可以看懂Excel檔案或是csv檔案

**ChatGPT**
是的，我可以理解和分析 Excel 和 CSV 檔案。如果你有這類檔案並需要幫助，請上傳檔案，我會根據你的需求提供幫助。

## 20-3　ChatGPT - 深智公司費用的分析

### 20-3-1　認識檔案內容

這本書的 Data_Analyst 資料夾有 expenditure.xlsx 與 expenditure.csv 檔案，內容相同。這一節筆者將使用 CSV 格式的檔案做說明，此檔案內容如下：

註　筆者兩類檔案均做過測試，可以正常運作。

| | A | B | C | D | E | F | G |
|---|---|---|---|---|---|---|---|
| 2 | | | | 深智數位公司 | | | |
| 3 | | | | 2022年支出帳目表 | | | |
| 4 | | 月份 | 文具費 | 車馬費 | 薪資 | 雜費 | 每月總計 |
| 5 | | 一月 | 500 | 4500 | 54320 | 850 | |
| 6 | | 二月 | 450 | 6000 | 88860 | 2300 | |
| 7 | | 三月 | 450 | 5500 | 54320 | 1600 | |
| 8 | | 第一季 | | | | | |
| 9 | | 四月 | 500 | 4500 | 54320 | 850 | |
| 10 | | 五月 | 450 | 6000 | 88860 | 2300 | |
| 11 | | 六月 | 450 | 5500 | 54320 | 1600 | |
| 12 | | 第二季 | | | | | |
| 13 | | 總計 | | | | | |

### 20-3-2　ChatGPT 的分析功能

下列是筆者上傳 expenditure.csv，然後請 ChatGPT 做資料分析與執行結果。

錦魁　您

⊞　**expenditure.csv**
　　試算表

請對這個資料作分析

**ChatGPT**

從您提供的 CSV 檔案「深智數位公司2022年支出帳目表」的分析中，我發現以下資訊：

## 每月總支出

- 一月：60,170元
- 二月：97,610元
- 三月：61,870元
- 四月：60,170元
- 五月：97,610元
- 六月：61,870元

## 各項支出的平均值

- 文具費：約467元
- 車馬費：約5,333元
- 薪資：約65,833元
- 雜費：約1,583元

## 總計

- 總文具費：2,800元
- 總車馬費：32,000元
- 總薪資：395,000元
- 總雜費：9,500元

## 支出趨勢觀察

- 每月總支出的標準差為39,543元，顯示各月支出有顯著波動。
- 第一季和第二季的數據似乎沒有被計算在內，可能是因為這些行是季度總結而非具體月份。

這些數據與之前分析的 Excel 檔案非常相似，顯示該公司的主要開支是薪資，佔總支出的大部分。此外，二月和五月的支出顯著高於其他月份，可能值得進一步探究。如有特定的分析需求或需要更多細節，請隨時告訴我。

 查看分析

< 2 / 2 🗐 👍 👎

上述點選 ⟦⟧ 圖示，可以看到分析資料所使用的 Python 程式，以及執行結果，程式的執行結果，也就是 ChatGPT 分析資料的依據，從程式碼內容知道這個程式可以在 Google Colab 上執行。

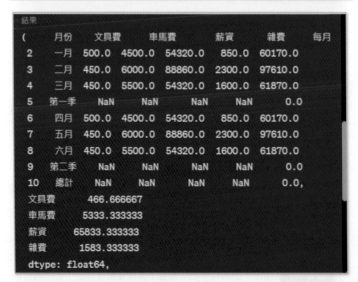

有興趣的讀者可以深入了解程式內容，不過這一章筆者更著重用自然語言描述，讓 ChatGPT 依據指示幫我們設計想要的結果。

### 20-3-3　直條圖分析每個月的支出

資料分析更重要的是視覺化數據，下列是筆者的詢問與結果。

請用直條圖繪製每個月的支出

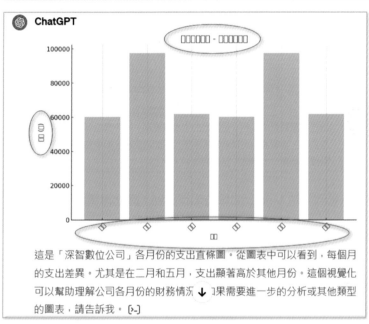

這是「深智數位公司」各月份的支出直條圖。從圖表中可以看到，每個月的支出差異。尤其是在二月和五月，支出顯著高於其他月份。這個視覺化可以幫助理解公司各月份的財務情況 ↓ 果需要進一步的分析或其他類型的圖表，請告訴我。[>-]

上述圖表最大的缺點是中文字無法顯示，每個中文字皆是用方框表達，這是因為 Google Colob 上 Python 程式所使用的繪製圖表模組是 matplotlib，此模組預設是英文字型。國內的程式設計師在 Google Colab 環境用 Python 設計圖表時，會自行先上傳中文字型，ChatGPT 目前沒有提供此功能。

不過我們可以用自然語言讓 ChatGPT 將中文轉成英文繪製圖表，可以參考下列實例。

請將欄位名稱與單位改成英文, 然後用直條圖輸出每個月的支出

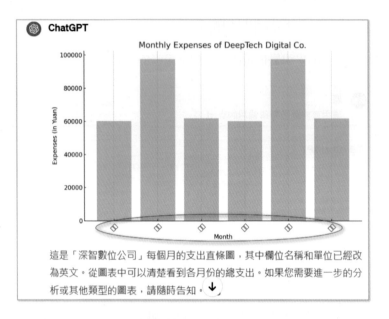

這是「深智數位公司」每個月的支出直條圖，其中欄位名稱和單位已經改為英文。從圖表中可以清楚看到各月份的總支出。如果您需要進一步的分析或其他類型的圖表，請隨時告知。↓

從上述可以看到 x 軸 Month 的單位沒有改到，因此再請 ChatGPT 修改。

> 您
> x軸Month的單位沒有改, 請重新處理改成英文

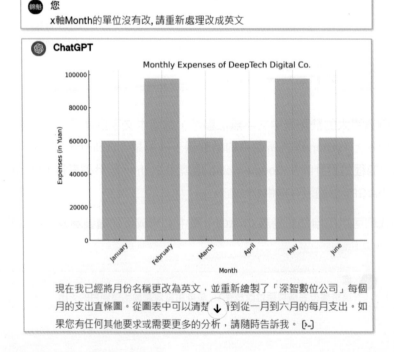

現在我已經將月份名稱更改為英文，並重新繪製了「深智數位公司」每個月的支出直條圖。從圖表中可以清楚↓到從一月到六月的每月支出。如果您有任何其他要求或需要更多的分析，請隨時告訴我。[>_]

現在我們已經得到了更改結果了。

# 20-4 GPTs 的 Data Analyst - 客戶資料分析

首先讀者需進入 Explore GPTs 的 Data Analyst 環境,這個程式要分析的資料是 customer.xlsx,共有 150 客戶資料,部分內容如下:

| | A | B | C | D | E | F |
|---|---|---|---|---|---|---|
| 1 | 客戶編號 | 性別 | 學歷 | 年收入 | 年齡 | |
| 2 | A1 | 男 | 大學 | 120 | 35 | |
| 3 | A4 | 男 | 碩士 | 88 | 28 | |
| 4 | A7 | 女 | 大學 | 59 | 29 | |
| 5 | A10 | 女 | 大學 | 105 | 37 | |

下列是上傳檔案與分析過程。

**Data Analyst**

您

**customer.xlsx**
試算表

請對這個資料作分析

**Data Analyst**

這個數據集包含了以下幾個欄位:

1. **客戶編號**:標識每個客戶的唯一編碼。
2. **性別**:客戶的性別。
3. **學歷**:客戶的教育程度。
4. **年收入**:客戶的年收入(單位未指明,可能是萬元或其他)。
5. **年齡**:客戶的年齡。

我可以進行以下幾種分析:

1. 基本統計分析:包括年齡和年收入的平均值、中位數、標準差等。
2. 分類分析:按性別、學歷分類,分析這些群體的年齡和年收入特徵。
3. 相關分析:檢查年齡與年收入之間是否存在相關性。

請告訴我您想要哪種分析,或者如果有其他特定的分析需求,也可以告訴我。 [>_]

## 20-4-1　基本統計分析

筆者先請 Data Analyst 做基本統計分析。

> 錦魁 **您**
> 請做基本的統計分析

> **Data Analyst**
> 基於提供的數據集，以下是基本的統計分析結果：
>
> 1. **客戶編號（客戶編號）：**
>    - 總計有150位不同的客戶。
> 2. **性別（性別）：**
>    - 共有2種性別。
>    - 女性客戶最多，共93位。
> 3. **學歷：**
>    - 有4種不同的學歷等級。
>    - 最常見的學歷是大學，共有84位客戶。

> 4. **年收入：**
>    - 平均年收入約為70.54（單位未提供）。
>    - 年收入的標準差是27.95，顯示收入分布的波動性。
>    - 最低年收入為35，最高年收入為180。
>    - 年收入的中位數是60。
> 5. **年齡：**
>    - 平均年齡約為35.69歲。
>    - 年齡的標準差是6.88，表明客戶年齡分布相對集中。
>    - 最小年齡為21歲，最大年齡為53歲。
>    - 年齡的中位數為36歲。
>
> 這些基本統計提供了客戶群體的一個整體概況。如果您需要更具體的分析或者對某個特定變量的深入分析，請告訴我。[>_]

## 20-4-2 用圓餅圖分析男女客戶數量

下列是用圓餅圖,對男女客戶的數量做視覺化分析。

> 您
> 請用圓餅圖繪製男與女客戶的視覺化分析,繪製圖表時請將中文轉成英文
>
> **Data Analyst**

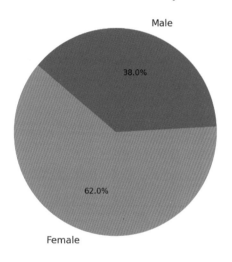

Distribution of Customers by Gender

這是根據性別劃分的客戶分布圓餅圖。從圖中可以看出,女性客戶佔了整體客戶群體的大部分。如果您需要更多的分析或不同類型的圖表,請告訴我。[>_]

## 20-4-3　直條圖分析客戶學歷

下列是用直條圖，對客戶的學歷做視覺化分析。

> 🔵 **您**
> 請用直條圖做客戶的學歷視覺化分析, 繪製圖表時請將中文轉成英文
>
> ⬤ **Data Analyst**

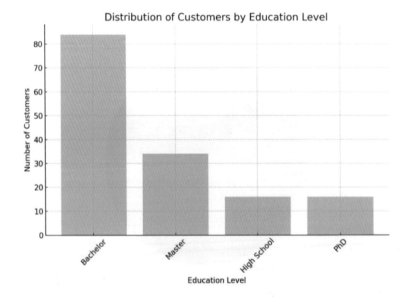

Distribution of Customers by Education Level

> 這是根據學歷劃分的客戶分布直條圖。從圖中可以看出，擁有學士學位的客戶佔了相對多數，其次是碩士和高中學歷的客戶。博士學位的客戶則相對較少。這幫助我們了解客戶群體在教育背景方面的分佈情況。如果您有其他分析需求，請隨時告知。[?-]

## 20-4-4　直條圖分析客戶學歷與年收入

下列是用直條圖，對客戶的學歷與年收入做視覺化分析。

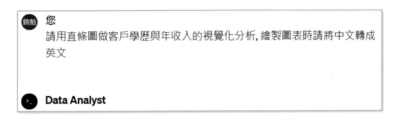

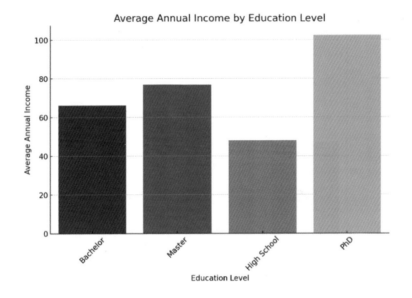

這是客戶的學歷與年收入之間關系的直條圖。圖表展示了不同學歷水平的客戶平均年收入。從圖表中可以看出，不同學歷層次的客戶的年收入有顯著差異。若您需要進一步的分析或其他類型的視覺化，請隨時告訴我。

## 20-4-5　直條圖分析客戶年齡與年收入

下列是用直條圖，對客戶的年齡與年收入做視覺化分析。

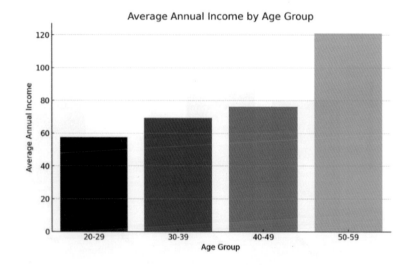

這是根據年齡段劃分的客戶平均年收入的直條圖。圖表展示了不同年齡段的客戶平均年收入情況。從圖表中可以看出，隨著年齡的增長，客戶的平均年收入呈現出一定的變化趨勢。如果您需要更進一步的分析或其他類型的數據視覺化，請告訴我。[>-]

## 20-4-6　客戶學歷、年齡與收入的散點圖分析

您
請用散點圖做客戶學歷、年齡與年收入的視覺化分析, 繪製圖表時請將中文轉成英文

> ● Data Analyst

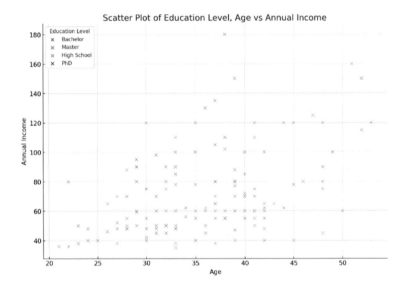

這是展示客戶學歷、年齡與年收入之間關係的散點圖。圖中的不同顏色代表不同的學歷水平。從圖中可以觀察到不同學歷層次的客戶在年齡與年收入方面的分佈情況。這種視覺化有助於更深入地理解客戶群體的特徵。如果您需要其他分析或視覺化，請隨時告知。[:-]

# 20-5　Data Analyst - 糖尿病數據分析

## 20-5-1　認識糖尿病數據 diabetes.csv

在機器學習領域有一個糖尿病數據 diabetes.csv，讀者可以在著名的數據科學平台 Kaggle 或是加州大學爾灣分校數據庫 (UCI) 下載，筆者已經下載到本書資料夾。此檔案的部分內容如下：

| | A | B | C | D | E | F | G | H | I |
|---|---|---|---|---|---|---|---|---|---|
| 1 | Pregnanci | Glucose | BloodPres | SkinThick | Insulin | BMI | DiabetesP | Age | Outcome |
| 2 | 6 | 148 | 72 | 35 | 0 | 33.6 | 0.627 | 50 | 1 |
| 3 | 1 | 85 | 66 | 29 | 0 | 26.6 | 0.351 | 31 | 0 |
| 4 | 8 | 183 | 64 | 0 | 0 | 23.3 | 0.672 | 32 | 1 |
| 5 | 1 | 89 | 66 | 23 | 94 | 28.1 | 0.167 | 21 | 0 |
| 6 | 0 | 137 | 40 | 35 | 168 | 43.1 | 2.288 | 33 | 1 |
| 7 | 5 | 116 | 74 | 0 | 0 | 25.6 | 0.201 | 30 | 0 |
| 8 | 3 | 78 | 50 | 32 | 88 | 31 | 0.248 | 26 | 1 |
| 9 | 10 | 115 | 0 | 0 | 0 | 35.3 | 0.134 | 29 | 0 |
| 10 | 2 | 197 | 70 | 45 | 543 | 30.5 | 0.158 | 53 | 1 |
| 11 | 8 | 125 | 96 | 0 | 0 | 0 | 0.232 | 54 | 1 |

上述筆者圈選數值為 0 的部分，這應該是缺失值，用 0 填補的結果，讀者可以先不必理會，筆者要讓 Data Analyst 做分析，然後告訴我們要如何處理。

## 20-5-2　Data Analyst 分析糖尿病數據

下列是筆者上傳 diabetes.csv 檔案，請 Data Analyst 做分析的過程。

您

> diabetes.csv
> 試算表

請對這個資料作分析

Data Analyst

當然，我會對您提供的「diabetes.csv」資料進行分析。首先，我會開啟檔案來查看數據的結構，這將幫助我了解資料包含哪些類型的資訊。接著，我將進行一些基本的數據分析，包括描述性統計、潛在關聯性分析，以及任何特別的趨勢或模式。讓我先檢視一下這個檔案。

這份資料包含了以下幾個欄位：

1. **Pregnancies**（懷孕次數）
2. **Glucose**（葡萄糖濃度）
3. **BloodPressure**（血壓）
4. **SkinThickness**（皮膚厚度）
5. **Insulin**（胰島素水平）
6. **BMI**（身體質量指數）
7. **DiabetesPedigreeFunction**（糖尿病家族史函數）
8. **Age**（年齡）
9. **Outcome**（結果，這可能是表示是否有糖尿病的指標，1 表示有糖尿病，0 表示無）

接下來，我將進行一些基本的數據分析，包括檢查資料的完整性（例如，是否有缺失值），描述性統計分析，以及檢查各變量間的相關性。這將幫助我們更好地了解數據集的特性和潛在的模式。讓我先檢查一下資料的完整性和提供一些描述性統計信息。

---

從上述分析中，我們可以看到幾個關鍵點：

## 缺失值

• 這份資料沒有缺失值。所有的欄位都有完整的數據記錄。

## 描述性統計分析

• **Pregnancies**（懷孕次數）：範圍從 0 到 17，平均約為 3.85。
• **Glucose**（葡萄糖濃度）：範圍從 0 到 199，平均約為 120.89。值得注意的是，葡萄糖濃度的最小值是 0，這可能是異常值。
• **BloodPressure**（血壓）：範圍從 0 到 122，平均約為 69.11。同樣地，最低值為 0，這也可能是異常值。
• **SkinThickness**（皮膚厚度）：範圍從 0 到 99，平均約為 20.54。
• **Insulin**（胰島素水平）：範圍從 0 到 846，平均約為 79.80。

- **BMI（身體質量指數）**：範圍從 0 到 67.1，平均約為 31.99。BMI 的最低值為 0，這似乎不符合常理。
- **DiabetesPedigreeFunction（糖尿病家族史函數）**：範圍從 0.078 到 2.42，平均約為 0.472。
- **Age（年齡）**：範圍從 21 到 81 歲，平均約為 33.24 歲。
- **Outcome（是否有糖尿病）**：平均約為 0.35，表明大約 34.9% 的樣本有糖尿病。

接下來，我會進一步分析數據中各變量之間的相關性，以及進行任何必要的進一步分析。讓我先來看看變量之間的相關性。〔>-〕

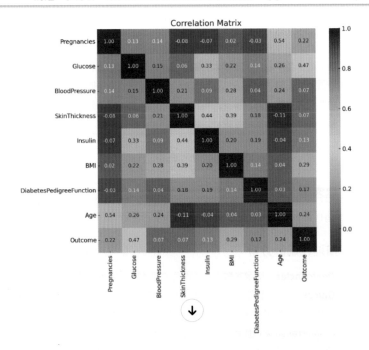

**註1** 這一段是筆者補充解說這個**熱圖**（或稱**熱力圖**），這是展示數據中各個特徵變數間的相關性，這是一種視覺化工具，用於展示數據中的模式、複雜關係或趨勢。在本實例中，熱力圖用於展示變量之間的相關係數矩陣。

熱圖是以相關係數的計算為基礎，使用的觀念是皮爾森相關係數，這是最常用的相關性測量方式之一。皮爾森相關係數用於測量兩個特徵變數 X 和 Y 之間的線性相關程度。其值範圍從 -1 到 1：

- 1 表示完全正相關：當一個變數值增加時，另一個變數值也增加。
- 0 表示無相關：兩個變數值之間沒有關聯。
- -1 表示完全負相關：當一個變數值增加時，另一個變數值減少。

在熱圖中，這些相關係數用不同顏色的深淺來表示。通常，**深色**代表**強相關**，而**淺色**代表**弱相關**。總結來說，熱力圖是一種視覺化工具，用於直觀展示變數間的相關係數，而這些相關係數通常是透過皮爾森相關係數計算得出的。

註2 左上角至右下角的對角線是 1，這是因為任何相同的變數，係數是 1。

從相關性熱圖中，我們可以觀察到以下幾點：

1. **Glucose**（葡萄糖濃度）和 **Outcome**（是否有糖尿病）之間有較強的正相關（0.47）。這表明血糖水平較高的個體有較高的糖尿病風險。
2. **BMI**（身體質量指數）和 **SkinThickness**（皮膚厚度）之間也存在一定程度的正相關（0.39）。
3. **Age**（年齡）與 **Pregnancies**（懷孕次數）有相對較強的正相關（0.54），這可能反映了隨著年齡增長，懷孕次數增加的趨勢。
4. 其他變量之間的相關性普遍較弱。

這些發現對於理解糖尿病的風險因素非常有用。接下來，我們可以進行更深入的分析，例如分組比較（例如，糖尿病和非糖尿病患者之間的差異）或進行更複雜的統計測試。請告訴我您對進一步分析有何特定需求。[>_]

上述分析中，Data Analyst 雖然說明沒有缺失值，但是也指出：

- Glucose（葡萄糖濃度）：最小值是 0，這可能是異常值。
- BloodPressure（血壓）：血壓最低值為 0，這也可能是異常值。
- SkinThickness（皮膚厚度）：範圍從 0 到 99，「註：沒有明確指出，0 是不合理」。
- Insulin（胰島素水平）：範圍從 0 到 846，「註：沒有明確指出，0 是不合理」。
- BMI（身體質量指數）：BMI 的最低值為 0，這似乎不符合常理。

上述指出 3 個特徵不合理，其他 2 項則是筆者指出不合理部分。Data Analyst 同時繪製了各個特徵之間的相關熱圖 (Heat map)，同時也列舉了特徵之間有正相關的說明，由這個分析我們可以了解重要特徵之間比較有相關的特性。

## 20-5-3　異常值的建議與處理

接下來筆者讓 Data Analyst 給我們建議「異常值的處理」。

 **您**
在你的分析中可以看到Glucose, BloodPressure, SkinThickness, Insulin和BMI中有0存在, 這是不合理, 有沒有建議應該如何處理, 可以讓分析結果更精確

> **Data Analyst**
>
> 您指出的問題非常關鍵。在數據集中，Glucose（葡萄糖濃度）、BloodPressure（血壓）、SkinThickness（皮膚厚度）、Insulin（胰島素水平）、以及BMI（身體質量指數）出現 0 值確實是不合理的，因為這些生理測量在現實中不可能為零。這些 0 值可能代表缺失或未記錄的數據。
>
> 處理這些不合理的 0 值的方法有幾種，包括：
>
> 1. **刪除這些記錄**：如果這些不合理的數據量不大，您可以考慮刪除這些記錄。但如果刪除的數據量較大，可能會導致信息損失。
> 2. **替換為平均值或中位數**：您可以用相應列的平均值或中位數替換 0 值。這種方法適用於不會對整體分佈造成重大影響的情況。
> 3. **使用預測模型來填充**：對於更複雜的情況，可以使用統計模型（如回歸）根據其他變量來預測並填充這些 0 值。
> 4. **分析數據子集**：如果您擔心這些不合理的數據會影響結果的準確性，可以只分析不包含 0 值的數據子集。

根據您的具體需求和數據集的大小，可以選擇最適合的方法。接下來，我將檢查這些包含 0 值的列中 0 值的比例，以便做出更合適的決策。讓我來分析這些列中 0 值的比例。

以下是數據集中不合理的 0 值所佔的比例：

* **Glucose（葡萄糖濃度）**：約 0.65%
* **BloodPressure（血壓）**：約 4.56%
* **SkinThickness（皮膚厚度）**：約 29.56%
* **Insulin（胰島素水平）**：約 48.70%
* **BMI（身體質量指數）**：約 1.43%

考慮到這些比例，下面是幾個建議：

1. **對於 Glucose、BloodPressure 和 BMI**：由於 0 值的比例較低，可以考慮用平均值或中位數替換這些 0 值。

2. **對於 SkinThickness 和 Insulin**：這兩個變量中有較高比例的 0 值。對於
   這些變量，可以考慮使用更複雜的方法，如基於其他變量的預測模型來
   填充這些值，或者只分析不包含 0 值的數據子集。

   根據這些信息，您想要我採用哪種方法來處理這些不合理的 0 值？ ⸝⸍

   考虑到这些比例，以下是几个建议：

1. **对于 Glucose、BloodPressure 和 BMI**：由于 0 值的比例较低，可以考虑
   用平均值或中位数替换这些 0 值。
2. **对于 SkinThickness 和 Insulin**：这两个变量中有较高比例的 0 值。对于
   这些变量，可以考虑使用更复杂的方法，如基于其他变量的预测模型来
   填充这些值，或者只分析不包含 0 值的数据子集。

   根据这些信息，您想要我采用哪种方法来处理这些不合理的 0 值？

筆者採用請 Data Analyst 用中位數填補所有缺失值。

**您**
請全部用中位數填補這些0值,你可以將填補結果的檔案給我嗎

**Data Analyst**
好的，我將使用中位數來替換 Glucose（葡萄糖濃度）、BloodPressure
（血壓）、SkinThickness（皮膚厚度）、Insulin（胰島素水平）和 BMI
（身體質量指數）中的 0 值。完成後，我會將處理過的數據保存為新檔案
並提供給您。讓我開始進行這些更改。

我已經使用中位數替換了 Glucose、BloodPressure、SkinThickness、
Insulin 和 BMI 中的 0 值。處理〔下載檔案〕也經儲存為新檔案。

您可以通過以下鏈接下載處理後的數據檔案：點擊這裡下載處理後的數
據。

如果您還需要進行其他分析或有任何□□問題，請隨時告訴我！ ⸝⸍

然後筆者下載修正後的數據，此檔案名稱是「diabetes_processed.csv」，下列是
部份內容，可以看到不再有以 0 填補的缺失值了。

| | A | B | C | D | E | F | G | H | I |
|---|---|---|---|---|---|---|---|---|---|
| 1 | Pregnanci | Glucose | BloodPres | SkinThick | Insulin | BMI | DiabetesP | Age | Outcome |
| 2 | 6 | 148 | 72 | 35 | 30.5 | 33.6 | 0.627 | 50 | 1 |
| 3 | 1 | 85 | 66 | 29 | 30.5 | 26.6 | 0.351 | 31 | 0 |
| 4 | 8 | 183 | 64 | 23 | 30.5 | 23.3 | 0.672 | 32 | 1 |
| 5 | 1 | 89 | 66 | 23 | 94 | 28.1 | 0.167 | 21 | 0 |
| 6 | 0 | 137 | 40 | 35 | 168 | 43.1 | 2.288 | 33 | 1 |
| 7 | 5 | 116 | 74 | 23 | 30.5 | 25.6 | 0.201 | 30 | 0 |
| 8 | 3 | 78 | 50 | 32 | 88 | 31 | 0.248 | 26 | 1 |
| 9 | 10 | 115 | 72 | 23 | 30.5 | 35.3 | 0.134 | 29 | 0 |
| 10 | 2 | 197 | 70 | 45 | 543 | 30.5 | 0.158 | 53 | 1 |
| 11 | 8 | 125 | 96 | 23 | 30.5 | 32 | 0.232 | 54 | 1 |

## 20-5-4　新數據重新分析

下列筆者請 Data Analyst 用新數據重新分析。

> 🔴 **您**
> 你已經有新的數據集, 請用這個新的數據集再作一次分析

> 🔵 **Data Analyst**
> 當然可以。我將使用剛剛替換了不合理 0 值的新數據集進行分析。這次分析將包括檢查數據的完整性、進行描述性統計分析,以及檢查各變量之間的相關性。這將幫助我們更好地理解數據集的特性,並比較之前的分析結果有何差異。讓我開始這次分析。

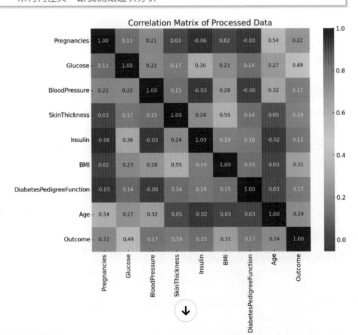

使用處理過的數據集進行的分析結果如下：

**描述性統計分析**

- **Glucose**（葡萄糖濃度）、**BloodPressure**（血壓）、**SkinThickness**（皮膚厚度）、**Insulin**（胰島素水平）和 **BMI**（身體質量指數）的最小值不再為 0，這表明替換操作已成功進行。
- 替換這些 0 值後，這些變量的平均值和標準差有所變化，這可能會影響進一步的分析結果。

**相關性分析**

- **Glucose** 和 **Outcome** 之間的相關性依然很強（0.49），這進一步確認了血糖水平對於糖尿病風險的重要性。
- **SkinThickness** 和 **BMI** 之間的相關性也依然存在（0.55），這表明這兩個變量在身體健康方面可能有一定的關聯。
- 其他變量之間的相關性也出現了一些變化，但整體來看，關聯程度沒有顯著變化。

這次分析提供了更加準確和可靠的數據解讀，有助於更好地理解糖尿病的風險因素。如果您需要進一步的分析或有任何其他問題，請隨時告訴我。

　　在上面的相關性分析中，過去我們認知快篩血糖值就代表是否有糖尿病的唯一指標，超過 120 就算是有糖尿病，原來 Data Analyst 經過分析，雖然有很強的相關性 (0.49)，但是還是有許多特徵需要考量。

## 20-5-5　輸出血糖分佈直方圖

> **您**
> 請列出血糖分布的直方圖

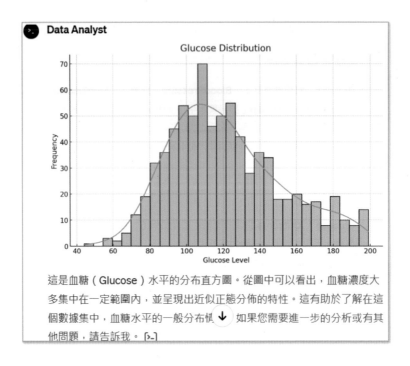

這是血糖（Glucose）水平的分布直方圖。從圖中可以看出，血糖濃度大多集中在一定範圍內，並呈現出近似正態分佈的特性。這有助於了解在這個數據集中，血糖水平的一般分布情  如果您需要進一步的分析或有其他問題，請告訴我。[>_]

## 20-5-6   邏輯迴歸分析與輸出準確率

筆者請求 Data Analyst 做邏輯迴歸分析，同時輸出準確率。

**您**
請用邏輯迴歸, 使用所有特徵值, 設計機器學習模型, 然後預估是否有糖尿病, 最後將預估結果標籤與真實標籤比對, 輸出準確率

**Data Analyst**
要使用邏輯迴歸模型來預測是否有糖尿病，我們需要執行以下步驟：

1. **準備數據**：分割數據集為特徵（ X ）和標籤（ y ）。
2. **分割數據集**：將數據集分割為訓練集和測試集。
3. **訓練模型**：使用訓練集訓練邏輯迴歸模型。
4. **預測**：使用訓練好的模型對測試集進行預測。
5. **評估模型**：比較預測結果和真實標籤，計算準確率。

我將按照這些步驟來實現模型,並計算其準確率。讓我開始執行這些步驟。

使用邏輯迴歸模型進行預測的準確率大約為 75.97% 這意味著在測試數據集中,模型正確預測是否有糖尿病的比例為此值。

這個準確率表明模型有一定的預測能力,但還有進一步改進的空間。可能的改進方法包括特徵工程、使用更複雜的模型、或調整模型參數。

如果您有任何其他要求或問題,請隨時告訴我。 [>-]

從上述可以看到 Data Analyst 對整個數據集做分析,得到的糖尿病預估的準確率是 75.97%,這是一個不錯的預估水準了。

## 20-5-7　繪製迴歸直線

從熱圖可以看到 Glucose(葡萄糖濃度)和 BMI(身體質量指數)與是否有糖尿病最有相關,接下來我們請 Data Analyst 做 Glucose(葡萄糖濃度)和 BMI(身體質量指數)相關性的迴歸分析。

請用這個檔案, 說明BMI與Glucose相關性, 同時繪製迴歸直線的圖表, 用紅色點表示有糖尿病, 藍色點表示沒有糖尿病

**Data Analyst**

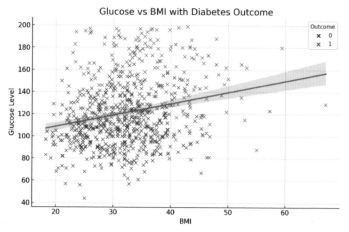

這是 BMI（身體質量指數）與 Glucose（血糖濃度）之間相關性的散點圖，並附有回歸直線。圖中的藍色點代表沒有糖尿病的個體，紅色點代表有糖尿病的個體。

從圖表中可以看出，BMI 和 Glucose 之間存在一定程度的正相關，這意味著隨著 BMI 的增加，血糖濃度通常也會增加。此外，糖尿病患者（紅色點）在高血糖濃度區域的分布似乎比非糖尿病患者（藍色點）更為集中，這進一步指出高血糖濃度可能與糖尿病風險增加有關。

這樣的視覺化有助於更好地理解這些變量之間的關係。如果您需要進一步的分析或有其他問題，請告訴我。 [>-]

# 附錄 A
# 註冊 ChatGPT

## A-1　進入網頁

初次使用請輸入下列網址進入 ChatGPT：

https://openai.com/blog/chatgpt/

在主視窗可以看到 TRY CHATGPT 功能鈕。

admit its mistakes, challenge incorrect
premises, and reject inappropriate requests.
ChatGPT is a sibling model to InstructGPT,
which is trained to follow an instruction in a
prompt and provide a detailed response.

TRY CHATGPT ↗

可以看到下列畫面。

Welcome to ChatGPT

Log in with your OpenAI account to continue

Log in　Sign up

如果已有帳號，可以直接點選 Log in 就可以進入 ChatGPT 環境了。

## A-2　註冊

使用 ChatGPT 前需要註冊，第一次使用請先點選 Sign up 鈕，如果已經註冊則可以直接點選 Log in 鈕。

註冊最簡單的方式是使用 Gmail 或是 Microsoft 帳號。

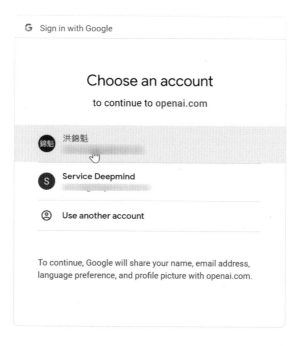

例如：筆者有 Google 帳號，可以直接點選 Continue with Google，可以看到下列畫面。

當點選 Google 帳號後，會要求你輸入手機號碼，然後會傳送驗證碼到你的手機，內容如下：

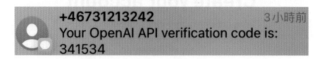

以上述為例，驗證碼是 341534，收到後請輸入驗證碼，未來就可以使用 ChatGPT 了。

## A-3　升級至 Plus

因為實用、熱門，GPT 4 有較強大的文字處理能力，建議可以購買升級版本，每個月花費 20 美金，如下所示：

點選上述升級至 Plus 後，請參考步驟說明填寫信用卡帳單。

Note

Note